U1069692

天津市房屋修缮工程预算基价

给排水及采暖工程（上册）

DBD 29-702-2020

天津市住房和城乡建设委员会
天 津 市 建 筑 市 场 服 务 中 心　主编

中 国 计 划 出 版 社

图书在版编目（CIP）数据

天津市房屋修缮工程预算基价. 给排水及采暖工程 : 上、下册 / 天津市建筑市场服务中心主编. -- 北京 : 中国计划出版社, 2021.10
ISBN 978-7-5182-1279-8

Ⅰ. ①天… Ⅱ. ①天… Ⅲ. ①给排水系统－修缮加固－建筑预算定额－天津②采暖设备－修缮加固－建筑预算定额－天津 Ⅳ. ①TU723.34

中国版本图书馆CIP数据核字(2021)第060047号

天津市房屋修缮工程预算基价
给排水及采暖工程
DBD 29-702-2020
天津市住房和城乡建设委员会
天津市建筑市场服务中心　主编

中国计划出版社出版发行
网址：www.jhpress.com
地址：北京市西城区木樨地北里甲 11 号国宏大厦 C 座 3 层
邮政编码：100038　电话：(010)63906433(发行部)
三河富华印刷包装有限公司印刷

850mm × 1168mm　横 1/16　32 印张　948 千字
2021 年 10 月第 1 版　2021 年 10 月第 1 次印刷
印数 1—1000 册

ISBN 978-7-5182-1279-8
定价：260.00 元(上、下册)

版权所有　侵权必究
本书环衬使用中国计划出版社专用防伪纸，封面贴有中国计划出版社专用防伪标，否则为盗版书。请读者注意鉴别、监督！
侵权举报电话：(010)63906404
如有印装质量问题，请寄本社出版部调换

天津市住房和城乡建设委员会

津住建建市函〔2020〕30号

市住房城乡建设委关于发布2020《天津市建设工程计价办法》和天津市各专业工程预算基价的通知

各区住建委，各有关单位：

根据《天津市建筑市场管理条例》和《建设工程工程量清单计价规范》，在有关部门的配合和支持下，我委组织编制了2020《天津市建设工程计价办法》和《天津市建筑工程预算基价》、《天津市装饰装修工程预算基价》、《天津市安装工程预算基价》、《天津市市政工程预算基价》、《天津市仿古建筑及园林工程预算基价》、《天津市房屋修缮工程预算基价》、《天津市人防工程预算基价》、《天津市给水及燃气管道工程预算基价》、《天津市地铁及隧道工程预算基价》以及与其配套的各专业工程量清单计价指引和计价软件，现予以发布，自2020年4月1日起施行。2016《天津市建设工程计价办法》和天津市各专业工程预算基价同时废止。

特此通知。

2020年3月10日

主编部门：天津市建筑市场服务中心
主编单位：天津市房屋安全鉴定检测中心（天津市房屋修缮工程定额管理中心）
批准部门：天津市住房和城乡建设委员会

专 家 组：杨树海 宁培雄 兰明秀 李庆河 陈友林 袁守恒 马培祥 沈 萍 王海娜 潘 昕 程春爱 焦 进
杨连仓 周志良 张宇明 施水明 李春林 邵玉霞 柳向辉 张小红 聂 帆 徐 敏 李文同

综 合 组：高 迎 赵 斌 袁永生 姜学立 顾雪峰 陈召忠 沙佩泉 张绪明 杨 军 邢玉军 戴全才

编制人员：张学军 赵 亿 于 鹏 顾雪峰 马新颖 孙 雁 吴 琼 布 超 于晓红

费 用 组：邢玉军 张绪明 关 彬 于会逢 崔文琴 张依琛 许宝林 苗 旺

电 算 组：张绪明 于 堃 张 桐 苗 旺

审　　定：杨瑞凡 华晓蕾 翟国利 黄 斌

发　　行：倪效聃 贾 羽

本页所列人员均承认著作权归天津市房产管理服务中心所有。

总 说 明

一、天津市房屋修缮工程预算基价（以下简称“本基价”）是根据国家和本市有关法规、标准、规范等相关依据，按正常的施工工期和生产条件，考虑常规的施工工艺、合理的施工组织设计，结合本市实际编制的。本基价是完成单位合格产品所需人工、材料、机械台班及相应费用的基本标准，反映了社会平均水平。

二、本基价适用于天津市行政区域内已使用建筑物及其附属设备的修缮、翻建、房屋加固、改造、装饰装修工程以及随同房屋修缮工程施工的零星（300m^2 以内）添建工程。

三、本基价是编制估算指标、概算定额和初步设计概算、施工图预算、竣工结算、招标控制价的基础，是建设项目投标报价的参考。

四、本基价各子目的预算基价由人工费、材料费和机械费组成。基价中的工作内容为主要施工工序，次要施工工序虽未做说明，但基价中已考虑。

五、本基价适用于采用一般计税方法计取增值税的安装工程，各子目中的材料和机械费为不含税的基期价格。

六、本基价人工费的规定和说明。

1. 人工消耗量是以现行《建设工程劳动定额》《房屋修缮工程消耗量定额》和《通用安装工程消耗量定额》为基础，结合本市实际确定，包括了施工操作的基本用工、辅助用工、材料在施工现场超运距用工及人工幅度差。人工效率按 8 小时工作制考虑。

2. 人工单价是根据《中华人民共和国劳动法》的有关规定，参照编制期天津市建筑市场劳动力价格水平综合测算的。按技术含量分为三类：一类工每工日 153 元，二类工每工日 135 元，三类工每工日 113 元。

3. 人工费是支付给从事建筑安装工程施工的生产工人和附属生产单位工人的各项费用以及生产工具用具使用费，其中包括按照国家和本市有关规定，职工个人缴纳的养老保险、失业保险、医疗保险及住房公积金。

七、本基价材料费的规定和说明。

1. 材料包括主要材料和零星材料，主要材料为构成工程实体且能够计量的材料、成品、半成品，按品种、规格列出消耗量；零星材料为不构成工程实体且用量较小的材料，以“元”为单位列出。

2. 材料费包括主要材料费、零星材料费。

3. 材料消耗量均按合格的标准规格产品编制，包括正常施工消耗和材料从工地仓库、现场集中堆放或加工地点运至施工操作、安装地点的堆放和运输损耗及不可避免的施工操作损耗。

4. 当设计要求采用的材料、成品或半成品的品种、规格型号与基价中不同时，可按各章规定调整。

5. 材料价格按本基价编制期建筑市场材料价格综合取定，包括由材料供应地点运至工地仓库或施工现场堆放地点的费用和材料的采购及保管费。材料采购及保管费包括施工单位在组织采购、供应和保管材料过程中所需各项费用和工地仓库的储存损耗。

6. 工程建设中部分材料由建设单位供料，结算时退还建设单位所购材料的材料款（包括材料采购及保管费），材料单价以施工合同中约定的材料价格为准，材料数量按实际领用量确定。

7. 周转材料费中的周转材料按摊销量编制，且已包括回库维修等相关费用。

8. 本基价部分材料或成品、半成品的消耗量带有括号，并列于无括号材料消耗量之前，表示该材料未计价，基价总价未包括其价值，计价时应以括号中的消耗量乘以其价格，计入本基价的材料费和总价中；列于无括号材料消耗量之后，表示基价总价和材料费中已经包括了该材料的价值，括号内的材料不再计价。

9. 本基价的材料费未包括不容易计量的次要材料费，不容易计量的次要材料费按材料总价的 1% 计算，列入预算基价内。

八、本基价机械费的规定和说明。

1. 机械台班消耗量是按照正常的施工程序、合理的机械配置确定的。

2. 机械台班单价按照《建设工程施工机械台班费用编制规则》及《天津市施工机械台班参考基价》确定。

3. 本基价中型、小型机械费采取综合计费的方法计取，大型机械费根据施工需要，甲、乙双方协商认定，按实际发生计取。机械拆除按章说明执行。

4. 采用简易计税方法计取增值税时，本基价各子目中机械费按系数 1.0902 调整。

九、凡纳入重大风险源风险范围的分部分项工程均应按专家论证的专项方案另行计算相关费用。

十、本基价未包括施工用水、电费，施工用水、电费按实际发生计算。

十一、本基价凡注明“×× 以内”或“×× 以下”者，均包括 ×× 本身，注明“×× 以外”或“×× 以上”者，均不包括 ×× 本身。

十二、本基价材料、机械和构件的规格，用数值表示而未说明单位的，其计量单位为“mm”；工程量计算规则中，凡未说明计量单位的，按长度计算的以“m”为计量单位，按面积计算的以“m^2”为计量单位，按体积计算的以“m^3”为计量单位，按质量计算的以“kg”或“t”为计量单位。

上 册 目 录

册 说 明

一、本册包括拆除工程，给排水管道安装，采暖管道安装，空调水管道安装，管道附件制作、安装，支架、管卡、套管制作、安装，卫生器具制作、安装，采暖器具安装，锅炉及附属设备安装，箱罐容器安装，采暖工程系统调整，保温、油漆工程，辅助工程，措施项目 14 章，共 1540 条基价子目。

二、本册适用于一般工业厂房、公共建筑及民用建筑拆除、翻修、大中修、改造工程的给排水、采暖，卫生设备及锅炉等拆除、维修、改装、安装工程。

三、本册基价是按正常施工条件、合理科学的施工组织及使用标准合格的建筑材料、成品、半成品编制的，并考虑了房屋修缮工程中普遍存在的工程规模相对较小且分散、室内不易全部腾空、场地狭小、连续作业差、要保护原有建筑物及周边景观环境等对施工作业不利因素的影响。除另有规定外，不得因具体施工条件的差异而降低基价水平。

四、本册未包括工程用水、用电的费用，其费用按实计取。

五、本册基价子目中未考虑大型机械费用，如发生时按实计取。

六、本册包括材料、设备距施工现场中心 50m 内的水平搬运，单体设备超过 0.5t 时，吊装费另行计算。

七、本册所涉及的工程，单工种单项工程在 5 工日以内、多工种多项工程在 10 工日以内以分部分项工程费中的人工费、材料费、机械费合计为基数，乘以系数 1.05 计算。

八、本册基价中材料和机械的规格凡未注明计量单位者均为“mm”。

九、本册基价子目除各章说明中注明外，均未考虑超高作业增加费，已考虑超高作业因素的子目按各章说明计算。

十、本册基价中的脚手架搭拆费，按分部分项工程费中人工费的 5% 计取，其费用中人工费占 35%。

十一、本册基价中的操作高度增加费，安装高度距离楼面或地面大于 3.6m 且小于 10m 时，操作高度增加费按超过部分的人工费乘以系数 0.10 计算；安装高度距离楼面或地面大于 10m 且小于 30m 时，操作高度增加费按超过部分的人工费乘以系数 0.20 计算；安装高度距离楼面或地面大于 30m 且小于 50m 时，操作高度增加费按超过部分的人工费乘以系数 0.50 计算，全部为人工费。

十二、本册基价中的建筑物超高增加费除各章说明中注明外，均指在建筑物地上层数大于 6 层或建筑物地上高度大于 20m 以上的工业与民用建筑物上进行安装时所增加的费用。按下表计算建筑物超高增加的费用，其费用中人工费占 65%。

建筑物超高增加费（利用建设单位电梯不计取此项费用）

建筑物高度（m）	≤ 40	≤ 60	≤ 80	≤ 100	≤ 120	≤ 140	≤ 160	≤ 180	≤ 200
建筑层数（层）	≤ 12	≤ 18	≤ 24	≤ 30	≤ 36	≤ 42	≤ 48	≤ 54	≤ 60
按人工费的百分比（%）	2	5	9	14	20	26	32	38	44

十三、本册基价中列项拆除工程为非保护性拆除项目，保护性拆除的消耗量按定额子目消耗量乘以系数 1.30 记取。

十四、在洞库、暗室、已封闭的管道间（井）、地沟、天棚内进行安装的工程，该部分基价中人工费机械费乘以系数 1.20。

十五、本册基价与市政管网工程的界限划分。

1. 给水、采暖管道以与市政管道碰头点或以计量表、阀门（井）为界。

2. 室外排水管道以与市政管道碰头井为界。

十六、未尽事宜见各章说明。

第一章　拆 除 工 程

说　　明

一、本章包括管道、管道附件、卫生器具、采暖器具、锅炉及附属设备、箱罐容器的拆除工程 6 节，共 208 条基价子目。

二、工程计价时应注意的问题。

1. 管道拆除不分室内外，均按不同环境套用相应子目。

2. 分汽缸拆除应执行集、分水器子目。

3. 本章定额中除锅炉、箱罐容器拆除按现场拆解后人工搬运考虑外，其他定额均按破坏性拆除予以考虑，保护性拆除（保护性拆除指拆除后的主要材料或设备应进行重复使用或利用的拆除）执行相应定额乘以系数 1.30。

工程量计算规则

一、管道拆除按管道中心线长度，以“m”为计量单位，不扣除阀门、管件、附件（包括器具组成）及井类所占长度。

二、管道附件拆除按实际数量计算，以“个”“副”“组”“套”等为计量单位。

三、卫生器具拆除按实际数量计算，以“套”“个”“组”“台”等为计量单位。

四、湿蒸房拆除区分不同使用人数按实际数量计算，以“座”为计量单位。

五、太阳能热水器拆除以实际尺寸按面积计算，以“m^2”为计量单位。

六、散热器拆除、拆散按不同型号、规格以实际数量计算，以“组”“片”“根”为计量单位。

七、锅炉及附属设备（除尘器、除渣机、机动炉排、炉排变速器等）拆除按锅炉发热量以“台”为单位计算。

八、锅炉简易上煤斗拆除以“台”为单位计算。

九、锅炉给风风道及金属水平烟道拆除以“t”为单位计算。

十、锅炉鼓风机、引风机拆除按锅炉发热量的配套设备以“台”为单位计算。

十一、容积式水加热器拆除按其型号以“个”为单位计算。

十二、热水罐拆除按其本体自重以“个”为单位计算。

第一节 管道拆除

工作内容：泄水、切割、拆落卡子及支架、堵管口及搬运至堆放地点，拆除保温层并码放整齐。

编号				1-001	1-002	1-003	1-004	1-005	1-006	1-007
项目名称				钢管、铜管、复合管拆除						
				公称直径（mm）						
				25以内	50以内	100以内	150以内	200以内	250以内	300以内
单位				10m						
总价（元）				**37.00**	**49.86**	**87.65**	**172.18**	**305.03**	**370.06**	**435.88**
其中	人工费（元）			33.90	45.20	79.10	158.20	282.50	339.00	395.50
	材料费（元）			3.10	4.66	8.55	13.98	22.53	31.06	40.38
名称		单位	单价（元）	消耗量						
人工	综合工日	工日	113.00	0.300	0.400	0.700	1.400	2.500	3.000	3.500
材料	氧气	m^3	2.88	0.400	0.600	1.100	1.800	2.900	4.000	5.200
	乙炔气	kg	14.66	0.133	0.200	0.367	0.600	0.967	1.333	1.733

工作内容：泄水、切割、拆落卡子及支架、堵管口及搬运至堆放地点，拆除保温层并码放整齐。

编号				1-008	1-009	1-010	1-011
项目名称				钢管、铜管、复合管拆除			
				公称直径（mm）			
				350 以内	400 以内	450 以内	500 以内
单位				10m			
总价（元）				**502.49**	**569.85**	**638.00**	**706.94**
其中	人工费（元）			452.00	508.50	565.00	621.50
	材料费（元）			50.49	61.35	73.00	85.44
名称		单位	单价（元）	消耗量			
人工	综合工日	工日	113.00	4.000	4.500	5.000	5.500
材料	氧气	m^3	2.88	6.500	7.900	9.400	11.000
	乙炔气	kg	14.66	2.167	2.633	3.133	3.667

工作内容：泄水、切割、落下、拆落支架、剔灰口、拆除保温层及搬运至堆放地点，码放整齐。

编号					1-012	1-013	1-014	1-015	1-016
项目名称					铸铁管道拆除				
					公称直径（mm）				
					75 以内	100 以内	150 以内	200 以内	250 以内
单位					10m				
总价（元）					**130.52**	**168.29**	**205.31**	**249.30**	**285.53**
其中	人工费（元）				124.30	158.20	192.10	226.00	259.90
	材料费（元）				6.22	10.09	13.21	23.30	25.63
名称		单位	单价（元）		消耗量				
人工	综合工日	工日	113.00		1.100	1.400	1.700	2.000	2.300
材料	氧气	m^3	2.88		0.800	1.300	1.700	3.000	3.300
	乙炔气	kg	14.66		0.267	0.433	0.567	1.000	1.100

工作内容：泄水、切割、落下、拆落支架、剔灰口、拆除保温层及搬运至堆放地点，码放整齐。

编号				1-017	1-018	1-019	1-020	1-021
项目名称				铸铁管道拆除				
				公称直径(mm)				
				300 以内	350 以内	400 以内	450 以内	500 以内
单位				10m				
总价(元)				**321.76**	**357.99**	**394.99**	**432.01**	**469.01**
其中	人工费(元)			293.80	327.70	361.60	395.50	429.40
	材料费(元)			27.96	30.29	33.39	36.51	39.61
名称		单位	单价(元)	消耗量				
人工	综合工日	工日	113.00	2.600	2.900	3.200	3.500	3.800
材料	氧气	m^3	2.88	3.600	3.900	4.300	4.700	5.100
	乙炔气	kg	14.66	1.200	1.300	1.433	1.567	1.700

工作内容：泄水、锯断、落下、拆落支架、剔灰口、拆除保温层及搬运至堆放地点，码放整齐。

编号				1-022	1-023	1-024	1-025	1-026	1-027
项目名称				塑料管道拆除					
				公称外径（mm）					
				50 以内	75 以内	110 以内	125 以内	160 以内	200 以内
单位				10m					
总价（元）				**34.07**	**45.45**	**56.92**	**68.30**	**79.69**	**102.41**
其中	人工费（元）			33.90	45.20	56.50	67.80	79.10	101.70
	材料费（元）			0.17	0.25	0.42	0.50	0.59	0.71
名称		单位	单价（元）	消耗量					
人工	综合工日	工日	113.00	0.300	0.400	0.500	0.600	0.700	0.900
材料	锯条（各种规格）	根	0.42	0.400	0.600	1.000	1.200	1.400	1.700

工作内容：泄水、锯断、落下、拆落支架、剔灰口、拆除保温层及搬运至堆放地点，码放整齐。

编号				1-028	1-029	1-030	1-031
项目名称				塑料管道拆除			
				公称外径（mm）			
				250 以内	315 以内	350 以内	400 以内
单位				10m			
总价（元）				**125.14**	**159.21**	**193.28**	**238.64**
其中	人工费（元）			124.30	158.20	192.10	237.30
	材料费（元）			0.84	1.01	1.18	1.34
名称		单位	单价（元）	消耗量			
人工	综合工日	工日	113.00	1.100	1.400	1.700	2.100
材料	锯条（各种规格）	根	0.42	2.000	2.400	2.800	3.200

工作内容：锯断、拆落、搬运至堆放地点并码放整齐。

编　　号				1-032
项目名称				管道保温层拆除
单　　位				m^3
总价（元）				**182.67**
其中	人工费（元）			181.93
	材料费（元）			0.74
名　　称		单位	单价（元）	消　耗　量
人工	综合工日	工日	113.00	1.610
材料	锯条（各种规格）	根	0.42	1.750

第二节　管道附件拆除

工作内容：切割、剔、落，运至材料堆放场地等。

编　号				1-033	1-034	1-035	1-036	1-037	1-038
项目名称				阀门拆除					
				公称直径（mm）					
				50 以内	100 以内	200 以内	300 以内	400 以内	500 以内
单　位				个					
总价（元）				**22.72**	**54.40**	**101.33**	**172.87**	**244.34**	**315.91**
其中	人工费（元）			22.60	54.24	101.14	172.66	244.08	315.61
	材料费（元）			0.12	0.16	0.19	0.21	0.26	0.30
名　称		单位	单价（元）	消　耗　量					
人工	综合工日	工日	113.00	0.200	0.480	0.895	1.528	2.160	2.793
材料	氧气	m^3	2.88	0.015	0.021	0.024	0.027	0.033	0.039
	乙炔气	kg	14.66	0.005	0.007	0.008	0.009	0.011	0.013

工作内容：切割、剔、落，运至材料堆放场地等。

编号				1-039	1-040	1-041	1-042	1-043	1-044
项目名称				法兰拆除					
				公称直径(mm)					
				50 以内	100 以内	200 以内	300 以内	400 以内	500 以内
单位				副					
总价(元)				**21.99**	**36.23**	**62.51**	**106.92**	**149.29**	**178.00**
其中	人工费(元)			21.47	35.71	61.70	105.88	148.14	176.73
	材料费(元)			0.52	0.52	0.81	1.04	1.15	1.27
名称		单位	单价(元)	消耗量					
人工	综合工日	工日	113.00	0.190	0.316	0.546	0.937	1.311	1.564
材料	氧气	m^3	2.88	0.180	0.180	0.280	0.360	0.400	0.440

工作内容：拆法兰、支托架及场内搬运等。

编号				1-045	1-046	1-047
项目名称				减压器拆除		
				直径（mm）		
				50 以内	80 以内	100 以内
单位				个		
总价（元）				**100.15**	**188.78**	**248.17**
其中	人工费（元）			98.31	186.45	245.21
	材料费（元）			1.84	2.33	2.96
名称		单位	单价（元）	消耗量		
人工	综合工日	工日	113.00	0.870	1.650	2.170
材料	氧气	m^3	2.88	0.180	0.300	0.380
	乙炔气	kg	14.66	0.090	0.100	0.127

工作内容：拆法兰、支托架及场内搬运等。

编　　号				1-048	1-049
项目名称				疏水器拆除	
				直径（mm）	
				32 以内	50 以内
单　　位				个	
总价（元）				**41.42**	**72.67**
其中	人工费（元）			38.42	67.80
	材料费（元）			3.00	4.87
名　　称		单位	单价（元）	消　耗　量	
人工	综合工日	工日	113.00	0.340	0.600
材料	氧气	m^3	2.88	0.386	0.626
	乙炔气	kg	14.66	0.129	0.209

工作内容：拆落、检查、擦洗等。

编号					1-050	1-051	1-052	1-053	1-054	1-055	1-056
项目名称					普通、IC卡水表拆除	法兰水表（带旁通管）拆除			法兰水表（无旁通管）拆除		
						公称直径（mm）					
						50以内	100以内	300以内	50以内	100以内	300以内
单位					套						
总价（元）					**22.68**	**219.17**	**429.71**	**1259.69**	**92.37**	**199.62**	**488.44**
其中	人工费（元）				22.60	217.07	426.91	1253.40	90.97	197.52	482.85
	材料费（元）				0.08	2.10	2.80	6.29	1.40	2.10	5.59
名称		单位	单价（元）		消耗量						
人工	综合工日	工日	113.00		0.200	1.921	3.778	11.092	0.805	1.748	4.273
材料	氧气	m^3	2.88		0.008	0.270	0.360	0.810	0.180	0.270	0.720
	乙炔气	kg	14.66		0.004	0.090	0.120	0.270	0.060	0.090	0.240

工作内容：拆法兰、支托架及场内搬运等。

编号				1-057	1-058	1-059	1-060	1-061
项目名称				热量表拆除				
				入口管道公称直径（mm）				
				40 以内	50 以内	65 以内	80 以内	100 以内
单位				组				
总价（元）				**213.17**	**314.76**	**374.28**	**444.81**	**529.01**
其中	人工费（元）			210.86	309.96	368.95	435.73	518.78
	材料费（元）			2.31	4.80	5.33	9.08	10.23
名称		单位	单价（元）	消耗量				
人工	综合工日	工日	113.00	1.866	2.743	3.265	3.856	4.591
材料	氧气	m^3	2.88	0.287	0.617	0.686	1.169	1.316
	乙炔气	kg	14.66	0.101	0.206	0.229	0.390	0.439

工作内容：拆法兰、支托架及场内搬运等。

编 号				1–062	1–063	1–064	1–065
项目名称				倒流防止器拆除			
				公称直径（mm）			
				25 以内	50 以内	80 以内	150 以内
单 位				组			
总价（元）				**41.97**	**83.37**	**197.69**	**326.51**
其中	人工费（元）			40.34	80.57	192.10	317.19
	材料费（元）			1.63	2.80	5.59	9.32
名 称		单位	单价（元）	消 耗 量			
人工	综合工日	工日	113.00	0.357	0.713	1.700	2.807
材料	氧气	m^3	2.88	0.210	0.360	0.720	1.200
	乙炔气	kg	14.66	0.070	0.120	0.240	0.400

工作内容：拆法兰、支托架及场内搬运等。

编　号				1-066	1-067	1-068	1-069
项目名称				水锤消除器拆除			
				公称直径（mm）			
				50 以内	100 以内	200 以内	300 以内
单　位				个			
总价（元）				**13.09**	**26.08**	**42.35**	**62.47**
其中	人工费（元）			12.32	25.31	41.58	61.70
	材料费（元）			0.77	0.77	0.77	0.77
名　称		单位	单价（元）	消　耗　量			
人工	综合工日	工日	113.00	0.109	0.224	0.368	0.546
材料	氧气	m^3	2.88	0.100	0.100	0.100	0.100
	乙炔气	kg	14.66	0.033	0.033	0.033	0.033

工作内容：拆法兰、支托架及场内搬运等。

编号				1-070	1-071	1-072	1-073	1-074	1-075
项目名称				补偿器拆除					
				公称直径(mm)					
				50以内	100以内	200以内	300以内	400以内	500以内
单位				个					
总价(元)				**16.74**	**36.41**	**72.33**	**106.38**	**142.43**	**181.32**
其中	人工费(元)			16.27	35.71	70.17	102.72	137.07	175.49
	材料费(元)			0.47	0.70	2.16	3.66	5.36	5.83
名称		单位	单价(元)	消耗量					
人工	综合工日	工日	113.00	0.144	0.316	0.621	0.909	1.213	1.553
材料	氧气	m^3	2.88	0.060	0.089	0.278	0.473	0.690	0.750
	乙炔气	kg	14.66	0.020	0.030	0.093	0.157	0.230	0.250

工作内容：锯、剔、落，运至材料堆放场地等。

编　号				1-076	1-077	1-078	1-079	1-080
项目名称				软接头（软管）拆除				
				公称直径（mm）				
				50 以内	100 以内	200 以内	300 以内	400 以内
单　位				个				
总价（元）				**14.51**	**33.74**	**50.72**	**76.03**	**103.73**
其中	人工费（元）			14.35	33.11	48.70	72.77	98.76
	材料费（元）			0.16	0.63	2.02	3.26	4.97
名　称		单位	单价（元）	消　耗　量				
人工	综合工日	工日	113.00	0.127	0.293	0.431	0.644	0.874
材料	氧气	m^3	2.88	0.020	0.080	0.260	0.420	0.640
	乙炔气	kg	14.66	0.007	0.027	0.087	0.140	0.213

工作内容：锯、剔、落，运至材料堆放场地等。

编　号					1-081	1-082	1-083
项目名称					排水塑料管消声器拆除		
					公称直径（mm）		
					50 以内	150 以内	250 以内
单　位					10 个		
总价（元）					**7.13**	**14.39**	**32.08**
其中	人工费（元）				7.12	14.35	31.87
	材料费（元）				0.01	0.04	0.21
名　称		单位	单价（元）		消　耗　量		
人工	综合工日	工日	113.00		0.063	0.127	0.282
材料	锯条（各种规格）	根	0.42		0.015	0.101	0.505

工作内容：拆落、检查、擦洗等。

编号				1-084
项目名称				浮标液面计拆除
				FQ-Ⅱ型
单位				组
总价（元）				**20.22**
其中	人工费（元）			20.11
	材料费（元）			0.11
名称		单位	单价（元）	消耗量
人工	综合工日	工日	113.00	0.178
材料	锯条（各种规格）	根	0.42	0.250

工作内容：拆落、检查、擦洗等。

编号				1-085
项目名称				压力计、水位计及温度计拆除
单位				个
总价（元）				**5.70**
其中	人工费（元）			5.65
	材料费（元）			0.05
名称		单位	单价（元）	消耗量
人工	综合工日	工日	113.00	0.050
材料	氧气	m^3	2.88	0.006
	乙炔气	kg	14.66	0.002

第三节　卫生器具拆除

工作内容：锯、剔、落给水排水连接管、支架及其附件，安丝堵、剔凿地面，搬运至材料堆放地点等全部操作过程。

编　号				1-086	1-087	1-088	1-089	1-090
项目名称				坐式大便器拆除	蹲式大便器拆除	大便器水箱（高、低水箱通用）拆除	挂式小便器拆除	立式小便器拆除
单　位				套				
总价（元）				**24.51**	**64.06**	**29.03**	**17.73**	**27.90**
其中	人工费（元）			23.73	63.28	28.25	16.95	27.12
	材料费（元）			0.78	0.78	0.78	0.78	0.78
名　称		单位	单价（元）	消　耗　量				
人工	综合工日	工日	113.00	0.210	0.560	0.250	0.150	0.240
材料	尼龙砂轮片 *D*100	片	3.92	0.200	0.200	0.200	0.200	0.200

工作内容:锯、剔、落给水排水连接管、支架及其附件,安丝堵、剔凿地面,搬运至材料堆放地点等全部操作过程。

编号				1-091	1-092	1-093	1-094	1-095	1-096
项目名称				洗脸盆拆除	家具盆拆除	浴缸(盆)拆除	净身盆拆除		洗涤盆拆除
							落地式	壁挂式	
单位				组	套	组			
总价(元)				**33.55**	**40.73**	**151.12**	**34.91**	**23.04**	**27.90**
其中	人工费(元)			32.77	39.55	149.16	34.13	22.26	27.12
	材料费(元)			0.78	1.18	1.96	0.78	0.78	0.78
名称		单位	单价(元)	消耗量					
人工	综合工日	工日	113.00	0.290	0.350	1.320	0.302	0.197	0.240
材料	尼龙砂轮片 *D*100	片	3.92	0.200	0.300	0.500	0.200	0.200	0.200

工作内容：锯、剔、落给水排水连接管、支架及其附件，安丝堵、剔凿地面，搬运至材料堆放地点等全部操作过程。

编号				1-097	1-098
项目名称				化验盆拆除	拖布池拆除
单位				套	
总价（元）				**25.98**	**21.57**
其中	人工费（元）			25.20	20.79
	材料费（元）			0.78	0.78
名称		单位	单价（元）	消耗量	
人工	综合工日	工日	113.00	0.223	0.184
材料	尼龙砂轮片 *D*100	片	3.92	0.200	0.200

工作内容：锯、剔、落给水排水连接管、支架及其附件，安丝堵、剔凿地面，搬运至材料堆放地点等全部操作过程。

编号					1-099	1-100	1-101
项目名称					淋浴器拆除	整体式淋浴间拆除	盒子式卫生间拆除
单位					套		
总价（元）					**13.95**	**104.39**	**155.35**
其中	人工费（元）				13.56	102.04	153.00
	材料费（元）				0.39	2.35	2.35
名称		单位	单价（元）		消耗量		
人工	综合工日	工日	113.00		0.120	0.903	1.354
材料	尼龙砂轮片 *D*100	片	3.92		0.100	0.600	0.600

工作内容：锯、剔、落给水排水连接管、支架及其附件，安丝堵、剔凿地面，搬运至材料堆放地点等全部操作过程。

编　　号				1-102	1-103	1-104	1-105	1-106
项目名称				桑拿浴房拆除				
				湿蒸房（人）				
				2 以内	6 以内	8 以内	10 以内	10 以上
单　　位				座				
总价（元）				**439.09**	**603.22**	**713.84**	**847.28**	**1005.18**
其中	人工费（元）			435.95	599.69	709.53	841.40	997.34
	材料费（元）			3.14	3.53	4.31	5.88	7.84
名　　称		单位	单价（元）	消　耗　量				
人工	综合工日	工日	113.00	3.858	5.307	6.279	7.446	8.826
材料	尼龙砂轮片 $D100$	片	3.92	0.800	0.900	1.100	1.500	2.000

工作内容：锯、剔、落给水排水连接管、支架及其附件，安丝堵、剔凿地面，搬运至材料堆放地点等全部操作过程。

编号				1–107
项目名称				大、小便槽自动冲洗水箱拆除
单位				10套
总价（元）				**312.40**
其中	人工费（元）			310.64
	材料费（元）			1.76
名称		单位	单价（元）	消耗量
人工	综合工日	工日	113.00	2.749
材料	尼龙砂轮片 *D*100	片	3.92	0.450

工作内容：锯、剔、落给水排水连接管、支架及其附件，安丝堵、剔凿地面，搬运至材料堆放地点等全部操作过程。

编　　号				1-108	1-109	1-110
项目名称				水龙头拆除	排水栓拆除	地漏、扫除口及雨水斗拆除
单　　位				10个	10组	10个
总价(元)				**22.99**	**116.49**	**74.91**
其中	人工费(元)			22.60	115.71	74.13
	材料费(元)			0.39	0.78	0.78
名　　称		单位	单价(元)	消　耗　量		
人工	综合工日	工日	113.00	0.200	1.024	0.656
材料	尼龙砂轮片 *D*100	片	3.92	0.100	0.200	0.200

工作内容：锯、剔、落给水排水连接管、支架及其附件，安丝堵、剔凿地面，搬运至材料堆放地点等全部操作过程。

编　号				1-111
项目名称				太阳能热水器拆除
单　位				m^2
总价(元)				**21.52**
其中	人工费(元)			20.34
	材料费(元)			1.18
名　称		单位	单价(元)	消　耗　量
人工	综合工日	工日	113.00	0.180
材料	尼龙砂轮片 *D*100	片	3.92	0.300

工作内容：锯、剔、落给水排水连接管、支架及其附件，安丝堵、剔凿地面，搬运至材料堆放地点等全部操作过程。

编　　号				1-112	1-113
项目名称				蒸汽水加热器拆除	蒸汽电热开水器拆除
单　　位				10套	10台
总价（元）				**211.04**	**526.76**
其中	人工费（元）			209.28	525.00
	材料费（元）			1.76	1.76
名　　称		单位	单价（元）	消　耗　量	
人工	综合工日	工日	113.00	1.852	4.646
材料	尼龙砂轮片 *D*100	片	3.92	0.450	0.450

工作内容:锯、剔、落给水排水连接管、支架及其附件,安丝堵、剔凿地面,搬运至材料堆放地点等全部操作过程。

编　　号				1-114	1-115
项目名称				冷热水混合器拆除	
				小型	大型
单　　位				10 套	
总价(元)				**167.42**	**330.59**
其中	人工费(元)			165.66	328.83
	材料费(元)			1.76	1.76
名　　称		单位	单价(元)	消　耗　量	
人工	综合工日	工日	113.00	1.466	2.910
材料	尼龙砂轮片 *D*100	片	3.92	0.450	0.450

工作内容:锯、剔、落给水排水连接管、支架及其附件,安丝堵、剔凿地面,搬运至材料堆放地点等全部操作过程。

编　号				1-116
项目名称				净水器拆除
单　位				10套
总价(元)				**333.19**
其中	人工费(元)			331.43
	材料费(元)			1.76
名　称		单位	单价(元)	消　耗　量
人工	综合工日	工日	113.00	2.933
材料	尼龙砂轮片 *D*100	片	3.92	0.450

工作内容：锯、剔、落给水排水连接管、支架及其附件，安丝堵、剔凿地面，搬运至材料堆放地点等全部操作过程。

编号					1-117	1-118	1-119	1-120	1-121	1-122
项目名称					隔油器拆除					
					地上式			悬挂式		
					DN 50	*DN* 75	*DN* 100	*DN* 75	*DN* 100	*DN* 150
单位					套					
总价（元）					**21.52**	**28.30**	**41.86**	**32.37**	**47.96**	**75.20**
其中	人工费（元）				20.34	27.12	40.68	31.19	46.78	74.02
	材料费（元）				1.18	1.18	1.18	1.18	1.18	1.18
名称		单位	单价（元）		消耗量					
人工	综合工日	工日	113.00		0.180	0.240	0.360	0.276	0.414	0.655
材料	尼龙砂轮片 *D*100	片	3.92		0.300	0.300	0.300	0.300	0.300	0.300

第四节　采暖器具拆除

工作内容：放水，拆活接头，剔落卡子、托架，封堵，搬运至材料堆放地点等全部操作过程。

编号				1-123	1-124	1-125	1-126	1-127	1-128	1-129
项目名称				散热器拆除						
				整组柱形散热器（片）		整组长翼形散热器（片）		整组圆翼形散热器（根）		整组钢制散热器
				15以内	30以内	1~3	4~6	1~3	4~6	
单位				组						
总价（元）				**16.04**	**23.95**	**22.82**	**36.38**	**20.56**	**32.99**	**11.52**
其中	人工费（元）			15.82	23.73	22.60	36.16	20.34	32.77	11.30
	材料费（元）			0.22	0.22	0.22	0.22	0.22	0.22	0.22
名称		单位	单价（元）	消耗量						
人工	综合工日	工日	113.00	0.140	0.210	0.200	0.320	0.180	0.290	0.100
材料	氧气	m^3	2.88	0.020	0.020	0.020	0.020	0.020	0.020	0.020
	乙炔气	m^3	16.13	0.010	0.010	0.010	0.010	0.010	0.010	0.010

工作内容:拆堵、补心、冷风门,锯、剔、卸散热片运至材料堆放地点并码放整齐等全部操作过程。

编号				1-130	1-131	1-132
项目名称				散热器拆散		
				柱形、132 形、长翼形散热器	圆翼形散热器	组装式钢制散热器
单位				片	根	
总价(元)				**11.52**	**10.39**	**8.13**
其中	人工费(元)			11.30	10.17	7.91
	材料费(元)			0.22	0.22	0.22
名称		单位	单价(元)	消耗量		
人工	综合工日	工日	113.00	0.100	0.090	0.070
材料	氧气	m^3	2.88	0.020	0.020	0.020
	乙炔气	m^3	16.13	0.010	0.010	0.010

第五节　锅炉及附属设备拆除

工作内容：放水，拆蒸汽管、回水管、给水管接头、锅炉附件等全部操作过程。

编号				1-133	1-134	1-135	1-136	1-137	1-138
项目名称				整体式锅炉拆除					
				发热量（MW）					
				0.04 以内	0.14 以内	0.19 以内	0.24 以内	0.30 以内	0.40 以内
单位				台					
总价（元）				**1154.32**	**1154.32**	**808.03**	**808.03**	**808.03**	**808.03**
其中	人工费（元）			1130.00	1130.00	791.00	791.00	791.00	791.00
	材料费（元）			—	—	—	—	—	—
	机械费（元）			24.32	24.32	17.03	17.03	17.03	17.03
名称		单位	单价（元）	消耗量					
人工	综合工日	工日	113.00	10.000	10.000	7.000	7.000	7.000	7.000
机械	中小型机械费	元	—	24.32	24.32	17.03	17.03	17.03	17.03

工作内容：放水，拆蒸汽管、回水管、给水管接头、锅炉附件等全部操作过程。

编号					1-139	1-140	1-141	1-142	1-143	1-144
项目名称					整体式锅炉拆除					
					发热量(MW)					
					0.50 以内	0.60 以内	0.70 以内	1.10 以内	1.40 以内	2.80 以内
单位					台					
总价(元)					**1154.32**	**1154.32**	**1729.05**	**1729.05**	**2308.65**	**2308.65**
其中	人工费(元)				1130.00	1130.00	1695.00	1695.00	2260.00	2260.00
	材料费(元)				—	—	—	—	—	—
	机械费(元)				24.32	24.32	34.05	34.05	48.65	48.65
名称		单位	单价(元)		消耗量					
人工	综合工日	工日	113.00		10.000	10.000	15.000	15.000	20.000	20.000
机械	中小型机械费	元	—		24.32	24.32	34.05	34.05	48.65	48.65

工作内容：放水，拆给风系统、传动系统及蒸汽管、回水管、给水管接头、锅炉附件，场内搬运等全部操作过程。

编号				1-145	1-146	1-147	1-148	1-149	1-150
项目名称				组装式锅炉拆除					
				发热量（MW）					
				0.30 以内	0.50 以内	0.70 以内	1.00 以内	1.40 以内	2.80 以内
单位				台					
总价（元）				**3114.24**	**3571.11**	**3914.97**	**4381.57**	**6916.22**	**9789.87**
其中	人工费（元）			3051.00	3503.00	3842.00	4294.00	6780.00	9605.00
	材料费（元）			—	—	—	—	—	—
	机械费（元）			63.24	68.11	72.97	87.57	136.22	184.87
名称		单位	单价（元）	消耗量					
人工	综合工日	工日	113.00	27.000	31.000	34.000	38.000	60.000	85.000
机械	中小型机械费	元	—	63.24	68.11	72.97	87.57	136.22	184.87

工作内容：放水，断管道，拆除锅炉本体范围内附件及随本体配套的零部件等，运至指定地点并码放整齐。

编　号				1-151	1-152	1-153	1-154	1-155	1-156
项目名称				整体燃油（气）锅炉拆除					
				发热量（MW）					
				0.50 以内	0.70 以内	1.10 以内	1.40 以内	2.10 以内	2.80 以内
单　位				台					
总价（元）				**1715.37**	**2832.95**	**2832.95**	**3175.93**	**3463.28**	**3463.28**
其中	人工费（元）			1691.05	2798.90	2798.90	3127.28	3414.63	3414.63
	材料费（元）			—	—	—	—	—	—
	机械费（元）			24.32	34.05	34.05	48.65	48.65	48.65
名　称		单位	单价（元）	消　耗　量					
人工	综合工日	工日	113.00	14.965	24.769	24.769	27.675	30.218	30.218
机械	中小型机械费	元	—	24.32	34.05	34.05	48.65	48.65	48.65

工作内容：放水，断管道，拆除锅炉本体范围内附件及随本体配套的零部件等，运至指定地点并码放整齐。

编号				1-157	1-158	1-159	1-160	1-161
项目名称				整体燃油（气）锅炉拆除				
				发热量（MW）				
				3.50 以内	4.20 以内	5.60 以内	7.00 以内	8.40 以内
单位				台				
总价（元）				**4386.63**	**5825.85**	**7245.23**	**8279.64**	**11114.75**
其中	人工费（元）			4324.85	5744.13	7143.07	8162.89	10959.08
	材料费（元）			—	—	—	—	—
	机械费（元）			61.78	81.72	102.16	116.75	155.67
名称		单位	单价（元）	消耗量				
人工	综合工日	工日	113.00	38.273	50.833	63.213	72.238	96.983
机械	中小型机械费	元	—	61.78	81.72	102.16	116.75	155.67

工作内容：1. 锅炉简易上煤斗拆除：拆落煤斗及附件，搬运至指定地点。2. 锅炉除尘器、除渣机拆除：拆落及场内搬运等。

编号					1-162	1-163	1-164	1-165	1-166
项目名称					锅炉简易上煤斗拆除	锅炉除尘器拆除		锅炉除渣机拆除	
						发热量（MW）			
						1.40 以内	2.80 以内	1.40 以内	2.80 以内
单位					台				
总价（元）					**621.50**	**542.40**	**678.00**	**1118.70**	**1367.30**
其中	人工费（元）				621.50	542.40	678.00	1118.70	1367.30
	材料费（元）				—	—	—	—	—
名称		单位	单价（元）		消耗量				
人工	综合工日	工日	113.00		5.500	4.800	6.000	9.900	12.100

工作内容：拆落及场内搬运等。

编号				1-167	1-168	1-169	1-170
项目名称				锅炉机动炉排拆除		锅炉炉排变速器拆除	
				发热量（MW）			
				1.40 以内	2.80 以内	1.40 以内	2.80 以内
单位				台			
总价（元）				**497.20**	**621.50**	**62.15**	**62.15**
其中	人工费（元）			497.20	621.50	62.15	62.15
	材料费（元）			—	—	—	—
名称		单位	单价（元）	消耗量			
人工	综合工日	工日	113.00	4.400	5.500	0.550	0.550

工作内容：拆落及场内搬运等。

编号				1–171	1–172	1–173	1–174	1–175	1–176
项目名称				锅炉给风风道及金属水平烟道拆除		锅炉鼓风机拆除		锅炉引风机拆除	
				给风风道	金属水平烟道	发热量（MW）			
						1.40 以内	2.80 以内	1.40 以内	2.80 以内
单位				t		台			
总价（元）				**1387.64**	**693.82**	**248.60**	**310.75**	**248.60**	**310.75**
其中	人工费（元）			1387.64	693.82	248.60	310.75	248.60	310.75
	材料费（元）			—	—	—	—	—	—
名称		单位	单价（元）	消耗量					
人工	综合工日	工日	113.00	12.280	6.140	2.200	2.750	2.200	2.750

工作内容：拆进、出口法兰、底座、托架，场内搬运等。

编号				1-177	1-178	1-179	1-180	1-181	1-182
项目名称				离心泵拆除			多级泵拆除		
				公称直径（mm）					
				50 以内	80 以内	125 以内	50 以内	80 以内	125 以内
单位				台					
总价（元）				**186.45**	**248.60**	**282.50**	**244.08**	**325.44**	**406.80**
其中	人工费（元）			186.45	248.60	282.50	244.08	325.44	406.80
	材料费（元）			—	—	—	—	—	—
名称		单位	单价（元）	消耗量					
人工	综合工日	工日	113.00	1.650	2.200	2.500	2.160	2.880	3.600

工作内容：拆进、出口法兰、底座、托架，场内搬运等。

编号				1-183	1-184	1-185	1-186	1-187	1-188
项目名称				管道泵拆除			蒸汽往复泵拆除		
				公称直径（mm）					
				50 以内	80 以内	125 以内	50 以内	80 以内	125 以内
单位				台					
总价（元）				**111.87**	**124.30**	**141.25**	**369.51**	**492.68**	**615.85**
其中	人工费（元）			111.87	124.30	141.25	369.51	492.68	615.85
	材料费（元）			—	—	—	—	—	—
名称		单位	单价（元）	消耗量					
人工	综合工日	工日	113.00	0.990	1.100	1.250	3.270	4.360	5.450

第六节　箱罐容器拆除

工作内容：拆保温、法兰、仪表、连接管口，场内搬运等。

编　　号				1-189	1-190	1-191
项目名称				集、分水器，小型除氧器拆除		
				集、分水器（直径 mm）		小型除氧器
				400 以内	600 以内	
单　　位				个		
总价（元）				**232.78**	**293.80**	**28.25**
其中	人工费（元）			232.78	293.80	28.25
	材料费（元）			—	—	—
名　　称		单位	单价（元）	消　耗　量		
人工	综合工日	工日	113.00	2.060	2.600	0.250

工作内容：拆法兰、连接管口、支托架，场内搬运等。

编　　号				1–192
项目名称				片式换热器拆除
单　　位				个
总价（元）				**404.54**
其中	人工费（元）			404.54
	材料费（元）			—
名　　称		单位	单价（元）	消　耗　量
人工	综合工日	工日	113.00	3.580

工作内容：拆保温、连接管口、附件、自重 0.5t 以内的，包括场内搬运等。

编号					1-193	1-194	1-195	1-196	1-197	1-198
项目名称					补水箱拆除	膨胀水箱拆除				
						容积（m^3）				
						0.40 以内	1.00 以内	1.50 以内	3.50 以内	4.00 以内
单位					个					
总价（元）					**45.20**	**238.43**	**381.94**	**479.12**	**244.08**	**244.08**
其中	人工费（元）				45.20	238.43	381.94	479.12	244.08	244.08
	材料费（元）				—	—	—	—	—	—
名称		单位	单价（元）		消耗量					
人工	综合工日	工日	113.00		0.400	2.110	3.380	4.240	2.160	2.160

工作内容：放水，拆保温、连接管口及附件、自重 0.5t 以内的，包括场内搬运等。

编号				1-199	1-200	1-201	1-202
项目名称				容积式水加热器拆除			
				规格（号）			
				1	2	3	4
单位				台			
总价（元）				**488.95**	**618.90**	**322.84**	**354.48**
其中	人工费（元）			471.21	601.16	305.10	336.74
	材料费（元）			—	—	—	—
	机械费（元）			17.74	17.74	17.74	17.74
名称		单位	单价（元）	消耗量			
人工	综合工日	工日	113.00	4.170	5.320	2.700	2.980
机械	中小型机械费	元	—	17.74	17.74	17.74	17.74

工作内容：放水，拆保温、连接管口及附件、自重0.5t以内的，包括场内搬运等。

编号				1-203	1-204	1-205	1-206	1-207	1-208
项目名称				容积式水加热器拆除			热水罐拆除		
				规格（号）			规格（自重：t）		
				5	6	7	0.5以内	1.0以内	2.0以内
单位				台			个		
总价（元）				**394.03**	**565.62**	**721.56**	**933.84**	**574.50**	**690.89**
其中	人工费（元）			376.29	539.01	694.95	797.78	438.44	554.83
	材料费（元）			—	—	—	—	—	—
	机械费（元）			17.74	26.61	26.61	136.06	136.06	136.06
名称		单位	单价（元）	消耗量					
人工	综合工日	工日	113.00	3.330	4.770	6.150	7.060	3.880	4.910
机械	中小型机械费	元	—	17.74	26.61	26.61	136.06	136.06	136.06

第二章　给排水管道安装

说　　明

一、本章包括室内外镀锌钢管、铸铁管、钢管、塑料管、不锈钢管、铜管、复合管、站类配管安装 8 节，共 378 条基价子目。

二、管道的界线划分。

1. 室内外给水管道以建筑物外墙皮 1.5m 为界，建筑物入口处设阀门者以阀门为界。

2. 室内外排水管道以出户第一个排水检查井为界。

3. 室内外采暖管道以建筑物外墙皮 1.5m 为界，建筑物入口处设阀门者以阀门为界。

4. 站类（锅炉房、泵房软化室）管道以外墙皮为界。

三、管道的适用范围。

1. 塑料管安装适用于 UPVC、PVC、PP-R、PE 管等塑料管的安装。

2. 镀锌钢管安装（螺纹连接）适用于室内外焊接钢管的螺纹连接。

3. 钢塑复合管安装适用于内涂塑、内外涂塑、内衬塑、外覆塑内衬塑复合管道安装。

4. 钢管安装（沟槽连接）适用于镀锌钢管、焊接钢管及无缝钢管等沟槽连接的管道安装。

四、工程计价时应注意的问题。

1. 管道安装项目中，均包括相应管件安装、水压试验等工作内容，管道消毒冲洗及因工程需要而发生且非正常情况的管道水压试验执行相应子目。各种管件数量系综合取定，成品管件数量可依据设计文件及施工方案计算，定额中其他消耗量均不做调整。

2. 管道安装项目中，均不包含管道支架、管卡、托钩等制作、安装以及管道穿墙、楼板套管制作、安装等工作内容，发生时应另行计算并执行相应定额。

3. 钢管焊接安装项目中均综合考虑了成品管件安装和现场摵制弯管、摔制大小头、挖眼三通的制作。

4. 塑料管热熔连接公称外径大于或等于 125 的按热熔对接连接考虑。

5. 室内柔性铸铁排水管（机械接口）按带法兰承口的承插式管材考虑。

6. 站类配管丝接及焊接管道安装基价，不包括弯头安装的工料费，应套用相应子目。

7. 室外排水管道如遇混凝土或沥青路面时，其路面的工程量另行计算，执行路面拆除基价。

8. 室外排水管道按其图示中心线以“m”计算，检查井和连接井所占长度不扣除。

工程量计算规则

一、各类管道安装按室内外、材质、连接形式、规格分别列项，以“m”为计量单位。定额中铜管、塑料管按公称外径表示，其他管道均按公称直径表示。

二、各类安装管道工程量均按设计管道中心线长度，以“m”为计量单位，不扣除阀门、管件、附件（包括器具组成）及井类所占长度。

三、铸铁给水管断管加三通按设计数量计算，以“组”为计量单位。

四、铸铁给水管打眼加分水卡子按设计数量计算，以“套”为计量单位。

第一节　镀 锌 钢 管

工作内容：场内搬运、清扫管膛、调直、切管、套丝、组对、连接、管道及管件安装、水压试验。

编号				2-001	2-002	2-003	2-004	2-005	2-006
项目名称				室外给水镀锌钢管安装（螺纹连接）					
				公称直径（mm）					
				15 以内	20 以内	25 以内	32 以内	40 以内	50 以内
单位				10m					
总价（元）				**105.18**	**110.55**	**115.66**	**120.17**	**123.80**	**137.53**
其中	人工费（元）			100.44	104.63	109.08	112.05	115.02	126.90
	材料费（元）			4.21	5.20	5.34	6.79	7.21	8.49
	机械费（元）			0.53	0.72	1.24	1.33	1.57	2.14
名称		单位	单价（元）	消耗量					
人工	综合工日	工日	135.00	0.744	0.775	0.808	0.830	0.852	0.940
材料	镀锌钢管	m	—	（10.200）	（10.200）	（10.200）	（10.200）	（10.200）	（10.200）
	室外给水镀锌钢管螺纹管件	个	—	（2.800）	（2.960）	（2.830）	（2.140）	（2.120）	（2.050）
	镀锌钢丝 *D*2.8~4.0	kg	6.91	0.040	0.045	0.068	0.075	0.079	0.083
	低碳钢焊条 J422 *D*3.2	kg	3.60	0.002	0.002	0.002	0.002	0.002	0.002
	弹簧压力表 Y-100 0~1.6MPa	块	48.67	0.002	0.002	0.002	0.002	0.002	0.003

编号				2-001	2-002	2-003	2-004	2-005	2-006
项目名称				室外给水镀锌钢管安装（螺纹连接）					
				公称直径（mm）					
				15 以内	20 以内	25 以内	32 以内	40 以内	50 以内
单位				10m					
名称		单位	单价（元）	消耗量					
材料	焊接钢管 *DN*20	m	6.32	0.013	0.014	0.015	0.016	0.016	0.017
	机油	kg	7.21	0.024	0.030	0.032	0.037	0.041	0.057
	聚四氟乙烯生料 带宽 20	m	1.15	2.240	2.930	3.180	3.570	3.730	4.470
	锯条（各种规格）	根	0.42	0.113	0.142	0.080	0.083	0.086	0.095
	螺纹阀门 *DN*20	个	22.72	0.004	0.004	0.004	0.005	0.005	0.005
	尼龙砂轮片 *D*400	片	15.64	0.005	0.006	0.010	0.014	0.017	0.021
	热轧厚钢板 δ8.0~15.0	kg	5.16	0.030	0.032	0.034	0.037	0.039	0.042
	橡胶板 δ1.0~3.0	kg	11.26	0.007	0.008	0.008	0.009	0.010	0.010
	橡胶软管 *DN*20	m	11.10	0.006	0.007	0.007	0.007	0.008	0.008
	压力表弯管 *DN*15	个	11.36	0.002	0.002	0.002	0.002	0.002	0.003
	氧气	m^3	2.88	0.003	0.003	0.003	0.006	0.006	0.006
	乙炔气	kg	14.66	0.001	0.001	0.001	0.002	0.002	0.002
	破布	kg	5.07	0.080	0.090	0.015	0.167	0.187	0.213
	六角螺栓	kg	8.39	0.004	0.004	0.004	0.005	0.005	0.005
机械	中小型机械费	元	—	0.53	0.72	1.24	1.33	1.57	2.14

工作内容：场内搬运、清扫管膛、调直、切管、套丝、组对、连接、管道及管件安装、水压试验。

编号					2-007	2-008	2-009	2-010	2-011
项目名称					室外给水镀锌钢管安装（螺纹连接）				
					公称直径（mm）				
					65 以内	80 以内	100 以内	125 以内	150 以内
单位					10m				
总价（元）					**153.72**	**171.30**	**202.95**	**234.95**	**254.99**
其中	人工费（元）				138.51	154.98	183.06	212.36	228.69
	材料费（元）				12.44	13.21	16.20	18.55	21.54
	机械费（元）				2.77	3.11	3.69	4.04	4.76
名称		单位	单价（元）		消耗量				
人工	综合工日	工日	135.00		1.026	1.148	1.356	1.573	1.694
材料	镀锌钢管	m	—		（10.130）	（10.130）	（10.130）	（10.130）	（10.130）
	室外给水镀锌钢管螺纹管件	个	—		（2.030）	（1.920）	（1.820）	（1.820）	（1.820）
	低碳钢焊条 J422 *D*3.2	kg	3.60		0.002	0.003	0.003	0.003	0.003
	弹簧压力表 Y-100 0~1.6MPa	块	48.67		0.003	0.003	0.003	0.003	0.003
	镀锌钢丝 *D*2.8~4.0	kg	6.91		0.085	0.089	0.101	0.107	0.112
	焊接钢管 *DN*20	m	6.32		0.019	0.020	0.021	0.021	0.023

编号				2-007	2-008	2-009	2-010	2-011
项目名称				室外给水镀锌钢管安装（螺纹连接）				
				公称直径（mm）				
				65 以内	80 以内	100 以内	125 以内	150 以内
单位				10m				
名称		单位	单价（元）	消耗量				
材料	机油	kg	7.21	0.076	0.078	0.091	0.106	0.121
	聚四氟乙烯生料 带宽 20	m	1.15	7.500	7.950	10.060	12.350	14.560
	螺纹阀门 *DN*20	个	22.72	0.005	0.006	0.006	0.006	0.006
	尼龙砂轮片 *D*400	片	15.64	0.033	0.038	0.046	—	—
	热轧厚钢板 δ8.0~15.0	kg	5.16	0.044	0.047	0.049	0.073	0.100
	橡胶板 δ1.0~3.0	kg	11.26	0.011	0.011	0.012	0.014	0.016
	橡胶软管 *DN*20	m	11.10	0.008	0.008	0.009	0.009	0.010
	压力表弯管 *DN*15	个	11.36	0.003	0.003	0.003	0.003	0.003
	氧气	m^3	2.88	0.006	0.006	0.006	0.006	0.006
	乙炔气	kg	14.66	0.002	0.002	0.002	0.002	0.002
	破布	kg	5.07	0.238	0.255	0.298	0.323	0.340
	六角螺栓	kg	8.39	0.006	0.006	0.006	0.008	0.012
机械	中小型机械费	元	—	2.77	3.11	3.69	4.04	4.76

工作内容：场内搬运、清扫管膛、调直、切管、套丝、组对、连接、管道及管件安装、水压试验。

编号				2-012	2-013	2-014	2-015	2-016	2-017
项目名称				室内给水镀锌钢管安装（螺纹连接）					
				公称直径（mm）					
				15 以内	20 以内	25 以内	32 以内	40 以内	50 以内
单位				10m					
总价（元）				**275.80**	**290.74**	**352.78**	**381.98**	**390.48**	**418.01**
其中	人工费（元）			257.99	270.00	324.68	351.00	358.43	384.89
	材料费（元）			15.95	18.55	22.94	24.25	24.67	25.48
	机械费（元）			1.86	2.19	5.16	6.73	7.38	7.64
名称		单位	单价（元）	消耗量					
人工	综合工日	工日	135.00	1.911	2.000	2.405	2.600	2.655	2.851
材料	镀锌钢管	m	—	（9.910）	（9.910）	（9.910）	（9.910）	（10.020）	（10.020）
	室内给水镀锌钢管螺纹管件	个	—	（14.490）	（12.100）	（11.400）	（9.830）	（7.860）	（6.610）
	低碳钢焊条 J422 *D*3.2	kg	3.60	0.002	0.002	0.002	0.002	0.002	0.002
	弹簧压力表 Y-100 0~1.6MPa	块	48.67	0.002	0.002	0.002	0.002	0.002	0.003
	镀锌钢丝 *D*2.8~4.0	kg	6.91	0.040	0.045	0.068	0.075	0.079	0.083
	焊接钢管 *DN*20	m	6.32	0.013	0.014	0.015	0.016	0.016	0.017
	机油	kg	7.21	0.158	0.170	0.203	0.206	0.209	0.213

编号				2-012	2-013	2-014	2-015	2-016	2-017
项目名称				室内给水镀锌钢管安装(螺纹连接)					
				公称直径(mm)					
				15 以内	20 以内	25 以内	32 以内	40 以内	50 以内
单位				10m					
名称		单位	单价(元)	消耗量					
材料	聚四氟乙烯生料 带宽 20	m	1.15	10.980	13.040	15.500	16.020	16.190	16.580
	锯条(各种规格)	根	0.42	0.778	0.792	0.815	0.821	0.834	0.839
	螺纹阀门 *DN*20	个	22.72	0.004	0.004	0.005	0.005	0.005	0.005
	尼龙砂轮片 *D*400	片	15.64	0.033	0.035	0.086	0.117	0.120	0.125
	热轧厚钢板 δ8.0~15.0	kg	5.16	0.030	0.032	0.034	0.037	0.039	0.042
	橡胶板 δ1.0~3.0	kg	11.26	0.007	0.008	0.008	0.009	0.010	0.010
	橡胶软管 *DN*20	m	11.10	0.006	0.006	0.007	0.007	0.007	0.008
	压力表弯管 *DN*15	个	11.36	0.002	0.002	0.002	0.002	0.002	0.003
	氧气	m^3	2.88	0.003	0.003	0.003	0.006	0.006	0.006
	乙炔气	kg	14.66	0.001	0.001	0.001	0.002	0.002	0.002
	破布	kg	5.07	0.080	0.090	0.150	0.167	0.187	0.213
	六角螺栓	kg	8.39	0.004	0.004	0.004	0.005	0.005	0.005
机械	中小型机械费	元	—	1.86	2.19	5.16	6.73	7.38	7.64

工作内容：场内搬运、清扫管膛、调直、切管、套丝、组对、连接、管道及管件安装、水压试验。

编号				2-018	2-019	2-020	2-021	2-022
项目名称				室内给水镀锌钢管安装（螺纹连接）				
				公称直径（mm）				
				65 以内	80 以内	100 以内	125 以内	150 以内
单位				10m				
总价（元）				**440.32**	**461.96**	**525.09**	**578.71**	**641.96**
其中	人工费（元）			405.68	424.71	485.33	538.25	598.86
	材料费（元）			26.94	28.98	31.36	29.50	30.34
	机械费（元）			7.70	8.27	8.40	10.96	12.76
名称		单位	单价（元）	消耗量				
人工	综合工日	工日	135.00	3.005	3.146	3.595	3.987	4.436
材料	镀锌钢管	m	—	（10.020）	（10.020）	（10.020）	（10.020）	（10.020）
	室内给水镀锌钢管螺纹管件	个	—	（5.260）	（4.630）	（4.150）	（3.520）	（3.410）
	低碳钢焊条 J422 *D*3.2	kg	3.60	0.002	0.003	0.003	0.003	0.003
	弹簧压力表 Y-100 0~1.6MPa	块	48.67	0.003	0.003	0.003	0.003	0.003
	镀锌钢丝 *D*2.8~4.0	kg	6.91	0.085	0.089	0.101	0.107	0.112
	焊接钢管 *DN*20	m	6.32	0.019	0.020	0.021	0.022	0.023

编　号				2-018	2-019	2-020	2-021	2-022
项目名称				室内给水镀锌钢管安装（螺纹连接）				
				公称直径（mm）				
				65 以内	80 以内	100 以内	125 以内	150 以内
单　位				10m				
名　称		单位	单价（元）	消　耗　量				
材料	机油	kg	7.21	0.215	0.219	0.225	0.241	0.269
	聚四氟乙烯生料 带宽 20	m	1.15	17.950	19.310	20.880	21.020	21.240
	螺纹阀门 *DN*20	个	22.72	0.005	0.006	0.006	0.006	0.006
	尼龙砂轮片 *D*400	片	15.64	0.141	0.146	0.158	—	—
	热轧厚钢板 δ8.0~15.0	kg	5.16	0.004	0.047	0.049	0.073	0.110
	橡胶板 δ1.0~3.0	kg	11.26	0.011	0.011	0.012	0.014	0.016
	橡胶软管 *DN*20	m	11.10	0.008	0.008	0.009	0.009	0.010
	压力表弯管 *DN*15	个	11.36	0.003	0.003	0.003	0.003	0.003
	氧气	m^3	2.88	0.006	0.006	0.006	0.006	0.006
	乙炔气	kg	14.66	0.002	0.002	0.002	0.002	0.002
	破布	kg	5.07	0.238	0.255	0.298	0.323	0.340
	六角螺栓	kg	8.39	0.006	0.006	0.006	0.008	0.012
机械	中小型机械费	元	—	7.70	8.27	8.40	10.96	12.76

第二节 铸 铁 管

工作内容：场内搬运、清扫管膛、管口除沥青、切管、管道及管件安装、调制接口材料、接口养护、水压试验。

编号				2-023	2-024	2-025	2-026	2-027
项目名称				室外给水铸铁管安装（石棉水泥接口）				
				公称直径（mm）				
				75以内	100以内	150以内	200以内	250以内
单位				10m				
总价（元）				**206.35**	**273.52**	**336.73**	**396.74**	**451.46**
其中	人工费（元）			183.06	244.89	301.05	351.00	383.67
	材料费（元）			21.94	27.17	33.88	43.21	64.73
	机械费（元）			1.35	1.46	1.80	2.53	3.06
名称		单位	单价（元）	消耗量				
人工	综合工日	工日	135.00	1.356	1.814	2.230	2.600	2.842
材料	承插铸铁给水管	m	—	（10.100）	（10.100）	（10.050）	（10.050）	（9.900）
	室外给水承插铸铁管件	个	—	（1.070）	（1.070）	（1.010）	（0.980）	（0.920）
	草绳	kg	7.12	0.020	0.040	0.150	0.180	0.210
	低碳钢焊条 J422 *D*3.2	kg	3.60	0.003	0.003	0.003	0.003	0.004
	弹簧压力表 Y-100 0~1.6MPa	块	48.67	0.003	0.003	0.003	0.003	0.003
	镀锌钢丝 *D*2.8~4.0	kg	6.91	0.089	0.101	0.112	0.131	0.140
	焊接钢管 *DN*20	m	6.32	0.020	0.021	0.023	0.024	0.025
	螺纹阀门 *DN*20	个	22.72	0.006	0.006	0.006	0.007	0.007

编号				2-023	2-024	2-025	2-026	2-027
项目名称				室外给水铸铁管安装（石棉水泥接口）				
				公称直径（mm）				
				75 以内	100 以内	150 以内	200 以内	250 以内
单位				10m				
名称		单位	单价（元）	消耗量				
材料	热轧厚钢板 δ8.0~15.0	kg	5.16	0.047	0.049	0.110	0.148	0.231
	石棉绒	kg	12.32	0.890	1.100	1.320	1.700	2.670
	水泥 P·O 42.5	kg	0.41	2.070	2.570	3.090	3.970	6.240
	铁砂布	张	1.56	0.200	0.400	0.700	0.900	1.000
	橡胶板 δ1.0~3.0	kg	11.26	0.011	0.012	0.016	0.018	0.021
	橡胶软管 *DN*20	m	11.10	0.008	0.009	0.010	0.010	0.011
	压力表弯管 *DN*15	个	11.36	0.003	0.003	0.003	0.003	0.003
	氧气	m^3	2.88	0.006	0.006	0.006	0.009	0.009
	乙炔气	kg	14.66	0.002	0.002	0.002	0.003	0.003
	油麻	kg	16.48	0.410	0.510	0.620	0.800	1.250
	破布	kg	5.07	0.255	0.298	0.340	0.408	0.451
	六角螺栓	kg	8.39	0.006	0.006	0.012	0.018	0.028
机械	中小型机械费	元	—	1.35	1.46	1.80	2.53	3.06

工作内容：场内搬运、清扫管膛、管口除沥青、切管、管道及管件安装、调制接口材料、接口养护、水压试验。

编号				2-028	2-029	2-030	2-031	2-032
项目名称				室外给水铸铁管安装（石棉水泥接口）				
				公称直径（mm）				
				300 以内	350 以内	400 以内	450 以内	500 以内
单位				10m				
总价（元）				**479.19**	**511.35**	**568.73**	**676.83**	**762.89**
其中	人工费（元）			398.25	427.82	474.93	560.66	613.58
	材料费（元）			77.23	79.62	89.47	111.11	143.29
	机械费（元）			3.71	3.91	4.33	5.06	6.02
名称		单位	单价（元）	消耗量				
人工	综合工日	工日	135.00	2.950	3.169	3.518	4.153	4.545
材料	承插铸铁给水管	m	—	（9.900）	（9.900）	（9.900）	（9.850）	（9.850）
	室外给水承插铸铁管件	个	—	（0.880）	（0.830）	（0.810）	（0.770）	（0.760）
	草绳	kg	7.12	0.350	0.650	0.950	1.500	2.500
	低碳钢焊条 J422 *D*3.2	kg	3.60	0.004	0.004	0.004	0.004	0.004
	弹簧压力表 Y-100 0~1.6MPa	块	48.67	0.004	0.004	0.004	0.004	0.004
	镀锌钢丝 *D*2.8~4.0	kg	6.91	0.144	0.148	0.153	0.158	1.630
	焊接钢管 *DN*20	m	6.32	0.026	0.027	0.028	0.029	0.030

编号				2-028	2-029	2-030	2-031	2-032
项目名称				室外给水铸铁管安装（石棉水泥接口）				
				公称直径（mm）				
				300 以内	350 以内	400 以内	450 以内	500 以内
单位				10m				
名称		单位	单价（元）	消耗量				
材料	螺纹阀门 *DN*20	个	22.72	0.007	0.008	0.008	0.008	0.008
	热轧厚钢板 δ8.0~15.0	kg	5.16	0.333	0.038	0.426	0.472	0.472
	石棉绒	kg	12.32	3.160	3.180	3.450	4.030	4.870
	水泥 P·O 42.5	kg	0.41	7.370	7.480	8.060	9.400	11.370
	铁砂布	张	1.56	1.250	1.500	1.960	2.000	3.000
	橡胶板 δ1.0~3.0	kg	11.26	0.024	0.038	0.042	0.051	0.060
	橡胶软管 *DN*20	m	11.10	0.011	0.011	0.012	0.012	0.012
	压力表弯管 *DN*15	个	11.36	0.004	0.004	0.004	0.004	0.004
	氧气	m^3	2.88	0.009	0.012	0.012	0.012	0.012
	乙炔气	kg	14.66	0.003	0.004	0.004	0.004	0.004
	油麻	kg	16.48	1.480	1.520	1.610	1.880	2.280
	破布	kg	5.07	0.468	0.493	0.451	0.527	0.544
	六角螺栓	kg	8.39	0.038	0.046	0.054	0.620	0.070
机械	中小型机械费	元	—	3.71	3.91	4.33	5.06	6.02

工作内容：场内搬运、清扫管膛、管口除沥青、切管、管道及管件安装、调制接口材料、接口养护、水压试验。

编　号				2-033	2-034	2-035	2-036	2-037
项目名称				室外给水铸铁管安装（膨胀水泥接口）				
				公称直径（mm）				
				75 以内	100 以内	150 以内	200 以内	250 以内
单　位				10m				
总价（元）				**182.25**	**237.70**	**292.98**	**344.11**	**385.51**
其中	人工费（元）			168.08	220.32	270.81	315.77	345.06
	材料费（元）			12.82	15.92	20.37	25.81	37.39
	机械费（元）			1.35	1.46	1.80	2.53	3.06
名　称		单位	单价（元）	消　耗　量				
人工	综合工日	工日	135.00	1.245	1.632	2.006	2.339	2.556
材料	承插铸铁给水管	m	—	（10.100）	（10.100）	（10.050）	（10.050）	（9.900）
	室外给水承插铸铁管件	个	—	（1.070）	（1.070）	（1.010）	（0.980）	（0.920）
	草绳	kg	7.12	0.020	0.040	0.150	0.180	0.210
	低碳钢焊条 J422 *D*3.2	kg	3.60	0.003	0.003	0.003	0.003	0.004
	弹簧压力表 Y-100 0~1.6MPa	块	48.67	0.003	0.003	0.003	0.003	0.003
	镀锌钢丝 *D*2.8~4.0	kg	6.91	0.089	0.101	0.112	0.131	0.140
	硅酸盐膨胀水泥	kg	0.85	3.170	3.940	4.730	6.080	9.550
	焊接钢管 *DN*20	m	6.32	0.020	0.021	0.023	0.024	0.025

编号				2-033	2-034	2-035	2-036	2-037
项目名称				室外给水铸铁管安装（膨胀水泥接口）				
				公称直径（mm）				
				75 以内	100 以内	150 以内	200 以内	250 以内
单位				10m				
名称		单位	单价（元）	消耗量				
材料	螺纹阀门 *DN*20	个	22.72	0.006	0.006	0.006	0.007	0.007
	热轧厚钢板 δ8.0~15.0	kg	5.16	0.047	0.049	0.110	0.148	0.231
	铁砂布	张	1.56	0.200	0.400	0.700	0.900	1.000
	橡胶板 δ1.0~3.0	kg	11.26	0.011	0.012	0.016	0.018	0.021
	橡胶软管 *DN*20	m	11.10	0.008	0.009	0.010	0.010	0.011
	压力表弯管 *DN*15	个	11.36	0.003	0.003	0.003	0.003	0.003
	氧气	m^3	2.88	0.006	0.006	0.006	0.009	0.009
	乙炔气	kg	14.66	0.002	0.002	0.002	0.003	0.003
	油麻	kg	16.48	0.410	0.510	0.620	0.800	1.250
	破布	kg	5.07	0.255	0.298	0.340	0.408	0.451
	六角螺栓	kg	8.39	0.006	0.006	0.012	0.018	0.028
机械	中小型机械费	元	—	1.35	1.46	1.80	2.53	3.06

工作内容：场内搬运、清扫管膛、管口除沥青、切管、管道及管件安装、调制接口材料、接口养护、水压试验。

编　号				2-038	2-039	2-040	2-041	2-042
项目名称				室外给水铸铁管安装（膨胀水泥接口）				
				公称直径（mm）				
				300 以内	350 以内	400 以内	450 以内	500 以内
单　位				10m				
总价（元）				**407.01**	**438.44**	**486.38**	**574.64**	**641.39**
其中	人工费（元）			358.43	384.89	427.55	504.36	552.02
	材料费（元）			44.87	49.64	54.50	65.22	83.35
	机械费（元）			3.71	3.91	4.33	5.06	6.02
名　称		单位	单价（元）	消　耗　量				
人工	综合工日	工日	135.00	2.655	2.851	3.167	3.736	4.089
材料	承插铸铁给水管	m	—	（9.900）	（9.900）	（9.900）	（9.850）	（9.850）
	室外给水承插铸铁管件	个	—	（0.880）	（0.830）	（0.810）	（0.770）	（0.760）
	草绳	kg	7.12	0.350	0.650	0.950	1.500	2.500
	低碳钢焊条 J422 *D*3.2	kg	3.60	0.004	0.004	0.004	0.004	0.004
	弹簧压力表 Y-100 0~1.6MPa	块	48.67	0.004	0.004	0.004	0.004	0.004
	镀锌钢丝 *D*2.8~4.0	kg	6.91	0.144	0.148	0.153	0.158	0.163
	硅酸盐膨胀水泥	kg	0.85	11.280	11.810	12.340	14.400	17.410

编号				2-038	2-039	2-040	2-041	2-042
项目名称				室外给水铸铁管安装（膨胀水泥接口）				
				公称直径（mm）				
				300 以内	350 以内	400 以内	450 以内	500 以内
单位				10m				
名称		单位	单价（元）	消耗量				
材料	焊接钢管 *DN*20	m	6.32	0.026	0.008	0.008	0.008	0.008
	螺纹阀门 *DN*20	个	22.72	0.007	0.008	0.008	0.008	0.008
	热轧厚钢板 δ8.0~15.0	kg	5.16	0.333	0.380	0.426	0.472	0.472
	铁砂布	张	1.56	1.250	1.500	1.960	2.000	3.000
	橡胶板 δ1.0~3.0	kg	11.26	0.024	0.038	0.042	0.051	0.060
	橡胶软管 *DN*20	m	11.10	0.011	0.027	0.028	0.029	0.030
	压力表弯管 *DN*15	个	11.36	0.004	0.004	0.004	0.004	0.004
	氧气	m^3	2.88	0.009	0.012	0.012	0.012	0.012
	乙炔气	kg	14.66	0.003	0.004	0.004	0.004	0.004
	油麻	kg	16.48	1.480	1.545	1.610	1.880	2.280
	破布	kg	5.07	0.468	0.493	0.510	0.527	0.544
	六角螺栓	kg	8.39	0.038	0.046	0.054	0.062	0.070
机械	中小型机械费	元	—	3.71	3.91	4.33	5.06	6.02

工作内容：场内搬运、清扫管膛、切管、上胶圈、接口、管道及管件安装、水压试验。

编号				2-043	2-044	2-045	2-046	2-047
项目名称				室外给水铸铁管安装（胶圈接口）				
				公称直径（mm）				
				100 以内	150 以内	200 以内	250 以内	300 以内
单位				10m				
总价（元）				**230.53**	**285.16**	**337.05**	**376.11**	**365.97**
其中	人工费（元）			202.64	249.21	290.66	317.52	329.81
	材料费（元）			26.43	34.15	43.86	55.53	32.45
	机械费（元）			1.46	1.80	2.53	3.06	3.71
名称		单位	单价（元）	消耗量				
人工	综合工日	工日	135.00	1.501	1.846	2.153	2.352	2.443
材料	承插铸铁给水管	m	—	（10.100）	（10.050）	（10.050）	（9.900）	（9.900）
	室外给水承插铸铁管件	个	—	（1.070）	（1.010）	（0.980）	（0.920）	（0.880）
	低碳钢焊条 J422 *D*3.2	kg	3.60	0.003	0.003	0.003	0.004	0.004
	弹簧压力表 Y-100 0~1.6MPa	块	48.67	0.003	0.003	0.003	0.003	0.004
	镀锌钢丝 *D*2.8~4.0	kg	6.91	0.101	0.112	0.131	0.140	0.144
	焊接钢管 *DN*20	m	6.32	0.021	0.023	0.024	0.025	0.026
	螺纹阀门 *DN*20	个	22.72	0.006	0.006	0.007	0.007	0.007

续前

编号				2-043	2-044	2-045	2-046	2-047
项目名称				室外给水铸铁管安装（胶圈接口）				
				公称直径（mm）				
				100 以内	150 以内	200 以内	250 以内	300 以内
单位				10m				
名称		单位	单价（元）	消耗量				
材料	热轧厚钢板 δ8.0~15.0	kg	5.16	0.049	0.110	0.148	0.231	0.333
	橡胶板 δ1.0~3.0	kg	11.26	0.012	0.016	0.018	0.021	0.024
	橡胶圈（给水）*DN*100	个	9.48	2.445	—	—	—	—
	橡胶圈（给水）*DN*150	个	13.09	—	2.305	—	—	—
	橡胶圈（给水）*DN*200	个	17.41	—	—	2.245	—	—
	橡胶圈（给水）*DN*250	个	23.52	—	—	—	2.122	—
	橡胶圈（给水）*DN*300	个	12.79	—	—	—	—	2.033
	橡胶软管 *DN*20	m	11.10	0.009	0.010	0.010	0.011	0.011
	压力表弯管 *DN*15	个	11.36	0.003	0.003	0.003	0.003	0.004
	氧气	m^3	2.88	0.006	0.006	0.009	0.009	0.009
	乙炔气	kg	14.66	0.002	0.002	0.003	0.003	0.003
	破布	kg	5.07	0.298	0.340	0.408	0.451	0.468
	六角螺栓	kg	8.39	0.006	0.012	0.018	0.028	0.038
机械	中小型机械费	元	—	1.46	1.80	2.53	3.06	3.71

工作内容:场内搬运、清扫管膛、切管、上胶圈、接口、管道及管件安装、水压试验。

编号				2-048	2-049	2-050	2-051
项目名称				室外给水铸铁管安装(胶圈接口)			
				公称直径(mm)			
				350 以内	400 以内	450 以内	500 以内
单位				10m			
总价(元)				**388.26**	**444.17**	**516.27**	**564.84**
其中	人工费(元)			354.11	393.39	464.00	508.01
	材料费(元)			30.24	46.45	47.21	50.81
	机械费(元)			3.91	4.33	5.06	6.02
名称		单位	单价(元)	消耗量			
人工	综合工日	工日	135.00	2.623	2.914	3.437	3.763
材料	承插铸铁给水管	m	—	(9.900)	(9.900)	(9.850)	(9.850)
	室外给水承插铸铁管件	个	—	(0.830)	(0.810)	(0.770)	(0.760)
	低碳钢焊条 J422 *D*3.2	kg	3.60	0.004	0.004	0.004	0.004
	弹簧压力表 Y-100 0~1.6MPa	块	48.67	0.004	0.004	0.004	0.004
	镀锌钢丝 *D*2.8~4.0	kg	6.91	0.148	0.153	0.158	0.163
	焊接钢管 *DN*20	m	6.32	0.027	0.028	0.029	0.030
	螺纹阀门 *DN*20	个	22.72	0.008	0.008	0.008	0.008

续前

编号				2-048	2-049	2-050	2-051
项目名称				室外给水铸铁管安装（胶圈接口）			
				公称直径（mm）			
				350以内	400以内	450以内	500以内
单位				10m			
名称		单位	单价（元）	消耗量			
材料	热轧厚钢板 δ8.0~15.0	kg	5.16	0.038	0.426	0.427	0.427
	橡胶板 δ1.0~3.0	kg	11.26	0.038	0.042	0.051	0.060
	橡胶圈（给水）*DN*350	个	12.95	1.922	—	—	—
	橡胶圈（给水）*DN*400	个	20.65	—	1.881	—	—
	橡胶圈（给水）*DN*450	个	21.86	—	—	1.798	—
	橡胶圈（给水）*DN*500	个	24.07	—	—	—	1.770
	橡胶软管 *DN*20	m	11.10	0.011	0.012	0.012	0.012
	压力表弯管 *DN*15	个	11.36	0.004	0.004	0.004	0.004
	氧气	m^3	2.88	0.012	0.012	0.012	0.012
	乙炔气	kg	14.66	0.004	0.004	0.004	0.004
	破布	kg	5.07	0.493	0.510	0.527	0.544
	六角螺栓	kg	8.39	0.046	0.054	0.062	0.070
机械	中小型机械费	元	—	3.91	4.33	5.06	6.02

工作内容：场内搬运、清扫管膛、管口除沥青、切管、管道及管件安装、调制接口材料、接口养护、水压试验及水冲洗。

编号				2-052	2-053	2-054	2-055	2-056	2-057	2-058
项目名称				室内给水铸铁管安装（石棉水泥接口）						
				公称直径（mm）						
				75 以内	100 以内	150 以内	200 以内	250 以内	300 以内	400 以内
单位				10m						
总价（元）				**241.71**	**362.73**	**450.66**	**535.03**	**623.58**	**692.42**	**855.68**
其中	人工费（元）			203.58	312.66	374.49	436.59	486.81	530.96	611.96
	材料费（元）			33.76	45.12	69.16	88.69	124.70	146.98	226.54
	机械费（元）			4.37	4.95	7.01	9.75	12.07	14.48	17.18
名称		单位	单价（元）	消耗量						
人工	综合工日	工日	135.00	1.508	2.316	2.774	3.234	3.606	3.933	4.533
材料	承插铸铁给水管	m	—	（9.900）	（9.900）	（9.300）	（9.300）	（8.900）	（8.900）	（8.550）
	室内给水承插铸铁管件	个	—	（3.100）	（3.600）	（4.100）	（4.100）	（4.030）	（3.930）	（3.810）
	低碳钢焊条 J422 *D*3.2	kg	3.60	0.002	0.003	0.003	0.003	0.004	0.004	0.004
	弹簧压力表 Y-100 0~1.6MPa	块	48.67	0.003	0.003	0.003	0.003	0.003	0.004	0.004
	镀锌钢丝 *D*2.8~4.0	kg	6.91	0.089	0.101	0.112	0.131	0.140	0.144	0.153
	焊接钢管 *DN*20	m	6.32	0.019	0.021	0.023	0.024	0.025	0.026	0.028
	螺纹阀门 *DN*20	个	22.72	0.005	0.006	0.006	0.007	0.007	0.007	0.008
	热轧厚钢板 δ8.0~15.0	kg	5.16	0.044	0.047	0.110	0.148	0.231	0.333	0.426

编号			2-052	2-053	2-054	2-055	2-056	2-057	2-058
项目名称			室内给水铸铁管安装（石棉水泥接口）						
			公称直径（mm）						
			75 以内	100 以内	150 以内	200 以内	250 以内	300 以内	400 以内
单位			10m						
名称	单位	单价（元）	消耗量						
材料 石棉绒	kg	12.32	1.470	2.000	3.110	4.000	5.680	6.700	10.200
水泥 P·O 42.5	kg	0.41	3.440	4.670	7.260	9.340	13.240	15.640	25.133
橡胶板 δ1.0~3.0	kg	11.26	0.011	0.012	0.016	0.018	0.021	0.024	0.042
橡胶软管 *DN*20	m	11.10	0.008	0.009	0.010	0.010	0.011	0.011	0.012
压力表弯管 *DN*15	个	11.36	0.003	0.003	0.003	0.003	0.003	0.004	0.004
氧气	m^3	2.88	0.006	0.006	0.006	0.009	0.009	0.009	0.012
乙炔气	kg	14.66	0.002	0.002	0.002	0.002	0.003	0.003	0.004
油麻	kg	16.48	0.690	0.930	1.450	1.870	2.650	3.130	5.034
破布	kg	5.07	0.255	0.298	0.340	0.408	0.451	0.468	0.510
六角螺栓	kg	8.39	0.006	0.006	0.012	0.018	0.028	0.038	0.054
机械 中小型机械费	元	—	4.37	4.95	7.01	9.75	12.07	14.48	17.18

工作内容：场内搬运、清扫管膛、管口除沥青、切管、管道及管件安装、调制接口材料、接口养护、水压试验。

编号				2-059	2-060	2-061	2-062	2-063	2-064	2-065
项目名称				室内给水铸铁管安装（膨胀水泥接口）						
				公称直径（mm）						
				75 以内	100 以内	150 以内	200 以内	250 以内	300 以内	400 以内
单位				10m						
总价（元）				**205.54**	**310.22**	**380.76**	**449.75**	**516.52**	**570.90**	**691.11**
其中	人工费（元）			183.20	281.34	337.23	392.99	437.94	478.04	550.80
	材料费（元）			18.72	24.67	37.33	47.75	66.51	78.38	123.13
	机械费（元）			3.62	4.21	6.20	9.01	12.07	14.48	17.18
名称		单位	单价（元）	消耗量						
人工	综合工日	工日	135.00	1.357	2.084	2.498	2.911	3.244	3.541	4.080
材料	承插铸铁给水管	m	—	（9.900）	（9.900）	（9.300）	（9.300）	（8.900）	（8.900）	（8.550）
	室内给水承插铸铁管件	个	—	（3.100）	（3.600）	（4.100）	（4.100）	（4.030）	（3.930）	（3.810）
	低碳钢焊条 J422 *D*3.2	kg	3.60	0.002	0.003	0.003	0.003	0.004	0.004	0.004
	弹簧压力表 Y-100 0~1.6MPa	块	48.67	0.003	0.003	0.003	0.003	0.003	0.004	0.004
	镀锌钢丝 *D*2.8~4.0	kg	6.91	0.089	0.101	0.112	0.131	0.140	0.144	0.153
	硅酸盐膨胀水泥	kg	0.85	5.270	7.160	11.130	14.300	20.260	23.940	38.485

续前

编号				2-059	2-060	2-061	2-062	2-063	2-064	2-065
项目名称				室内给水铸铁管安装（膨胀水泥接口）						
				公称直径（mm）						
				75 以内	100 以内	150 以内	200 以内	250 以内	300 以内	400 以内
单位				10m						
名称		单位	单价（元）	消耗量						
材料	焊接钢管 *DN*20	m	6.32	0.019	0.021	0.023	0.024	0.025	0.026	0.028
	螺纹阀门 *DN*20	个	22.72	0.005	0.006	0.006	0.007	0.007	0.007	0.008
	热轧厚钢板 δ8.0~15.0	kg	5.16	0.044	0.049	0.110	0.148	0.231	0.333	0.426
	橡胶板 δ1.0~3.0	kg	11.26	0.011	0.012	0.016	0.018	0.021	0.024	0.042
	橡胶软管 *DN*20	m	11.10	0.008	0.009	0.010	0.010	0.011	0.011	0.012
	压力表弯管 *DN*15	个	11.36	0.003	0.003	0.003	0.003	0.003	0.004	0.004
	氧气	m^3	2.88	0.006	0.006	0.006	0.009	0.009	0.009	0.012
	乙炔气	kg	14.66	0.002	0.002	0.002	0.003	0.003	0.003	0.004
	油麻	kg	16.48	0.690	0.930	1.450	1.870	2.650	3.130	5.025
	破布	kg	5.07	0.255	0.298	0.340	0.408	0.451	0.468	0.510
	六角螺栓	kg	8.39	0.006	0.006	0.012	0.018	0.028	0.038	0.054
机械	中小型机械费	元	—	3.62	4.21	6.20	9.01	12.07	14.48	17.18

工作内容：场内搬运、清扫管膛、切管、上胶圈、接口、管道及管件安装、水压试验。

编号				2-066	2-067	2-068	2-069	2-070	2-071	2-072
项目名称				室内给水铸铁管安装（胶圈接口）						
				公称直径（mm）						
				100 以内	150 以内	200 以内	250 以内	300 以内	350 以内	400 以内
单位				10m						
总价（元）				**344.28**	**433.92**	**526.65**	**625.15**	**571.88**	**609.05**	**711.54**
其中	人工费（元）			258.80	310.37	361.40	402.84	439.70	473.18	506.79
	材料费（元）			81.27	117.35	156.24	210.24	117.70	120.10	187.57
	机械费（元）			4.21	6.20	9.01	12.07	14.48	15.77	17.18
名称		单位	单价（元）	消耗量						
人工	综合工日	工日	135.00	1.917	2.299	2.677	2.984	3.257	3.505	3.754
材料	承插铸铁给水管	m	—	（9.900）	（9.300）	（9.300）	（8.900）	（8.900）	（8.550）	（8.550）
	室内给水承插铸铁管件	个	—	（3.600）	（4.100）	（4.100）	（4.030）	（3.930）	（3.850）	（3.810）
	低碳钢焊条 J422 *D*3.2	kg	3.60	0.003	0.003	0.003	0.003	0.004	0.004	0.004
	弹簧压力表 Y-100 0~1.6MPa	块	48.67	0.003	0.003	0.003	0.003	0.004	0.004	0.004
	镀锌钢丝 *D*2.8~4.0	kg	6.91	0.101	0.112	0.131	0.140	0.144	0.148	0.153
	焊接钢管 *DN*20	m	6.32	0.021	0.023	0.024	0.025	0.026	0.027	0.028
	螺纹阀门 *DN*20	个	22.72	0.006	0.006	0.007	0.007	0.007	0.008	0.008
	热轧厚钢板 δ8.0~15.0	kg	5.16	0.049	0.011	0.148	0.231	0.330	0.380	0.426
	橡胶板 δ1.0~3.0	kg	11.26	0.012	0.016	0.018	0.021	0.024	0.038	0.042

编号				2-066	2-067	2-068	2-069	2-070	2-071	2-072
项目名称				室内给水铸铁管安装（胶圈接口）						
				公称直径（mm）						
				100以内	150以内	200以内	250以内	300以内	350以内	400以内
单位				10m						
名称		单位	单价（元）	消耗量						
材料	橡胶圈（给水）*DN*100	个	9.48	8.230	—	—	—	—	—	—
	橡胶圈（给水）*DN*150	个	13.09	—	8.700	—	—	—	—	—
	橡胶圈（给水）*DN*200	个	17.41	—	—	8.700	—	—	—	—
	橡胶圈（给水）*DN*250	个	23.52	—	—	—	8.700	—	—	—
	橡胶圈（给水）*DN*300	个	12.79	—	—	—	—	8.700	—	—
	橡胶圈（给水）*DN*350	个	12.95	—	—	—	—	—	8.700	—
	橡胶圈（给水）*DN*400	个	20.65	—	—	—	—	—	—	8.700
	橡胶软管 *DN*20	m	11.10	0.009	0.010	0.010	0.011	0.011	0.011	0.012
	压力表弯管 *DN*15	个	11.36	0.003	0.003	0.003	0.003	0.004	0.004	0.004
	氧气	m^3	2.88	0.006	0.006	0.009	0.009	0.009	0.120	0.120
	乙炔气	kg	14.66	0.002	0.002	0.003	0.003	0.003	0.004	0.004
	破布	kg	5.07	0.298	0.340	0.408	0.451	0.468	0.493	0.510
	六角螺栓	kg	8.39	0.006	0.012	0.018	0.028	0.038	0.046	0.054
机械	中小型机械费	元	—	4.21	6.20	9.01	12.07	14.48	15.77	17.18

工作内容：场内搬运、清扫管膛、切管、管道及管件安装、调制接口材料、接口养护、灌水试验、通球试验。

编号					2-073	2-074	2-075	2-076	2-077
项目名称					室外排水铸铁管安装（石棉水泥接口）				
					公称直径（mm）				
					50 以内	75 以内	100 以内	150 以内	200 以内
单位					10m				
总价（元）					**194.47**	**243.76**	**271.98**	**359.33**	**445.18**
其中	人工费（元）				171.72	210.74	227.61	292.68	348.17
	材料费（元）				22.28	32.55	43.86	65.93	96.00
	机械费（元）				0.47	0.47	0.51	0.72	1.01
名称		单位	单价（元）		消耗量				
人工	综合工日	工日	135.00		1.272	1.561	1.686	2.168	2.579
材料	承插铸铁排水管	m	—		（9.930）	（9.930）	（9.930）	（9.930）	（9.930）
	镀锌钢丝 $D2.8\sim4.0$	kg	6.91		0.083	0.089	0.101	0.112	0.131
	排水铸铁接轮 *DN*50	个	8.21		0.400	—	—	—	—
	排水铸铁接轮 *DN*75	个	12.47		—	0.400	—	—	—
	排水铸铁接轮 *DN*100	个	14.10		—	—	0.400	—	—
	排水铸铁接轮 *DN*150	个	23.02		—	—	—	0.400	—
	排水铸铁接轮 *DN*200	个	43.14		—	—	—	—	0.400
	石棉绒	kg	12.32		0.810	1.200	1.620	2.520	3.510
	水泥 P·O 42.5	kg	0.41		1.890	2.800	3.780	5.880	8.190
	油麻	kg	16.48		0.400	0.590	0.880	1.260	1.770
	破布	kg	5.07		0.213	0.255	0.298	0.340	0.408
机械	中小型机械费	元	—		0.47	0.47	0.51	0.72	1.01

工作内容：场内搬运、清扫管膛、切管、上胶圈、接口、管道及管件安装、灌水试验、通球试验。

编号				2-078	2-079	2-080	2-081	2-082
项目名称				室外排水铸铁管安装（胶圈接口）				
				公称直径（mm）				
				50 以内	75 以内	100 以内	150 以内	200 以内
单位				10m				
总价（元）				**195.82**	**240.50**	**270.27**	**420.73**	**531.40**
其中	人工费（元）			146.07	179.15	193.46	248.67	296.19
	材料费（元）			49.28	60.88	76.30	171.34	234.20
	机械费（元）			0.47	0.47	0.51	0.72	1.01
名称		单位	单价（元）	消耗量				
人工	综合工日	工日	135.00	1.082	1.327	1.433	1.842	2.194
材料	承插铸铁排水管	m	—	（9.930）	（9.930）	（9.930）	（9.930）	（9.930）
	镀锌钢丝 *D*2.8~4.0	kg	6.91	0.083	0.089	0.101	0.112	0.131
	排水铸铁接轮 *DN*50	个	8.21	0.400	—	—	—	—
	排水铸铁接轮 *DN*75	个	12.47	—	0.400	—	—	—
	排水铸铁接轮 *DN*100	个	14.10	—	—	0.400	—	—
	排水铸铁接轮 *DN*150	个	23.02	—	—	—	0.400	—
	排水铸铁接轮 *DN*200	个	43.14	—	—	—	—	0.400
	橡胶密封圈（排水）*DN*50	个	5.28	7.150	—	—	—	—
	橡胶密封圈（排水）*DN*75	个	6.13	—	7.220	—	—	—
	橡胶密封圈（排水）*DN*100	个	7.33	—	—	7.360	—	—
	橡胶密封圈（排水）*DN*150	个	18.54	—	—	—	7.490	—
	橡胶密封圈（排水）*DN*200	个	24.38	—	—	—	—	7.580
	油麻	kg	16.48	0.400	0.590	0.880	1.260	1.770
	破布	kg	5.07	0.213	0.255	0.298	0.340	0.408
机械	中小型机械费	元	—	0.47	0.47	0.51	0.72	1.01

工作内容：场内搬运、清扫管膛、切管、管道及管件安装、调制接口材料、接口养护、灌水试验、通球试验。

编号				2-083	2-084	2-085	2-086	2-087	2-088
项目名称				室内排水铸铁管安装（石棉水泥接口）					
				公称直径（mm）					
				50 以内	75 以内	100 以内	150 以内	200 以内	250 以内
单位				10m					
总价（元）				**367.19**	**460.01**	**605.42**	**631.79**	**675.99**	**750.51**
其中	人工费（元）			330.35	395.42	510.44	541.35	573.75	628.43
	材料费（元）			33.18	59.39	84.37	83.90	93.35	115.29
	机械费（元）			3.66	5.20	10.61	6.54	8.89	6.79
名称		单位	单价（元）	消耗量					
人工	综合工日	工日	135.00	2.447	2.929	3.781	4.010	4.250	4.655
材料	承插铸铁排水管	m	—	（9.780）	（9.550）	（9.050）	（9.450）	（9.450）	（9.790）
	室内排水承插铸铁管件	个	—	（6.640）	（6.780）	（9.640）	（4.460）	（4.190）	（2.350）
	镀锌钢丝 *D*2.8~4.0	kg	6.91	0.083	0.089	0.101	0.112	0.131	0.140
	砂子	m^3	87.03	0.011	0.012	0.012	0.009	0.006	0.006
	石棉绒	kg	12.32	0.620	1.350	2.240	2.240	2.620	5.060
	水泥 P·O 42.5	kg	0.41	2.460	5.040	8.340	8.340	9.800	13.030
	油麻	kg	16.48	1.330	2.290	3.040	3.010	3.250	2.660
	破布	kg	5.07	0.213	0.255	0.298	0.340	0.408	0.451
机械	中小型机械费	元	—	3.66	5.20	10.61	6.54	8.89	6.79

工作内容：场内搬运、清扫管膛、切管、上胶圈、管道及管件安装、紧固螺栓、灌水试验、通球试验。

编号					2-089	2-090	2-091	2-092	2-093	2-094
项目名称					室内排水柔性铸铁管安装（机械接口）					
					公称直径（mm）					
					50 以内	75 以内	100 以内	150 以内	200 以内	250 以内
单位					10m					
总价（元）					**299.43**	**367.78**	**498.04**	**521.35**	**546.93**	**568.12**
其中	人工费（元）				280.80	336.15	433.62	460.22	487.08	534.06
	材料费（元）				14.97	26.43	53.81	54.59	50.96	27.27
	机械费（元）				3.66	5.20	10.61	6.54	8.89	6.79
名称		单位	单价（元）		消耗量					
人工	综合工日	工日	135.00		2.080	2.490	3.212	3.409	3.608	3.956
材料	柔性铸铁排水管	m	—		（9.780）	（9.550）	（9.050）	（9.450）	（9.450）	（9.790）
	室内排水柔性铸铁管管件（机械接口）	个	—		（6.640）	（6.780）	（9.640）	（4.460）	（4.190）	（2.350）
	橡胶密封圈（排水）	个	—		（14.370）	（15.260）	（21.690）	（10.670）	（9.830）	（4.920）
	法兰压盖	个	—		（14.370）	（15.260）	（21.690）	（10.670）	（9.830）	（4.920）
	镀锌钢丝 *D*2.8~4.0	kg	6.91		0.083	0.089	0.101	0.112	0.131	0.140
	六角螺栓带螺母、垫圈 M8×（14~75）	套	0.30		44.400	—	—	—	—	—
	六角螺栓带螺母、垫圈 M10×（30~75）	套	0.52		—	47.150	—	—	—	—
	六角螺栓带螺母、垫圈 M12×（14~75）	套	0.77		—	—	67.020	—	—	—
	六角螺栓带螺母、垫圈 M14×90	套	1.58		—	—	—	32.970	30.370	15.200
	破布	kg	5.07		0.213	0.255	0.298	0.340	0.408	0.451
机械	中小型机械费	元	—		3.66	5.20	10.61	6.54	8.89	6.79

工作内容：场内搬运、清扫管膛、切管、管道及管件安装、紧卡箍、灌水试验、通球试验。

编号				2-095	2-096	2-097	2-098	2-099	2-100
项目名称				室内排水无承口柔性铸铁管安装（卡箍连接）					
				公称直径（mm）					
				50 以内	75 以内	100 以内	150 以内	200 以内	250 以内
单位				10m					
总价（元）				**275.48**	**333.43**	**434.10**	**455.54**	**485.78**	**528.79**
其中	人工费（元）			269.73	325.89	420.80	445.91	473.18	517.86
	材料费（元）			2.09	2.34	2.69	3.09	3.71	4.14
	机械费（元）			3.66	5.20	10.61	6.54	8.89	6.79
名称		单位	单价（元）	消耗量					
人工	综合工日	工日	135.00	1.998	2.414	3.117	3.303	3.505	3.836
材料	无承口柔性排水铸铁管	m	—	（9.780）	（9.550）	（9.050）	（9.450）	（9.450）	（9.790）
	室内排水无承口柔性铸铁管管件（卡箍连接）	个	—	（6.570）	（6.620）	（9.510）	（4.350）	（4.110）	（2.300）
	不锈钢卡箍（含胶圈）	个	—	（14.300）	（15.100）	（21.690）	（10.560）	（9.750）	（4.870）
	镀锌钢丝 $D2.8 \sim 4.0$	kg	6.91	0.083	0.089	0.101	0.112	0.131	0.140
	破布	kg	5.07	0.213	0.255	0.298	0.340	0.408	0.451
	铁砂布	张	1.56	0.280	0.280	0.310	0.380	0.470	0.570
机械	中小型机械费	元	—	3.66	5.20	10.61	6.54	8.89	6.79

工作内容：场内搬运、清扫管膛、切管、管道及管件安装、调制接口材料、接口养护。

编号				2-101	2-102	2-103	2-104	2-105	2-106
项目名称				室内铸铁雨水管安装（石棉水泥接口）					
				公称直径（mm）					
				75 以内	100 以内	150 以内	200 以内	250 以内	300 以内
单位				10m					
总价（元）				**214.39**	**317.32**	**394.91**	**486.42**	**603.49**	**669.18**
其中	人工费（元）			174.02	252.18	299.43	364.37	433.49	483.71
	材料费（元）			38.91	63.20	91.46	116.24	162.55	175.86
	机械费（元）			1.46	1.94	4.02	5.81	7.45	9.61
名称		单位	单价（元）	消耗量					
人工	综合工日	工日	135.00	1.289	1.868	2.218	2.699	3.211	3.583
材料	承插铸铁雨水管	m	—	(10.130)	(10.030)	(9.850)	(9.750)	(9.750)	(9.630)
	室内承插铸铁雨水管件	个	—	(1.300)	(1.670)	(2.730)	(2.690)	(2.610)	(2.610)
	石棉绒	kg	12.32	2.030	3.010	4.280	5.540	7.750	8.380
	水泥 P·O 42.5	kg	0.41	4.560	7.030	10.460	12.930	18.070	19.560
	油麻	kg	16.48	0.730	1.410	2.090	2.590	3.620	3.920
机械	中小型机械费	元	—	1.46	1.94	4.02	5.81	7.45	9.61

工作内容：场内搬运、清扫管膛、切管、上胶圈、管道及管件安装、紧固螺栓。

编号				2-107	2-108	2-109	2-110	2-111	2-112
项目名称				室内柔性铸铁雨水管安装（机械接口）					
				公称直径（mm）					
				75以内	100以内	150以内	200以内	250以内	300以内
单位				10m					
总价（元）				**156.86**	**226.62**	**292.82**	**351.29**	**413.94**	**456.04**
其中	人工费（元）			148.91	213.98	255.02	309.83	371.66	411.48
	材料费（元）			6.49	10.70	33.78	35.65	34.83	34.95
	机械费（元）			1.46	1.94	4.02	5.81	7.45	9.61
名称		单位	单价（元）	消耗量					
人工	综合工日	工日	135.00	1.103	1.585	1.889	2.295	2.753	3.048
材料	柔性铸铁雨水管	m	—	（10.130）	（10.030）	（9.850）	（9.750）	（9.750）	（9.630）
	室内柔性铸铁雨水管管件（机械接口）	个	—	（1.300）	（1.670）	（2.730）	（2.690）	（2.610）	（2.610）
	橡胶密封圈（排水）	个	—	（2.850）	（3.568）	（6.408）	（6.692）	（6.468）	（6.468）
	法兰压盖	个	—	（2.850）	（3.568）	（6.408）	（6.692）	（6.468）	（6.468）
	镀锌钢丝 *D*2.8~4.0	kg	6.91	0.089	0.101	0.112	0.131	0.140	0.144
	六角螺栓带螺母、垫圈 M10×（30~75）	套	0.52	8.807	—	—	—	—	—
	六角螺栓带螺母、垫圈 M12×（14~75）	套	0.77	—	11.025	—	—	—	—
	六角螺栓带螺母、垫圈 M14×90	套	1.58	—	—	19.801	20.678	19.986	19.986
	破布	kg	5.07	0.255	0.298	0.340	0.408	0.451	0.468
机械	中小型机械费	元	—	1.46	1.94	4.02	5.81	7.45	9.61

第三节 钢　管

工作内容：场内搬运、清扫管膛、调直、切管、坡口、摵弯、挖眼接管、异径管制作、组对、焊接、管道及管件安装、水压试验。

编　号				2-113	2-114	2-115	2-116	2-117
项目名称				室外给水钢管安装（焊接）				
				公称直径（mm）				
				32 以内	40 以内	50 以内	65 以内	80 以内
单　位				10m				
总价（元）				**112.03**	**129.68**	**152.61**	**186.42**	**225.05**
其中	人工费（元）			103.28	117.99	134.19	163.62	198.99
	材料费（元）			3.12	3.60	5.47	6.22	9.27
	机械费（元）			5.63	8.09	12.95	16.58	16.79
名　称		单位	单价（元）	消　耗　量				
人工	综合工日	工日	135.00	0.765	0.874	0.994	1.212	1.474
材料	钢管	m	—	（10.180）	（10.180）	（10.180）	（10.150）	（10.150）
	室外给水钢管焊接管件	个	—	（0.290）	（0.280）	（0.410）	（0.410）	（0.350）
	低碳钢焊条 J422 *D*3.2	kg	3.60	0.096	0.142	0.246	0.323	0.335
	弹簧压力表 Y-100 0~1.6MPa	块	48.67	0.002	0.002	0.003	0.003	0.003
	镀锌钢丝 *D*2.8~4.0	kg	6.91	0.075	0.079	0.083	0.085	0.089
	焊接钢管 *DN*20	m	6.32	0.016	0.016	0.017	0.019	0.020

编号				2-113	2-114	2-115	2-116	2-117
项目名称				室外给水钢管安装（焊接）				
				公称直径（mm）				
				32 以内	40 以内	50 以内	65 以内	80 以内
单位				10m				
名称		单位	单价（元）	消耗量				
材料	锯条（各种规格）	根	0.42	0.126	0.158	0.160	—	—
	螺纹阀门 *DN*20	个	22.72	0.005	0.005	0.005	0.005	0.006
	尼龙砂轮片 *D*100	片	3.92	0.011	0.018	0.324	0.328	0.373
	尼龙砂轮片 *D*400	片	15.64	0.024	0.028	0.029	0.030	0.031
	破布	kg	5.07	0.167	0.187	0.213	0.238	0.255
	热轧厚钢板 δ8.0~15.0	kg	5.16	0.037	0.039	0.042	0.044	0.047
	橡胶板 δ1.0~3.0	kg	11.26	0.009	0.010	0.010	0.011	0.011
	橡胶软管 *DN*20	m	11.10	0.007	0.007	0.008	0.008	0.008
	压力表弯管 *DN*15	个	11.36	0.002	0.002	0.003	0.003	0.003
	氧气	m^3	2.88	0.024	0.033	0.036	0.078	0.420
	乙炔气	kg	14.66	0.008	0.011	0.012	0.026	0.140
	六角螺栓	kg	8.39	0.005	0.005	0.005	0.006	0.006
机械	中小型机械费	元	—	5.63	8.09	12.95	16.58	16.79

工作内容：场内搬运、清扫管膛、调直、切管、坡口、揻弯、挖眼接管、异径管制作、组对、焊接、管道及管件安装、水压试验。

编号				2-118	2-119	2-120	2-121	2-122
项目名称				室外给水钢管安装（焊接）				
				公称直径（mm）				
				100 以内	125 以内	150 以内	200 以内	250 以内
单位				10m				
总价（元）				**255.13**	**299.55**	**345.18**	**418.18**	**499.55**
其中	人工费（元）			221.27	256.50	289.04	343.58	386.37
	材料费（元）			11.41	13.91	19.51	25.54	38.50
	机械费（元）			22.45	29.14	36.63	49.06	74.68
名称		单位	单价（元）	消耗量				
人工	综合工日	工日	135.00	1.639	1.900	2.141	2.545	2.862
材料	钢管	m	—	（10.150）	（10.000）	（10.000）	（10.000）	（9.850）
	室外给水钢管焊接管件	个	—	（0.350）	（0.670）	（0.670）	（0.670）	（0.630）
	低碳钢焊条 J422 *D*3.2	kg	3.60	0.445	0.763	1.213	1.763	3.044
	弹簧压力表 Y-100 0~1.6MPa	块	48.67	0.003	0.003	0.003	0.003	0.003
	镀锌钢丝 *D*2.8~4.0	kg	6.91	0.101	0.107	0.112	0.131	0.140
	焊接钢管 *DN*20	m	6.32	0.021	0.022	0.023	0.024	0.025

编号				2-118	2-119	2-120	2-121	2-122
项目名称				室外给水钢管安装（焊接）				
				公称直径（mm）				
				100 以内	125 以内	150 以内	200 以内	250 以内
单位				10m				
名称		单位	单价（元）	消耗量				
材料	螺纹阀门 *DN*20	个	22.72	0.006	0.006	0.006	0.007	0.007
	尼龙砂轮片 *D*100	片	3.92	0.483	0.590	0.890	1.227	2.018
	尼龙砂轮片 *D*400	片	15.64	0.032	—	—	—	—
	破布	kg	5.07	0.298	0.323	0.340	0.408	0.451
	热轧厚钢板 δ8.0~15.0	kg	5.16	0.049	0.073	0.110	0.148	0.231
	橡胶板 δ1.0~3.0	kg	11.26	0.012	0.014	0.016	0.018	0.021
	橡胶软管 *DN*20	m	11.10	0.009	0.009	0.010	0.010	0.011
	压力表弯管 *DN*15	个	11.36	0.003	0.003	0.003	0.003	0.003
	氧气	m^3	2.88	0.543	0.684	0.996	1.248	1.815
	乙炔气	kg	14.66	0.181	0.228	0.332	0.416	0.605
	六角螺栓	kg	8.39	0.006	0.008	0.012	0.018	0.028
机械	中小型机械费	元	—	22.45	29.14	36.63	49.06	74.68

工作内容：场内搬运、清扫管膛、调直、切管、坡口、揻弯、挖眼接管、异径管制作、组对、焊接、管道及管件安装、水压试验。

编号				2-123	2-124	2-125	2-126	2-127
项目名称				室外给水钢管安装（焊接）				
				公称直径（mm）				
				300 以内	350 以内	400 以内	450 以内	500 以内
单位				10m				
总价（元）				**612.40**	**733.29**	**796.43**	**1133.23**	**1270.45**
其中	人工费（元）			479.25	545.81	586.98	878.31	991.85
	材料费（元）			46.00	65.64	74.34	102.68	113.67
	机械费（元）			87.15	121.84	135.11	152.24	164.93
名称		单位	单价（元）	消耗量				
人工	综合工日	工日	135.00	3.550	4.043	4.348	6.506	7.347
材料	钢管	m	—	（9.850）	（9.750）	（9.750）	（9.750）	（9.750）
	室外给水钢管焊接管件	个	—	（0.630）	（0.630）	（0.580）	（0.580）	（0.580）
	低碳钢焊条 J422 *D*3.2	kg	3.60	3.594	5.794	6.764	8.284	9.155
	弹簧压力表 Y-100 0~1.6MPa	块	48.67	0.004	0.004	0.004	0.004	0.004
	镀锌钢丝 *D*2.8~4.0	kg	6.91	0.144	0.148	0.153	0.163	0.185
	焊接钢管 *DN*20	m	6.32	0.026	0.027	0.028	0.029	0.030

编号				2-123	2-124	2-125	2-126	2-127
项目名称				室外给水钢管安装(焊接)				
				公称直径(mm)				
				300以内	350以内	400以内	450以内	500以内
单位				10m				
名称		单位	单价(元)	消耗量				
材料	螺纹阀门 *DN*20	个	22.72	0.007	0.008	0.008	0.008	0.008
	尼龙砂轮片 *D*100	片	3.92	2.335	3.312	3.682	3.726	3.841
	破布	kg	5.07	0.468	0.493	0.510	0.527	0.544
	热轧厚钢板 δ8.0~15.0	kg	5.16	0.333	0.380	0.426	0.593	0.666
	橡胶板 δ1.0~3.0	kg	11.26	0.024	0.038	0.042	0.051	0.060
	橡胶软管 *DN*20	m	11.10	0.011	0.011	0.012	0.012	0.012
	压力表弯管 *DN*15	个	11.36	0.004	0.004	0.004	0.004	0.004
	氧气	m^3	2.88	2.259	3.191	3.612	6.381	7.233
	乙炔气	kg	14.66	0.753	1.064	1.204	2.127	2.411
	六角螺栓	kg	8.39	0.038	0.046	0.054	0.062	0.070
机械	中小型机械费	元	—	87.15	121.84	135.11	152.24	164.93

工作内容：场内搬运、清扫管膛、调直、切管、压槽、对口、涂润滑剂、上胶圈、安装卡箍件、管道及管件安装、水压试验。

编号				2-128	2-129	2-130	2-131	2-132
项目名称				室内给水钢管安装（沟槽连接）				
				公称直径（mm）				
				65 以内	80 以内	100 以内	125 以内	150 以内
单位				10m				
总价（元）				**348.86**	**387.29**	**432.81**	**519.36**	**532.93**
其中	人工费（元）			335.21	372.60	416.75	501.80	513.54
	材料费（元）			4.97	5.19	5.60	5.98	6.40
	机械费（元）			8.68	9.50	10.46	11.58	12.99
名称		单位	单价（元）	消耗量				
人工	综合工日	工日	135.00	2.483	2.760	3.087	3.717	3.804
材料	钢管	m	—	（9.680）	（9.680）	（9.680）	（9.780）	（9.780）
	室内给水钢管沟槽管件	个	—	（4.260）	（4.140）	（3.600）	（2.400）	（1.880）
	卡箍连接件（含胶圈）	套	—	（10.038）	（9.810）	（8.656）	（6.056）	（4.904）
	低碳钢焊条 J422 *D*3.2	kg	3.60	0.002	0.003	0.003	0.003	0.003
	弹簧压力表 Y-100 0~1.6MPa	块	48.67	0.030	0.030	0.030	0.030	0.030
	镀锌钢丝 *D*2.8~4.0	kg	6.91	0.085	0.089	0.101	0.107	0.107
	焊接钢管 *DN*20	m	6.32	0.019	0.020	0.021	0.022	0.023
	合金钢钻头（综合）	个	25.96	0.016	0.018	0.020	0.021	0.023

编号				2–128	2–129	2–130	2–131	2–132
项目名称				室内给水钢管安装（沟槽连接）				
				公称直径（mm）				
				65 以内	80 以内	100 以内	125 以内	150 以内
单位				10m				
名称		单位	单价（元）	消耗量				
材料	螺纹阀门 *DN*20	个	22.72	0.005	0.006	0.006	0.006	0.006
	破布	kg	5.07	0.238	0.255	0.298	0.323	0.340
	热轧厚钢板 δ8.0~15.0	kg	5.16	0.044	0.047	0.049	0.073	0.110
	润滑剂	kg	4.04	0.044	0.047	0.050	0.054	0.059
	橡胶板 δ1.0~3.0	kg	11.26	0.011	0.011	0.012	0.014	0.016
	橡胶软管 *DN*20	m	11.10	0.008	0.008	0.009	0.009	0.010
	压力表弯管 *DN*15	个	11.36	0.030	0.030	0.030	0.030	0.030
	氧气	m^3	2.88	0.006	0.006	0.006	0.006	0.006
	乙炔气	kg	14.66	0.002	0.002	0.002	0.002	0.002
	六角螺栓	kg	8.39	0.006	0.006	0.006	0.008	0.012
机械	中小型机械费	元	—	8.68	9.50	10.46	11.58	12.99

工作内容:场内搬运、清扫管膛、调直、切管、压槽、对口、涂润滑剂、上胶圈、安装卡箍件、管道及管件安装、水压试验。

编号				2-133	2-134	2-135	2-136	2-137
项目名称				室内给水钢管安装(沟槽连接)				
				公称直径(mm)				
				200 以内	250 以内	300 以内	350 以内	400 以内
单位				10m				
总价(元)				**594.94**	**789.98**	**864.94**	**976.31**	**1063.64**
其中	人工费(元)			574.83	766.67	839.70	948.78	1034.24
	材料费(元)			5.55	6.63	7.03	7.85	8.23
	机械费(元)			14.56	16.68	18.21	19.68	21.17
名称		单位	单价(元)	消耗量				
人工	综合工日	工日	135.00	4.258	5.679	6.220	7.028	7.661
材料	钢管	m	—	(9.780)	(9.780)	(9.780)	(9.450)	(9.450)
	室内给水钢管沟槽管件	个	—	(1.670)	(1.610)	(1.610)	(1.610)	(1.610)
	卡箍连接件(含胶圈)	套	—	(4.438)	(4.258)	(4.258)	(4.258)	(4.258)
	低碳钢焊条 J422 *D*3.2	kg	3.60	0.003	0.004	0.004	0.004	0.004
	弹簧压力表 Y-100 0~1.6MPa	块	48.67	0.003	0.003	0.004	0.004	0.004
	镀锌钢丝 *D*2.8~4.0	kg	6.91	0.112	0.140	0.144	0.148	0.153
	焊接钢管 *DN*20	m	6.32	0.024	0.025	0.026	0.027	0.028

编号				2-133	2-134	2-135	2-136	2-137
项目名称				室内给水钢管安装（沟槽连接）				
				公称直径（mm）				
				200 以内	250 以内	300 以内	350 以内	400 以内
单位				10m				
名称		单位	单价（元）	消耗量				
材料	合金钢钻头（综合）	个	25.96	0.025	0.028	0.031	0.035	0.039
	螺纹阀门 *DN*20	个	22.72	0.007	0.007	0.007	0.008	0.008
	破布	kg	5.07	0.408	0.451	0.468	0.493	0.510
	热轧厚钢板 δ8.0~15.0	kg	5.16	0.148	0.232	0.232	0.284	0.284
	润滑剂	kg	4.04	0.064	0.069	0.074	0.079	0.085
	橡胶板 δ1.0~3.0	kg	11.26	0.018	0.021	0.024	0.038	0.042
	橡胶软管 *DN*20	m	11.10	0.010	0.011	0.011	0.011	0.012
	压力表弯管 *DN*15	个	11.36	0.003	0.003	0.004	0.004	0.004
	氧气	m^3	2.88	0.009	0.009	0.009	0.012	0.012
	乙炔气	kg	14.66	0.003	0.003	0.003	0.004	0.004
	六角螺栓	kg	8.39	0.018	0.028	0.038	0.046	0.054
机械	中小型机械费	元	—	14.56	16.68	18.21	19.68	21.17

工作内容: 场内搬运、清扫管膛、调直、切管、坡口、揻弯、挖眼接管、异径管制作、组对、焊接管道及管件安装、水压试验。

编号				2-138	2-139	2-140	2-141	2-142	2-143	2-144
项目名称				室内给水钢管安装(焊接)						
				公称直径(mm)						
				32 以内	40 以内	50 以内	65 以内	80 以内	100 以内	125 以内
单位				10m						
总价(元)				**272.13**	**315.57**	**382.84**	**436.25**	**480.85**	**554.24**	**573.57**
其中	人工费(元)			252.18	289.04	340.61	383.67	421.88	486.81	504.36
	材料费(元)			6.44	8.28	12.15	15.25	17.42	21.59	21.56
	机械费(元)			13.51	18.25	30.08	37.33	41.55	45.84	47.65
名称		单位	单价(元)	消耗量						
人工	综合工日	工日	135.00	1.868	2.141	2.523	2.842	3.125	3.606	3.736
材料	钢管	m	—	(10.250)	(10.250)	(10.120)	(10.120)	(10.100)	(10.100)	(9.870)
	室内给水钢管焊接管件	个	—	(1.050)	(1.070)	(1.560)	(1.170)	(1.110)	(1.020)	(1.410)
	低碳钢焊条 J422 *D*3.2	kg	3.60	0.238	0.319	0.568	0.727	0.817	0.978	1.217
	弹簧压力表 Y-100 0~1.6MPa	块	48.67	0.002	0.002	0.003	0.003	0.003	0.003	0.003
	镀锌钢丝 *D*2.8~4.0	kg	6.91	0.075	0.079	0.083	0.085	0.089	0.101	0.107
	焊接钢管 *DN*20	m	6.32	0.016	0.016	0.017	0.019	0.002	0.021	0.022
	机油	kg	7.21	0.040	0.050	0.060	0.080	0.100	0.298	0.323
	锯条(各种规格)	根	0.42	0.348	0.396	0.405	—	—	—	—

编号				2-138	2-139	2-140	2-141	2-142	2-143	2-144
项目名称				室内给水钢管安装（焊接）						
				公称直径（mm）						
				32 以内	40 以内	50 以内	65 以内	80 以内	100 以内	125 以内
单位				10m						
名称		单位	单价（元）	消耗量						
材料	螺纹阀门 *DN*20	个	22.72	0.005	0.005	0.005	0.005	0.006	0.006	0.006
	尼龙砂轮片 *D*100	片	3.92	0.176	0.234	0.643	0.766	0.782	0.857	0.836
	尼龙砂轮片 *D*400	片	15.64	0.065	0.079	0.082	0.089	0.106	0.122	—
	破布	kg	5.07	0.167	0.187	0.213	0.238	0.255	0.298	0.323
	热轧厚钢板 δ8.0~15.0	kg	5.16	0.037	0.039	0.042	0.044	0.047	0.049	0.073
	橡胶板 δ1.0~3.0	kg	11.26	0.009	0.010	0.010	0.011	0.011	0.012	0.014
	橡胶软管 *DN*20	m	11.10	0.007	0.007	0.008	0.008	0.008	0.009	0.009
	压力表弯管 *DN*15	个	11.36	0.002	0.002	0.003	0.003	0.003	0.003	0.003
	氧气	m^3	2.88	0.171	0.282	0.407	0.639	0.810	0.960	1.035
	乙炔气	kg	14.66	0.057	0.094	0.137	0.213	0.270	0.320	0.345
	六角螺栓	kg	8.39	0.005	0.005	0.005	0.006	0.006	0.006	0.008
机械	中小型机械费	元	—	13.51	18.25	30.08	37.33	41.55	45.84	47.65

工作内容：场内搬运、清扫管膛、调直、切管、坡口、揻弯、挖眼接管、异径管制作、组对、焊接管道及管件安装、水压试验。

编号				2-145	2-146	2-147	2-148	2-149	2-150
项目名称				室内给水钢管安装（焊接）					
				公称直径（mm）					
				150 以内	200 以内	250 以内	300 以内	350 以内	400 以内
单位				10m					
总价（元）				**633.97**	**776.45**	**916.15**	**1092.85**	**1192.95**	**1284.29**
其中	人工费（元）			559.04	681.35	784.62	933.53	999.95	1067.99
	材料费（元）			24.74	30.61	45.68	55.02	64.87	72.05
	机械费（元）			50.19	64.49	85.85	104.30	128.13	144.25
名称		单位	单价（元）	消耗量					
人工	综合工日	工日	135.00	4.141	5.047	5.812	6.915	7.407	7.911
材料	钢管	m	—	（9.870）	（9.870）	（9.700）	（9.700）	（9.500）	（9.500）
	室内给水钢管焊接管件	个	—	（1.120）	（1.030）	（1.000）	（1.000）	（0.970）	（0.970）
	低碳钢焊条 J422 *D*3.2	kg	3.60	1.573	2.005	3.734	4.534	6.251	7.191
	弹簧压力表 Y-100 0~1.6MPa	块	48.67	0.003	0.003	0.003	0.004	0.004	0.004
	镀锌钢丝 *D*2.8~4.0	kg	6.91	0.112	0.131	0.140	0.144	0.148	0.153
	焊接钢管 *DN*20	m	6.32	0.023	0.024	0.025	0.026	0.027	0.028

编号				2-145	2-146	2-147	2-148	2-149	2-150
项目名称				室内给水钢管安装（焊接）					
				公称直径（mm）					
				150以内	200以内	250以内	300以内	350以内	400以内
单位				10m					
名称		单位	单价（元）	消耗量					
材料	机油	kg	7.21	0.150	0.170	0.200	0.200	0.200	0.200
	螺纹阀门 *DN*20	个	22.72	0.006	0.007	0.007	0.007	0.008	0.008
	尼龙砂轮片 *D*100	片	3.92	1.076	1.413	2.230	2.889	3.307	3.778
	破布	kg	5.07	0.340	0.408	0.451	0.468	0.493	0.510
	热轧厚钢板 δ8.0~15.0	kg	5.16	0.110	0.148	0.231	0.333	0.380	0.426
	橡胶板 δ1.0~3.0	kg	11.26	0.016	0.018	0.021	0.024	0.038	0.042
	橡胶软管 *DN*20	m	11.10	0.010	0.010	0.011	0.011	0.011	0.012
	压力表弯管 *DN*15	个	11.36	0.003	0.003	0.003	0.004	0.004	0.004
	氧气	m^3	2.88	1.269	1.536	2.127	2.520	2.697	2.886
	乙炔气	kg	14.66	0.423	0.512	0.709	0.840	0.899	0.962
	六角螺栓	kg	8.39	0.012	0.018	0.028	0.038	0.046	0.054
机械	中小型机械费	元	—	50.19	64.49	85.85	104.30	128.13	144.25

工作内容：场内搬运、清扫管膛、调直、切管、压槽、对口、涂润滑剂、上胶圈、安装卡箍件，管道及管件安装。

编号				2-151	2-152	2-153	2-154	2-155	2-156	2-157
项目名称				室内雨水钢管安装（沟槽连接）						
				公称直径（mm）						
				80 以内	100 以内	125 以内	150 以内	200 以内	250 以内	300 以内
单位				10m						
总价（元）				**305.67**	**375.00**	**410.54**	**440.30**	**580.43**	**739.19**	**832.41**
其中	人工费（元）			299.84	366.80	397.04	420.39	556.61	712.80	800.42
	材料费（元）			1.96	2.40	2.95	3.46	5.04	5.43	5.76
	机械费（元）			3.87	5.80	10.55	16.45	18.78	20.96	26.23
名称		单位	单价（元）	消耗量						
人工	综合工日	工日	135.00	2.221	2.717	2.941	3.114	4.123	5.280	5.929
材料	钢管	m	—	(10.150)	(10.150)	(10.150)	(9.830)	(9.830)	(9.830)	(9.830)
	室内雨水钢管沟槽管件	个	—	(1.230)	(1.600)	(2.060)	(2.650)	(2.610)	(2.530)	(2.530)
	卡箍连接件（含胶圈）	套	—	(4.040)	(4.700)	(5.440)	(6.370)	(6.210)	(6.120)	(6.120)
	镀锌钢丝 $D2.8\sim4.0$	kg	6.91	0.089	0.101	0.107	0.112	0.131	0.140	0.144
	合金钢钻头（综合）	个	25.96	—	0.004	0.015	0.024	0.064	0.067	0.074
	破布	kg	5.07	0.255	0.298	0.323	0.340	0.408	0.451	0.468
	润滑剂	kg	4.04	0.014	0.022	0.046	0.083	0.100	0.108	0.116
机械	中小型机械费	元	—	3.87	5.80	10.55	16.45	18.78	20.96	26.23

第四节　塑　料　管

工作内容：场内搬运、切管、组对、预热、熔接、管道及管件安装、水压试验。

编　号				2-158	2-159	2-160	2-161	2-162	2-163
项目名称				室外给水塑料管安装（热熔连接）					
				公称外径（mm）					
				32 以内	40 以内	50 以内	63 以内	75 以内	90 以内
单　位				10m					
总价（元）				**86.11**	**95.01**	**103.50**	**113.48**	**118.33**	**126.38**
其中	人工费（元）			85.19	93.96	102.33	112.19	116.91	124.88
	材料费（元）			0.79	0.90	0.95	1.07	1.17	1.25
	机械费（元）			0.13	0.15	0.22	0.22	0.25	0.25
名　称		单位	单价（元）	消　耗　量					
人工	综合工日	工日	135.00	0.631	0.696	0.758	0.831	0.866	0.925
材料	给水塑料管	m	—	（10.200）	（10.200）	（10.200）	（10.200）	（10.150）	（10.150）
	室外给水塑料管热熔管件	个	—	（2.830）	（2.960）	（2.860）	（2.810）	（2.810）	（2.730）
	低碳钢焊条 J422 *D*3.2	kg	3.60	0.002	0.002	0.002	0.002	0.002	0.003
	弹簧压力表 Y-100 0~1.6MPa	块	48.67	0.002	0.002	0.002	0.003	0.003	0.003
	焊接钢管 *DN*20	m	6.32	0.015	0.016	0.016	0.017	0.019	0.020

续前

编号				2-158	2-159	2-160	2-161	2-162	2-163
项目名称				室外给水塑料管安装（热熔连接）					
				公称外径（mm）					
				32 以内	40 以内	50 以内	63 以内	75 以内	90 以内
单位				10m					
名称		单位	单价（元）	消耗量					
材料	锯条（各种规格）	根	0.42	0.078	0.093	0.127	0.146	0.241	0.306
	螺纹阀门 *DN*20	个	22.72	0.004	0.005	0.005	0.005	0.005	0.006
	热轧厚钢板 δ8.0~15.0	kg	5.16	0.034	0.037	0.039	0.042	0.044	0.047
	铁砂布	张	1.56	0.027	0.038	0.050	0.057	0.070	0.075
	橡胶板 δ1.0~3.0	kg	11.26	0.008	0.009	0.010	0.010	0.011	0.011
	橡胶软管 *DN*20	m	11.10	0.007	0.007	0.007	0.008	0.008	0.008
	压力表弯管 *DN*15	个	11.36	0.002	0.002	0.002	0.003	0.003	0.003
	氧气	m^3	2.88	0.003	0.006	0.006	0.006	0.006	0.006
	乙炔气	kg	14.66	0.001	0.002	0.002	0.002	0.002	0.002
	六角螺栓	kg	8.39	0.004	0.005	0.005	0.005	0.006	0.006
机械	中小型机械费	元	—	0.13	0.15	0.22	0.22	0.25	0.25

工作内容：场内搬运、切管、组对、预热、熔接、管道及管件安装、水压试验。

编号				2-164	2-165	2-166	2-167	2-168	2-169
项目名称				室外给水塑料管安装（热熔连接）					
				公称外径（mm）					
				110 以内	125 以内	160 以内	200 以内	250 以内	315 以内
单位				10m					
总价（元）				**142.20**	**160.91**	**165.44**	**206.66**	**248.60**	**293.10**
其中	人工费（元）			140.54	156.87	160.52	198.45	238.41	270.54
	材料费（元）			1.41	1.34	1.60	1.93	2.51	3.21
	机械费（元）			0.25	2.70	3.32	6.28	7.68	19.35
名称		单位	单价（元）	消耗量					
人工	综合工日	工日	135.00	1.041	1.162	1.189	1.470	1.766	2.004
材料	给水塑料管	m	—	(10.150)	(10.150)	(10.150)	(10.220)	(10.220)	(10.220)
	室外给水塑料管热熔管件	个	—	(2.730)	(0.810)	(0.790)	(0.740)	(0.720)	(0.720)
	低碳钢焊条 J422 *D*3.2	kg	3.60	0.003	0.003	0.003	0.003	0.003	0.004
	弹簧压力表 Y-100 0~1.6MPa	块	48.67	0.003	0.003	0.003	0.003	0.003	0.004
	焊接钢管 *DN*20	m	6.32	0.021	0.022	0.023	0.024	0.025	0.026
	锯条（各种规格）	根	0.42	0.583	—	—	—	—	—
	螺纹阀门 *DN*20	个	22.72	0.006	0.006	0.006	0.007	0.007	0.007
	热轧厚钢板 δ8.0~15.0	kg	5.16	0.049	0.073	0.110	0.148	0.231	0.330
	铁砂布	张	1.56	0.076	0.079	0.081	0.086	0.093	0.098
	橡胶板 δ1.0~3.0	kg	11.26	0.012	0.014	0.016	0.018	0.021	0.024
	橡胶软管 *DN*20	m	11.10	0.009	0.009	0.010	0.010	0.011	0.011
	压力表弯管 *DN*15	个	11.36	0.003	0.003	0.003	0.003	0.003	0.004
	氧气	m^3	2.88	0.006	0.006	0.006	0.009	0.009	0.009
	乙炔气	kg	14.66	0.002	0.002	0.002	0.003	0.003	0.003
	六角螺栓	kg	8.39	0.006	0.008	0.012	0.018	0.028	0.038
机械	中小型机械费	元	—	0.25	2.70	3.32	6.28	7.68	19.35

工作内容：场内搬运、切管、组对、熔接、管道及管件安装、水压试验。

编号				2-170	2-171	2-172	2-173	2-174	2-175
项目名称				室外给水塑料管安装（电熔连接）					
				公称外径（mm）					
				32 以内	40 以内	50 以内	63 以内	75 以内	90 以内
单位				10m					
总价（元）				**91.99**	**102.20**	**111.17**	**122.07**	**126.21**	**135.64**
其中	人工费（元）			89.10	98.55	107.19	117.72	121.37	130.41
	材料费（元）			0.79	0.90	0.95	1.07	1.17	1.25
	机械费（元）			2.10	2.75	3.03	3.28	3.67	3.98
名称		单位	单价（元）	消耗量					
人工	综合工日	工日	135.00	0.660	0.730	0.794	0.872	0.899	0.966
材料	给水塑料管	m	—	(10.200)	(10.200)	(10.200)	(10.200)	(10.150)	(10.150)
	室外给水塑料管电熔管件	个	—	(2.830)	(2.960)	(2.860)	(2.810)	(2.810)	(2.730)
	低碳钢焊条 J422 *D*3.2	kg	3.60	0.002	0.002	0.002	0.002	0.002	0.003
	弹簧压力表 Y-100 0~1.6MPa	块	48.67	0.002	0.002	0.002	0.003	0.003	0.003
	焊接钢管 *DN*20	m	6.32	0.015	0.016	0.016	0.017	0.019	0.020
	锯条（各种规格）	根	0.42	0.078	0.093	0.127	0.146	0.241	0.306
	螺纹阀门 *DN*20	个	22.72	0.004	0.005	0.005	0.005	0.005	0.006
	热轧厚钢板 δ8.0~15.0	kg	5.16	0.034	0.037	0.039	0.042	0.044	0.047
	铁砂布	张	1.56	0.027	0.038	0.050	0.057	0.070	0.075
	橡胶板 δ1.0~3.0	kg	11.26	0.008	0.009	0.010	0.010	0.011	0.011
	橡胶软管 *DN*20	m	11.10	0.007	0.007	0.007	0.008	0.008	0.008
	压力表弯管 *DN*15	个	11.36	0.002	0.002	0.002	0.003	0.003	0.003
	氧气	m^3	2.88	0.003	0.006	0.006	0.006	0.006	0.006
	乙炔气	kg	14.66	0.001	0.002	0.002	0.002	0.002	0.002
	六角螺栓	kg	8.39	0.004	0.005	0.005	0.005	0.006	0.006
机械	中小型机械费	元	—	2.10	2.75	3.03	3.28	3.67	3.98

工作内容：场内搬运、切管、组对、熔接、管道及管件安装、水压试验。

编号				2-176	2-177	2-178	2-179	2-180	2-181
项目名称				室外给水塑料管安装（电熔连接）					
				公称外径（mm）					
				110 以内	125 以内	160 以内	200 以内	250 以内	315 以内
单位				10m					
总价（元）				**150.67**	**170.30**	**175.90**	**220.21**	**268.13**	**302.60**
其中	人工费（元）			145.13	164.16	168.35	208.31	253.40	284.18
	材料费（元）			1.41	1.34	1.60	1.93	2.51	3.23
	机械费（元）			4.13	4.80	5.95	9.97	12.22	15.19
名称		单位	单价（元）	消耗量					
人工	综合工日	工日	135.00	1.075	1.216	1.247	1.543	1.877	2.105
材料	给水塑料管	m	—	（10.150）	（10.150）	（10.150）	（10.170）	（10.170）	（10.170）
	室外给水塑料管电熔管件	个	—	（2.730）	（1.860）	（1.740）	（1.710）	（1.690）	（1.690）
	低碳钢焊条 J422 *D*3.2	kg	3.60	0.003	0.003	0.003	0.003	0.004	0.004
	弹簧压力表 Y-100 0~1.6MPa	块	48.67	0.003	0.003	0.003	0.003	0.003	0.004
	焊接钢管 *DN*20	m	6.32	0.021	0.022	0.023	0.024	0.025	0.026
	锯条（各种规格）	根	0.42	0.583	—	—	—	—	—
	螺纹阀门 *DN*20	个	22.72	0.006	0.006	0.006	0.007	0.007	0.007
	热轧厚钢板 δ8.0~15.0	kg	5.16	0.049	0.073	0.110	0.148	0.231	0.333
	铁砂布	张	1.56	0.075	0.079	0.081	0.086	0.093	0.098
	橡胶板 δ1.0~3.0	kg	11.26	0.012	0.014	0.016	0.018	0.021	0.024
	橡胶软管 *DN*20	m	11.10	0.009	0.009	0.010	0.010	0.011	0.011
	压力表弯管 *DN*15	个	11.36	0.003	0.003	0.003	0.003	0.003	0.004
	氧气	m^3	2.88	0.006	0.006	0.006	0.009	0.009	0.009
	乙炔气	kg	14.66	0.002	0.002	0.002	0.003	0.003	0.003
	六角螺栓	kg	8.39	0.006	0.008	0.012	0.018	0.028	0.038
机械	中小型机械费	元	—	4.13	4.80	5.95	9.97	12.22	15.19

工作内容：场内搬运、切管、组对、粘接、管道及管件安装、水压试验。

编号				2-182	2-183	2-184	2-185	2-186	2-187
项目名称				室外给水塑料管安装（粘接）					
				公称外径（mm）					
				32 以内	40 以内	50 以内	63 以内	75 以内	90 以内
单位				10m					
总价（元）				**82.35**	**89.82**	**105.30**	**106.83**	**112.13**	**119.42**
其中	人工费（元）			79.25	87.21	102.47	103.82	108.95	115.97
	材料费（元）			2.26	2.46	2.61	2.79	2.96	3.20
	机械费（元）			0.84	0.15	0.22	0.22	0.22	0.25
名称		单位	单价（元）	消耗量					
人工	综合工日	工日	135.00	0.587	0.646	0.759	0.769	0.807	0.859
材料	给水塑料管	m	—	（10.200）	（10.200）	（10.200）	（10.200）	（10.150）	（10.150）
	室外给水塑料管粘接管件	个	—	（2.830）	（2.960）	（2.860）	（2.810）	（2.810）	（2.730）
	丙酮	kg	9.89	0.026	0.029	0.030	0.033	0.036	0.039
	低碳钢焊条 J422 *D*3.2	kg	3.60	0.002	0.002	0.002	0.002	0.002	0.002
	弹簧压力表 Y-100 0~1.6MPa	块	48.67	0.002	0.002	0.002	0.003	0.003	0.003
	焊接钢管 *DN*20	m	6.32	0.015	0.016	0.016	0.017	0.019	0.020

编号				2-182	2-183	2-184	2-185	2-186	2-187
项目名称				室外给水塑料管安装（粘接）					
				公称外径（mm）					
				32 以内	40 以内	50 以内	63 以内	75 以内	90 以内
单位				10m					
名称		单位	单价（元）	消耗量					
材料	锯条（各种规格）	根	0.42	0.078	0.093	0.127	0.146	0.241	0.306
	螺纹阀门 *DN*20	个	22.72	0.004	0.005	0.005	0.005	0.005	0.006
	热轧厚钢板 δ8.0~15.0	kg	5.16	0.034	0.037	0.039	0.042	0.044	0.047
	铁砂布	张	1.56	0.027	0.038	0.050	0.057	0.070	0.075
	橡胶板 δ1.0~3.0	kg	11.26	0.008	0.009	0.010	0.010	0.011	0.011
	橡胶软管 *DN*20	m	11.10	0.007	0.007	0.007	0.008	0.008	0.008
	压力表弯管 *DN*15	个	11.36	0.002	0.002	0.002	0.003	0.003	0.003
	氧气	m^3	2.88	0.003	0.006	0.006	0.006	0.006	0.006
	乙炔气	kg	14.66	0.001	0.002	0.002	0.002	0.002	0.002
	粘接剂	kg	18.17	0.067	0.070	0.075	0.077	0.079	0.086
	六角螺栓	kg	8.39	0.004	0.005	0.005	0.005	0.006	0.006
机械	中小型机械费	元	—	0.84	0.15	0.22	0.22	0.22	0.25

工作内容：场内搬运、切管、组对、粘接、管道及管件安装、水压试验。

编　号				2–188	2–189	2–190	2–191	2–192	2–193
项目名称				室外给水塑料管安装（粘接）					
				公称外径（mm）					
				110 以内	125 以内	160 以内	200 以内	250 以内	315 以内
单　位				10m					
总价（元）				**134.33**	**149.89**	**155.69**	**190.37**	**225.38**	**258.67**
其中	人工费（元）			130.14	144.99	149.99	184.14	218.30	250.56
	材料费（元）			3.94	4.33	5.03	5.41	6.12	6.99
	机械费（元）			0.25	0.57	0.67	0.82	0.96	1.12
名　称		单位	单价（元）	消　耗　量					
人工	综合工日	工日	135.00	0.964	1.074	1.111	1.364	1.617	1.856
材料	给水塑料管	m	—	（10.150）	（10.150）	（10.150）	（10.170）	（10.170）	（10.170）
	室外给水塑料管粘接管件	个	—	（2.730）	（1.860）	（1.740）	（1.710）	（1.690）	（1.690）
	丙酮	kg	9.89	0.045	0.051	0.056	0.059	0.067	0.075
	低碳钢焊条 J422 *D*3.2	kg	3.60	0.003	0.003	0.003	0.003	0.004	0.004
	弹簧压力表 Y–100 0~1.6MPa	块	48.67	0.003	0.003	0.003	0.003	0.003	0.004
	焊接钢管 *DN*20	m	6.32	0.021	0.022	0.023	0.024	0.025	0.026
	锯条（各种规格）	根	0.42	0.583	—	—	—	—	—

编号				2-188	2-189	2-190	2-191	2-192	2-193
项目名称				室外给水塑料管安装（粘接）					
				公称外径（mm）					
				110 以内	125 以内	160 以内	200 以内	250 以内	315 以内
单位				10m					
名称		单位	单价（元）	消耗量					
材料	螺纹阀门 *DN*20	个	22.72	0.006	0.006	0.006	0.007	0.007	0.007
	热轧厚钢板 δ8.0~15.0	kg	5.16	0.049	0.073	0.110	0.148	0.231	0.333
	铁砂布	张	1.56	0.076	0.078	0.081	0.086	0.093	0.098
	橡胶板 δ1.0~3.0	kg	11.26	0.012	0.014	0.016	0.018	0.021	0.024
	橡胶软管 *DN*20	m	11.10	0.009	0.009	0.010	0.010	0.011	0.011
	压力表弯管 *DN*15	个	11.36	0.003	0.003	0.003	0.003	0.003	0.004
	氧气	m^3	2.88	0.006	0.006	0.006	0.009	0.009	0.009
	乙炔气	kg	14.66	0.002	0.002	0.002	0.003	0.003	0.003
	粘接剂	kg	18.17	0.115	0.137	0.158	0.159	0.162	0.166
	六角螺栓	kg	8.39	0.006	0.008	0.012	0.018	0.028	0.038
机械	中小型机械费	元	—	0.25	0.57	0.67	0.82	0.96	1.12

工作内容: 场内搬运、切管、组对、预热、熔接、管道及管件安装、水压试验。

编号				2-194	2-195	2-196	2-197	2-198
项目名称				室内给水塑料管安装(热熔连接)				
				公称外径(mm)				
				20 以内	25 以内	32 以内	40 以内	50 以内
单位				10m				
总价(元)				**158.47**	**175.94**	**190.03**	**213.60**	**248.57**
其中	人工费(元)			157.55	174.96	189.00	212.36	247.19
	材料费(元)			0.79	0.85	0.90	1.09	1.16
	机械费(元)			0.13	0.13	0.13	0.15	0.22
名称		单位	单价(元)	消耗量				
人工	综合工日	工日	135.00	1.167	1.296	1.400	1.573	1.831
材料	给水塑料管	m	—	(10.160)	(10.160)	(10.160)	(10.160)	(10.160)
	室内给水塑料管热熔管件	个	—	(15.200)	(12.250)	(10.810)	(8.870)	(7.420)
	低碳钢焊条 J422 *D*3.2	kg	3.60	0.002	0.002	0.002	0.002	0.002
	弹簧压力表 Y-100 0~1.6MPa	块	48.67	0.002	0.002	0.002	0.002	0.002
	焊接钢管 *DN*20	m	6.32	0.013	0.014	0.015	0.016	0.016

编号				2-194	2-195	2-196	2-197	2-198
项目名称				室内给水塑料管安装（热熔连接）				
				公称外径（mm）				
				20以内	25以内	32以内	40以内	50以内
单位				10m				
名称		单位	单价（元）	消耗量				
材料	锯条（各种规格）	根	0.42	0.120	0.144	0.183	0.225	0.268
	螺纹阀门 *DN*20	个	22.72	0.004	0.004	0.004	0.005	0.005
	热轧厚钢板 δ8.0~15.0	kg	5.16	0.030	0.032	0.034	0.037	0.037
	铁砂布	张	1.56	0.053	0.066	0.070	0.116	0.151
	橡胶板 δ1.0~3.0	kg	11.26	0.007	0.008	0.008	0.010	0.010
	橡胶软管 *DN*20	m	11.10	0.006	0.006	0.007	0.007	0.007
	压力表弯管 *DN*15	个	11.36	0.002	0.002	0.002	0.002	0.002
	氧气	m^3	2.88	0.003	0.003	0.003	0.006	0.006
	乙炔气	kg	14.66	0.001	0.001	0.001	0.002	0.002
	六角螺栓	kg	8.39	0.004	0.004	0.004	0.005	0.005
机械	中小型机械费	元	—	0.13	0.13	0.13	0.15	0.22

工作内容：场内搬运、切管、组对、预热、熔接、管道及管件安装、水压试验。

编　　号				2-199	2-200	2-201	2-202	2-203	2-204
项目名称				室内给水塑料管安装（热熔连接）					
				公称外径（mm）					
				63 以内	75 以内	90 以内	110 以内	125 以内	160 以内
单　　位				10m					
总价（元）				**271.73**	**279.27**	**304.77**	**317.80**	**350.57**	**369.00**
其中	人工费（元）			270.14	277.56	302.94	315.90	335.21	353.03
	材料费（元）			1.37	1.49	1.58	1.65	1.59	1.87
	机械费（元）			0.22	0.22	0.25	0.25	13.77	14.10
名　　称		单位	单价（元）	消　耗　量					
人工	综合工日	工日	135.00	2.001	2.056	2.244	2.340	2.483	2.615
材料	给水塑料管	m	—	（10.160）	（10.160）	（10.160）	（10.160）	（10.160）	（10.160）
	室内给水塑料管热熔管件	个	—	（6.590）	（6.030）	（3.950）	（3.080）	（1.580）	（1.340）
	低碳钢焊条 J422 *D*3.2	kg	3.60	0.002	0.002	0.003	0.003	0.003	0.003
	弹簧压力表 Y-100 0~1.6MPa	块	48.67	0.003	0.003	0.003	0.003	0.003	0.003
	焊接钢管 *DN*20	m	6.32	0.017	0.019	0.020	0.021	0.022	0.023
	锯条（各种规格）	根	0.42	0.326	0.497	0.533	0.627	—	—
	螺纹阀门 *DN*20	个	22.72	0.005	0.005	0.006	0.006	0.006	0.006
	热轧厚钢板 δ8.0~15.0	kg	5.16	0.042	0.044	0.047	0.047	0.074	0.110
	铁砂布	张	1.56	0.203	0.210	0.226	0.229	0.240	0.254
	橡胶板 δ1.0~3.0	kg	11.26	0.010	0.011	0.011	0.012	0.014	0.016
	橡胶软管 *DN*20	m	11.10	0.008	0.008	0.008	0.009	0.009	0.010
	压力表弯管 *DN*15	个	11.36	0.003	0.003	0.003	0.003	0.003	0.003
	氧气	m^3	2.88	0.006	0.006	0.006	0.006	0.006	0.006
	乙炔气	kg	14.66	0.002	0.002	0.002	0.002	0.002	0.002
	六角螺栓	kg	8.39	0.005	0.006	0.006	0.006	0.008	0.012
机械	中小型机械费	元	—	0.22	0.22	0.25	0.25	13.77	14.10

工作内容：场内搬运、切管、组对、熔接、管道及管件安装、水压试验。

编号				2-205	2-206	2-207	2-208	2-209	2-210
项目名称				室内给水塑料管安装（电熔连接）					
				公称外径（mm）					
				20 以内	25 以内	32 以内	40 以内	50 以内	63 以内
单位				10m					
总价（元）				**171.92**	**191.09**	**207.67**	**241.79**	**267.74**	**296.83**
其中	人工费（元）			166.32	183.60	198.72	231.80	257.31	286.07
	材料费（元）			0.79	0.85	0.94	1.08	1.17	1.36
	机械费（元）			4.81	6.64	8.01	8.91	9.26	9.40
名称		单位	单价（元）	消耗量					
人工	综合工日	工日	135.00	1.232	1.360	1.472	1.717	1.906	2.119
材料	给水塑料管	m	—	（10.160）	（10.160）	（10.160）	（10.160）	（10.160）	（10.160）
	室内给水塑料管电熔管件	个	—	（15.200）	（12.250）	（10.810）	（8.870）	（7.420）	（6.590）
	低碳钢焊条 J422 *D*3.2	kg	3.60	0.002	0.002	0.002	0.002	0.002	0.002
	弹簧压力表 Y-100 0~1.6MPa	块	48.67	0.002	0.002	0.002	0.002	0.002	0.003
	焊接钢管 *DN*20	m	6.32	0.013	0.014	0.015	0.016	0.016	0.016
	锯条（各种规格）	根	0.42	0.120	0.144	0.283	0.225	0.268	0.326
	螺纹阀门 *DN*20	个	22.72	0.004	0.004	0.004	0.005	0.005	0.005
	热轧厚钢板 δ8.0~15.0	kg	5.16	0.030	0.032	0.034	0.037	0.039	0.042
	铁砂布	张	1.56	0.053	0.066	0.070	0.116	0.151	0.203
	橡胶板 δ1.0~3.0	kg	11.26	0.007	0.008	0.008	0.009	0.010	0.010
	橡胶软管 *DN*20	m	11.10	0.006	0.006	0.007	0.007	0.007	0.008
	压力表弯管 *DN*15	个	11.36	0.002	0.002	0.002	0.002	0.002	0.003
	氧气	m^3	2.88	0.003	0.003	0.003	0.006	0.006	0.006
	乙炔气	kg	14.66	0.001	0.001	0.001	0.002	0.002	0.002
	六角螺栓	kg	8.39	0.004	0.004	0.004	0.005	0.005	0.005
机械	中小型机械费	元	—	4.81	6.64	8.01	8.91	9.26	9.40

工作内容：场内搬运、切管、组对、熔接、管道及管件安装、水压试验。

编　　号				2-211	2-212	2-213	2-214	2-215
项目名称				室内给水塑料管安装(电熔连接)				
				公称外径(mm)				
				75 以内	90 以内	110 以内	125 以内	160 以内
单　　位				10m				
总价(元)				**304.93**	**331.32**	**346.13**	**368.12**	**387.25**
其中	人工费(元)			293.90	319.95	334.53	355.59	374.36
	材料费(元)			1.49	1.58	1.67	1.59	1.87
	机械费(元)			9.54	9.79	9.93	10.94	11.02
名　　称		单位	单价(元)	消　耗　量				
人工	综合工日	工日	135.00	2.177	2.370	2.478	2.634	2.773
材料	给水塑料管	m	—	(10.160)	(10.160)	(10.160)	(10.160)	(10.160)
	室内给水塑料管电熔管件	个	—	(6.030)	(3.950)	(3.080)	(2.680)	(2.320)
	低碳钢焊条 J422 *D*3.2	kg	3.60	0.002	0.003	0.003	0.003	0.003
	弹簧压力表 Y-100 0~1.6MPa	块	48.67	0.003	0.003	0.003	0.003	0.003
	焊接钢管 *DN*20	m	6.32	0.019	0.020	0.021	0.022	0.023
	锯条(各种规格)	根	0.42	0.497	0.533	0.627	—	—
	螺纹阀门 *DN*20	个	22.72	0.005	0.006	0.006	0.006	0.006
	热轧厚钢板 δ8.0~15.0	kg	5.16	0.044	0.047	0.049	0.073	0.110
	铁砂布	张	1.56	0.210	0.226	0.229	0.240	0.254
	橡胶板 δ1.0~3.0	kg	11.26	0.011	0.011	0.012	0.014	0.016
	橡胶软管 *DN*20	m	11.10	0.008	0.008	0.009	0.009	0.010
	压力表弯管 *DN*15	个	11.36	0.003	0.003	0.003	0.003	0.003
	氧气	m^3	2.88	0.006	0.006	0.006	0.006	0.006
	乙炔气	kg	14.66	0.002	0.002	0.002	0.002	0.002
	六角螺栓	kg	8.39	0.006	0.006	0.006	0.008	0.012
机械	中小型机械费	元	—	9.54	9.79	9.93	10.94	11.02

工作内容：场内搬运、切管、组对、粘接、管道及管件安装、水压试验。

编号				2-216	2-217	2-218	2-219	2-220	2-221
项目名称				室内给水塑料管安装（粘接）					
				外径（mm）					
				20 以内	25 以内	32 以内	40 以内	50 以内	63 以内
单位				10m					
总价（元）				**143.96**	**152.89**	**163.44**	**172.75**	**195.31**	**213.16**
其中	人工费（元）			141.62	150.39	160.79	169.70	191.84	209.39
	材料费（元）			2.21	2.37	2.52	2.90	3.25	3.55
	机械费（元）			0.13	0.13	0.13	0.15	0.22	0.22
名称		单位	单价（元）	消耗量					
人工	综合工日	工日	135.00	1.049	1.114	1.191	1.257	1.421	1.551
材料	给水塑料管	m	—	（10.160）	（10.160）	（10.160）	（10.160）	（10.160）	（10.160）
	室内给水塑料管粘接管件	个	—	（15.200）	（12.250）	（10.810）	（8.870）	（7.420）	（6.590）
	丙酮	kg	9.89	0.065	0.069	0.074	0.083	0.095	0.099
	低碳钢焊条 J422 *D*3.2	kg	3.60	0.002	0.002	0.002	0.002	0.002	0.002
	弹簧压力表 Y-100 0~1.6MPa	块	48.67	0.002	0.002	0.002	0.002	0.002	0.003
	焊接钢管 *DN*20	m	6.32	0.013	0.014	0.015	0.016	0.016	0.017
	锯条（各种规格）	根	0.42	0.120	0.144	0.183	0.225	0.268	0.326
	螺纹阀门 *DN*20	个	22.72	0.004	0.004	0.004	0.005	0.005	0.005
	热轧厚钢板 δ8.0~15.0	kg	5.16	0.030	0.032	0.034	0.037	0.039	0.042
	铁砂布	张	1.56	0.053	0.066	0.070	0.116	0.151	0.203
	橡胶板 δ1.0~3.0	kg	11.26	0.007	0.008	0.008	0.009	0.010	0.010
	橡胶软管 *DN*20	m	11.10	0.006	0.006	0.007	0.007	0.007	0.008
	压力表弯管 *DN*15	个	11.36	0.002	0.002	0.002	0.002	0.002	0.003
	氧气	m^3	2.88	0.003	0.003	0.003	0.006	0.006	0.006
	乙炔气	kg	14.66	0.001	0.001	0.001	0.002	0.002	0.002
	粘接剂	kg	18.17	0.043	0.046	0.049	0.055	0.063	0.066
	六角螺栓	kg	8.39	0.004	0.004	0.004	0.005	0.005	0.005
机械	中小型机械费	元	—	0.13	0.13	0.13	0.15	0.22	0.22

工作内容：场内搬运、切管、组对、粘接、管道及管件安装、水压试验。

编号					2-222	2-223	2-224	2-225	2-226
项目名称					室内给水塑料管安装(粘接)				
					外径(mm)				
					75以内	90以内	110以内	125以内	160以内
单位					10m				
总价(元)					**237.01**	**261.69**	**286.83**	**299.11**	**313.82**
其中	人工费(元)				233.01	257.31	281.61	292.82	306.72
	材料费(元)				3.78	4.13	4.97	5.17	5.90
	机械费(元)				0.22	0.25	0.25	1.12	1.20
名称		单位	单价(元)		消耗量				
人工	综合工日	工日	135.00		1.726	1.906	2.086	2.169	2.272
材料	给水塑料管	m	—		(10.160)	(10.160)	(10.160)	(10.160)	(10.160)
	室内给水塑料管粘接管件	个	—		(6.030)	(3.950)	(3.080)	(2.680)	(2.320)
	丙酮	kg	9.89		0.104	0.116	0.150	0.162	0.183
	低碳钢焊条 J422 *D*3.2	kg	3.60		0.002	0.003	0.003	0.003	0.003
	弹簧压力表 Y-100 0~1.6MPa	块	48.67		0.003	0.003	0.003	0.003	0.003
	焊接钢管 *DN*20	m	6.32		0.019	0.020	0.021	0.022	0.023
	锯条(各种规格)	根	0.42		0.497	0.533	0.627	—	—
	螺纹阀门 *DN*20	个	22.72		0.005	0.006	0.006	0.006	0.006
	热轧厚钢板 δ8.0~15.0	kg	5.16		0.044	0.047	0.049	0.073	0.110
	铁砂布	张	1.56		0.210	0.226	0.229	0.240	0.254
	橡胶板 δ1.0~3.0	kg	11.26		0.011	0.011	0.012	0.014	0.016
	橡胶软管 *DN*20	m	11.10		0.008	0.008	0.009	0.009	0.010
	压力表弯管 *DN*15	个	11.36		0.003	0.003	0.003	0.003	0.003
	氧气	m^3	2.88		0.006	0.006	0.006	0.006	0.006
	乙炔气	kg	14.66		0.002	0.002	0.002	0.002	0.002
	粘接剂	kg	18.17		0.069	0.077	0.100	0.109	0.122
	六角螺栓	kg	8.39		0.006	0.006	0.006	0.008	0.012
机械	中小型机械费	元	—		0.22	0.25	0.25	1.12	1.20

工作内容：场内搬运、切管、组对、预热、熔接、管道及管件安装、灌水试验、通球试验。

编号				2-227	2-228	2-229	2-230
项目名称				室外排水塑料管安装（热熔连接）			
				公称外径（mm）			
				50 以内	75 以内	110 以内	160 以内
单位				10m			
总价（元）				**94.53**	**108.24**	**125.97**	**160.56**
其中	人工费（元）			94.37	108.00	125.55	157.41
	材料费（元）			0.13	0.21	0.35	0.13
	机械费（元）			0.03	0.03	0.07	3.02
名称		单位	单价（元）	消耗量			
人工	综合工日	工日	135.00	0.699	0.800	0.930	1.166
材料	排水塑料管	m	—	（9.930）	（9.930）	（9.930）	（9.930）
	排水塑料管热熔连接	个	—	（2.680）	（2.650）	（2.580）	—
	锯条（各种规格）	根	0.42	0.113	0.216	0.548	—
	铁砂布	张	1.56	0.050	0.075	0.076	0.081
机械	中小型机械费	元	—	0.03	0.03	0.07	3.02

工作内容：场内搬运、切管、组对、预热、熔接、管道及管件安装、灌水试验、通球试验。

编号				2-231	2-232	2-233	2-234
项目名称				室外排水塑料管安装（热熔连接）			
				公称外径（mm）			
				200 以内	250 以内	315 以内	400 以内
单位				10m			
总价（元）				**195.85**	**246.23**	**275.32**	**331.18**
其中	人工费（元）			189.68	238.41	255.83	309.15
	材料费（元）			0.13	0.37	0.40	0.45
	机械费（元）			6.04	7.45	19.09	21.58
名称		单位	单价（元）	消耗量			
人工	综合工日	工日	135.00	1.405	1.766	1.895	2.290
材料	排水塑料管	m	—	（9.930）	（9.930）	（9.930）	（9.930）
	铁砂布	张	1.56	0.086	0.235	0.254	0.287
机械	中小型机械费	元	—	6.04	7.45	19.09	21.58

工作内容：场内搬运、切管、组对、熔接、管道及管件安装、灌水试验、通球试验。

编号				2-235	2-236	2-237	2-238
项目名称				室外排水塑料管安装（电熔连接）			
				公称外径（mm）			
				50 以内	75 以内	110 以内	160 以内
单位				10m			
总价（元）				**103.42**	**117.64**	**136.32**	**171.38**
其中	人工费（元）			100.44	113.67	132.03	165.51
	材料费（元）			0.13	0.21	0.35	0.13
	机械费（元）			2.85	3.76	3.94	5.74
名称		单位	单价（元）	消耗量			
人工	综合工日	工日	135.00	0.744	0.842	0.978	1.226
材料	排水塑料管	m	—	（9.930）	（9.930）	（9.930）	（9.930）
	排水塑料管电熔连接	个	—	（2.680）	（2.650）	（2.580）	（1.730）
	锯条（各种规格）	根	0.42	0.113	0.216	0.548	—
	铁砂布	张	1.56	0.050	0.075	0.076	0.081
机械	中小型机械费	元	—	2.85	3.76	3.94	5.74

工作内容：场内搬运、切管、组对、熔接、管道及管件安装、灌水试验、通球试验。

编号				2-239	2-240	2-241	2-242
项目名称				室外排水塑料管安装（电熔连接）			
				公称外径（mm）			
				200 以内	250 以内	315 以内	400 以内
单位				10m			
总价（元）				**209.39**	**274.54**	**295.06**	**351.22**
其中	人工费（元）			199.53	262.17	279.72	333.86
	材料费（元）			0.13	0.37	0.40	0.45
	机械费（元）			9.73	12.00	14.94	16.91
名称		单位	单价（元）	消耗量			
人工	综合工日	工日	135.00	1.478	1.942	2.072	2.473
材料	排水塑料管	m	—	（9.930）	（9.930）	（9.930）	（9.930）
	排水塑料管电熔连接	个	—	（1.680）	（1.550）	（1.550）	（1.450）
	铁砂布	张	1.56	0.086	0.235	0.254	0.287
机械	中小型机械费	元	—	9.73	12.00	14.94	16.91

工作内容：场内搬运、切管、组对、粘接、管道及管件安装、灌水试验、通球试验。

编号				2-243	2-244	2-245	2-246	2-247
项目名称				室外排水塑料管安装（粘接）				
				公称外径（mm）				
				50 以内	75 以内	110 以内	160 以内	200 以内
单位				10m				
总价（元）				**91.65**	**102.69**	**123.92**	**156.02**	**177.76**
其中	人工费（元）			89.91	100.44	120.96	152.01	172.53
	材料费（元）			1.71	2.22	2.89	3.54	4.65
	机械费（元）			0.03	0.03	0.07	0.47	0.58
名称		单位	单价（元）	消耗量				
人工	综合工日	工日	135.00	0.666	0.744	0.896	1.126	1.278
材料	排水塑料管	m	—	（9.930）	（9.930）	（9.930）	（9.930）	（9.930）
	硬聚氯乙烯塑料管箍	个	—	（0.680）	（0.650）	（0.580）	（0.530）	（0.480）
	丙酮	kg	9.89	0.068	0.089	0.110	0.149	0.198
	锯条（各种规格）	根	0.42	0.113	0.216	0.548	—	—
	铁砂布	张	1.56	0.113	0.135	0.157	0.174	0.188
	粘接剂	kg	18.17	0.045	0.057	0.073	0.099	0.132
机械	中小型机械费	元	—	0.03	0.03	0.07	0.47	0.58

工作内容:场内搬运、切管、组对、粘接、管道及管件安装、灌水试验、通球试验。

编号				2-248	2-249	2-250	2-251
项目名称				室外排水塑料管安装(粘接)			
				公称外径(mm)			
				250 以内	315 以内	350 以内	400 以内
单位				10m			
总价(元)				**211.50**	**227.46**	**261.72**	**313.22**
其中	人工费(元)			205.07	220.59	244.62	294.17
	材料费(元)			5.69	6.01	16.12	17.98
	机械费(元)			0.74	0.86	0.98	1.07
名称		单位	单价(元)	消耗量			
人工	综合工日	工日	135.00	1.519	1.634	1.812	2.179
材料	排水塑料管	m	—	(9.930)	(9.930)	(9.930)	(9.930)
	硬聚氯乙烯塑料管箍	个	—	(0.460)	(0.440)	(0.440)	(0.440)
	丙酮	kg	9.89	0.245	0.207	0.341	0.395
	铁砂布	张	1.56	0.197	0.235	0.254	0.287
	粘接剂	kg	18.17	0.163	0.198	0.680	0.750
机械	中小型机械费	元	—	0.74	0.86	0.98	1.07

工作内容：场内搬运、切管、组对、预热、熔接、管道及管件安装、灌水试验、通球试验。

编号				2-252	2-253	2-254	2-255	2-256	2-257
项目名称				室内排水塑料管安装（热熔连接）					
				公称外径（mm）					
				50 以内	75 以内	110 以内	160 以内	200 以内	250 以内
单位				10m					
总价（元）				**213.94**	**286.65**	**322.36**	**455.50**	**623.88**	**687.27**
其中	人工费（元）			213.57	285.93	321.03	448.34	614.93	677.97
	材料费（元）			0.34	0.69	1.26	0.38	0.42	0.45
	机械费（元）			0.03	0.03	0.07	6.78	8.53	8.85
名称		单位	单价（元）	消耗量					
人工	综合工日	工日	135.00	1.582	2.118	2.378	3.321	4.555	5.022
材料	排水塑料管	m	—	（10.120）	（9.800）	（9.500）	（9.500）	（9.500）	（10.050）
	室内排水塑料管热熔管件	个	—	（6.900）	（8.850）	（11.560）	（5.950）	（5.110）	（2.350）
	锯条（各种规格）	根	0.42	0.268	0.863	2.161	—	—	—
	铁砂布	张	1.56	0.145	0.208	0.227	0.242	0.267	0.288
机械	中小型机械费	元	—	0.03	0.03	0.07	6.78	8.53	8.85

工作内容: 场内搬运、切管、组对、粘接、管道及管件安装、灌水试验、通球试验。

编号				2-258	2-259	2-260	2-261	2-262	2-263
项目名称				室内排水塑料管安装(粘接)					
				公称外径(mm)					
				50以内	75以内	110以内	160以内	200以内	250以内
单位				10m					
总价(元)				**196.21**	**263.65**	**295.17**	**414.93**	**579.48**	**635.17**
其中	人工费(元)			194.54	260.55	290.39	409.46	573.62	628.83
	材料费(元)			1.64	3.07	4.71	4.23	4.40	4.65
	机械费(元)			0.03	0.03	0.07	1.24	1.46	1.69
名称		单位	单价(元)	消耗量					
人工	综合工日	工日	135.00	1.441	1.930	2.151	3.033	4.249	4.658
材料	排水塑料管	m	—	(10.120)	(9.800)	(9.500)	(9.500)	(9.500)	(10.050)
	室内排水塑料管粘接管件	个	—	(6.900)	(8.850)	(11.560)	(5.950)	(5.110)	(2.350)
	锯条(各种规格)	根	0.42	0.268	0.863	2.161	—	—	—
	粘接剂	kg	18.17	0.084	0.149	0.209	0.233	0.242	0.256
机械	中小型机械费	元	—	0.03	0.03	0.07	1.24	1.46	1.69

工作内容：场内搬运、切管、组对、紧密封圈、管道及管件安装、灌水试验、通球试验。

编号				2-264	2-265	2-266	2-267	2-268	2-269
项目名称				室内排水塑料管安装（螺母密封圈连接）					
				公称外径（mm）					
				50以内	75以内	110以内	160以内	200以内	250以内
单位				10m					
总价（元）				**184.42**	**247.44**	**277.19**	**389.37**	**507.44**	**600.55**
其中	人工费（元）			184.28	247.05	276.21	388.13	505.98	598.86
	材料费（元）			0.11	0.36	0.91	—	—	—
	机械费（元）			0.03	0.03	0.07	1.24	1.46	1.69
名称		单位	单价（元）	消耗量					
人工	综合工日	工日	135.00	1.365	1.830	2.046	2.875	3.748	4.436
材料	硬聚氯乙烯螺旋排水管	m	—	（10.120）	（9.800）	（9.500）	（9.500）	（9.500）	（10.050）
	室内排水塑料管（螺母密封圈连接）管件	个	—	（6.900）	（8.850）	（11.560）	（5.950）	（5.110）	（2.350）
	橡胶密封圈（排水）	个	—	（14.370）	（15.260）	（21.690）	（10.670）	（9.830）	（4.920）
	锯条（各种规格）	根	0.42	0.268	0.863	2.161	—	—	—
机械	中小型机械费	元	—	0.03	0.03	0.07	1.24	1.46	1.69

工作内容：场内搬运、切管、组对、粘接、管道及管件安装、灌水试验。

编号				2-270	2-271	2-272	2-273	2-274
项目名称				室内雨水塑料管安装（粘接）				
				公称外径（mm）				
				75 以内	110 以内	160 以内	200 以内	250 以内
单位				10m				
总价（元）				**244.70**	**276.11**	**405.47**	**511.53**	**652.79**
其中	人工费（元）			240.44	269.46	396.63	502.07	639.50
	材料费（元）			4.23	6.58	7.82	8.24	11.84
	机械费（元）			0.03	0.07	1.02	1.22	1.45
名称		单位	单价（元）	消耗量				
人工	综合工日	工日	135.00	1.781	1.996	2.938	3.719	4.737
材料	排水塑料管	m	—	(10.070)	(9.940)	(9.760)	(9.660)	(9.470)
	室内雨水塑料管粘接管件	个	—	(3.790)	(4.160)	(4.850)	(4.310)	(4.180)
	丙酮	kg	9.89	0.172	0.260	0.338	0.359	0.488
	锯条（各种规格）	根	0.42	0.760	1.240	—	—	—
	铁砂布	张	1.56	0.160	0.223	0.235	0.256	0.279
	粘接剂	kg	18.17	0.108	0.173	0.226	0.236	0.362
机械	中小型机械费	元	—	0.03	0.07	1.02	1.22	1.45

工作内容: 场内搬运、切管、对口、熔接、冷却、管道及管件安装、灌水试验。

编号				2-275	2-276	2-277	2-278	2-279
项目名称				室内雨水塑料管安装(热熔连接)				
				公称外径(mm)				
				75 以内	110 以内	160 以内	200 以内	250 以内
单位				10m				
总价(元)				**254.27**	**285.25**	**427.56**	**530.61**	**685.09**
其中	人工费(元)			253.67	284.31	421.47	522.99	675.81
	材料费(元)			0.57	0.87	0.37	0.40	0.44
	机械费(元)			0.03	0.07	5.72	7.22	8.84
名称		单位	单价(元)	消耗量				
人工	综合工日	工日	135.00	1.879	2.106	3.122	3.874	5.006
材料	排水塑料管	m	—	(10.070)	(9.940)	(9.760)	(9.660)	(9.470)
	室内雨水塑料管热熔管件	个	—	(3.790)	(4.160)	(4.020)	(3.870)	(3.680)
	锯条(各种规格)	根	0.42	0.760	1.240	—	—	—
	铁砂布	张	1.56	0.160	0.223	0.235	0.256	0.279
机械	中小型机械费	元	—	0.03	0.07	5.72	7.22	8.84

第五节 不锈钢管

工作内容：场内搬运、清扫管膛、调直、切管、管道及管件安装、水压试验。

编号					2-280	2-281	2-282	2-283	2-284
项目名称					室内给水薄壁不锈钢管安装（卡压连接）				
					公称直径（mm）				
					15以内	20以内	25以内	32以内	40以内
单位					10m				
总价（元）					**175.60**	**192.96**	**209.77**	**219.15**	**238.32**
其中	人工费（元）				173.21	190.35	206.28	215.19	233.96
	材料费（元）				1.71	1.89	2.67	3.03	3.29
	机械费（元）				0.68	0.72	0.82	0.93	1.07
名称			单位	单价（元）	消耗量				
人工	综合工日		工日	135.00	1.283	1.410	1.528	1.594	1.733
材料	薄壁不锈钢管		m	—	（9.860）	（9.860）	（9.860）	（9.860）	（9.940）
	室内给水不锈钢管卡压管件		个	—	（13.410）	（11.160）	（10.750）	（9.370）	（7.520）
	低碳钢焊条 J422 *D*3.2		kg	3.60	0.002	0.002	0.002	0.002	0.002
	弹簧压力表 Y-100 0~1.6MPa		块	48.67	0.002	0.002	0.002	0.002	0.002
	镀锌钢丝 *D*2.8~4.0		kg	6.91	0.040	0.045	0.068	0.075	0.079
	焊接钢管 *DN*20		m	6.32	0.013	0.014	0.015	0.016	0.016

编号				2-280	2-281	2-282	2-283	2-284
项目名称				室内给水薄壁不锈钢管安装(卡压连接)				
				公称直径(mm)				
				15 以内	20 以内	25 以内	32 以内	40 以内
单位				10m				
名称		单位	单价(元)	消耗量				
材料	螺纹阀门 *DN*20	个	22.72	0.004	0.004	0.004	0.005	0.005
	破布	kg	5.07	0.080	0.090	0.150	0.167	0.187
	热轧厚钢板 δ8.0~15.0	kg	5.16	0.030	0.032	0.034	0.037	0.039
	树脂砂轮切割片 *D*400	片	9.69	0.038	0.045	0.075	0.089	0.101
	橡胶板 δ1.0~3.0	kg	11.26	0.007	0.008	0.008	0.009	0.010
	橡胶软管 *DN*20	m	11.10	0.006	0.006	0.007	0.007	0.007
	压力表弯管 *DN*15	个	11.36	0.002	0.002	0.002	0.002	0.002
	氧气	m^3	2.88	0.003	0.003	0.003	0.006	0.006
	乙炔气	kg	14.66	0.001	0.001	0.001	0.002	0.002
	六角螺栓	kg	8.39	0.004	0.004	0.004	0.005	0.005
机械	中小型机械费	元	—	0.68	0.72	0.82	0.93	1.07

工作内容：场内搬运、清扫管膛、调直、切管、管道及管件安装、水压试验。

编号				2-285	2-286	2-287	2-288
项目名称				室内给水薄壁不锈钢管安装（卡压连接）			
				公称直径（mm）			
				50 以内	65 以内	80 以内	100 以内
单位				10m			
总价（元）				**256.57**	**271.23**	**279.81**	**325.83**
其中	人工费（元）			251.64	265.95	274.19	319.68
	材料费（元）			3.73	4.08	4.32	4.78
	机械费（元）			1.20	1.20	1.30	1.37
名称		单位	单价（元）	消耗量			
人工	综合工日	工日	135.00	1.864	1.970	2.031	2.368
材料	薄壁不锈钢管	m	—	（9.870）	（9.870）	（9.870）	（9.870）
	室内给水不锈钢管卡压管件	个	—	（6.330）	（5.260）	（4.630）	（4.150）
	低碳钢焊条 J422 *D*3.2	kg	3.60	0.002	0.002	0.003	0.003
	弹簧压力表 Y-100 0~1.6MPa	块	48.67	0.003	0.003	0.003	0.003
	镀锌钢丝 *D*2.8~4.0	kg	6.91	0.083	0.085	0.089	0.101
	焊接钢管 *DN*20	m	6.32	0.017	0.019	0.020	0.021
	螺纹阀门 *DN*20	个	22.72	0.005	0.005	0.006	0.006
	破布	kg	5.07	0.213	0.238	0.255	0.298
	热轧厚钢板 δ8.0~15.0	kg	5.16	0.042	0.044	0.047	0.049
	树脂砂轮切割片 *D*400	片	9.69	0.120	0.137	0.145	0.158
	橡胶板 δ1.0~3.0	kg	11.26	0.010	0.011	0.011	0.012
	橡胶软管 *DN*20	m	11.10	0.008	0.008	0.008	0.009
	压力表弯管 *DN*15	个	11.36	0.003	0.003	0.003	0.003
	氧气	m^3	2.88	0.006	0.006	0.006	0.006
	乙炔气	kg	14.66	0.002	0.002	0.002	0.002
	六角螺栓	kg	8.39	0.005	0.006	0.006	0.006
机械	中小型机械费	元	—	1.20	1.20	1.30	1.37

工作内容：场内搬运、清扫管膛、调直、切管、套丝、组对、连接、管道及管件安装、水压试验。

编号				2-289	2-290	2-291	2-292	2-293
项目名称				室内给水不锈钢管安装（螺纹连接）				
				公称直径（mm）				
				15 以内	20 以内	25 以内	32 以内	40 以内
单位				10m				
总价（元）				**291.92**	**306.73**	**369.96**	**397.30**	**406.28**
其中	人工费（元）			273.65	285.26	343.85	368.55	376.38
	材料费（元）			14.41	16.97	20.64	21.63	22.11
	机械费（元）			3.86	4.50	5.47	7.12	7.79
名称		单位	单价（元）	消耗量				
人工	综合工日	工日	135.00	2.027	2.113	2.547	2.730	2.788
材料	不锈钢管	m	—	(9.920)	(9.920)	(9.920)	(9.920)	(10.020)
	室内给水不锈钢管螺纹管件	个	—	(14.490)	(12.100)	(11.400)	(9.830)	(7.860)
	低碳钢焊条 J422 *D*3.2	kg	3.60	0.002	0.002	0.002	0.002	0.002
	弹簧压力表 Y-100 0~1.6MPa	块	48.67	0.002	0.002	0.002	0.002	0.002
	镀锌钢丝 *D*2.8~4.0	kg	6.91	0.040	0.045	0.068	0.075	0.079
	焊接钢管 *DN*20	m	6.32	0.013	0.014	0.015	0.016	0.016

续前

编号				2-289	2-290	2-291	2-292	2-293
项目名称				室内给水不锈钢管安装(螺纹连接)				
				公称直径(mm)				
				15 以内	20 以内	25 以内	32 以内	40 以内
单位				10m				
名称		单位	单价(元)	消耗量				
材料	聚四氟乙烯生料 带宽 20	m	1.15	10.980	13.040	15.500	16.020	16.190
	螺纹阀门 *DN*20	个	22.72	0.004	0.004	0.004	0.005	0.005
	破布	kg	5.07	0.080	0.090	0.150	0.167	0.187
	热轧厚钢板 δ8.0~15.0	kg	5.16	0.030	0.032	0.034	0.037	0.039
	树脂砂轮切割片 *D*400	片	9.69	0.046	0.054	0.090	0.107	0.121
	橡胶板 δ1.0~3.0	kg	11.26	0.007	0.008	0.008	0.009	0.010
	橡胶软管 *DN*20	m	11.10	0.006	0.006	0.007	0.007	0.007
	压力表弯管 *DN*15	个	11.36	0.002	0.002	0.002	0.002	0.002
	氧气	m^3	2.88	0.003	0.003	0.003	0.006	0.006
	乙炔气	kg	14.66	0.001	0.001	0.001	0.002	0.002
	六角螺栓	kg	8.39	0.004	0.004	0.004	0.005	0.005
机械	中小型机械费	元	—	3.86	4.50	5.47	7.12	7.79

工作内容：场内搬运、清扫管膛、调直、切管、套丝、组对、连接、管道及管件安装、水压试验。

编号				2-294	2-295	2-296	2-297
项目名称				室内给水不锈钢管安装（螺纹连接）			
				公称直径（mm）			
				50 以内	65 以内	80 以内	100 以内
单位				10m			
总价（元）				**435.56**	**459.07**	**481.60**	**547.77**
其中	人工费（元）			404.33	425.79	446.04	509.63
	材料费（元）			23.03	24.98	26.81	29.11
	机械费（元）			8.20	8.30	8.75	9.03
名称		单位	单价（元）	消耗量			
人工	综合工日	工日	135.00	2.995	3.154	3.304	3.775
材料	不锈钢管	m	—	（10.020）	（10.020）	（10.020）	（10.020）
	室内给水不锈钢管螺纹管件	个	—	（6.610）	（5.260）	（4.630）	（4.150）
	低碳钢焊条 J422 *D*3.2	kg	3.60	0.002	0.002	0.003	0.003
	弹簧压力表 Y-100 0~1.6MPa	块	48.67	0.003	0.003	0.003	0.003
	镀锌钢丝 *D*2.8~4.0	kg	6.91	0.083	0.085	0.089	0.101
	焊接钢管 *DN*20	m	6.32	0.017	0.019	0.020	0.021
	聚四氟乙烯生料 带宽 20	m	1.15	16.580	17.950	19.310	20.880

编号				2-294	2-295	2-296	2-297
项目名称				室内给水不锈钢管安装（螺纹连接）			
				公称直径（mm）			
				50 以内	65 以内	80 以内	100 以内
单位				10m			
名称		单位	单价（元）	消耗量			
材料	螺纹阀门 *DN*20	个	22.72	0.005	0.005	0.006	0.006
	破布	kg	5.07	0.213	0.238	0.255	0.298
	热轧厚钢板 δ8.0~15.0	kg	5.16	0.042	0.044	0.047	0.049
	树脂砂轮切割片 *D*400	片	9.69	0.144	0.164	0.174	0.190
	橡胶板 δ1.0~3.0	kg	11.26	0.010	0.011	0.011	0.012
	橡胶软管 *DN*20	m	11.10	0.008	0.008	0.008	0.009
	压力表弯管 *DN*15	个	11.36	0.003	0.003	0.003	0.003
	氧气	m^3	2.88	0.006	0.006	0.006	0.006
	乙炔气	kg	14.66	0.002	0.002	0.002	0.002
	六角螺栓	kg	8.39	0.005	0.006	0.006	0.006
机械	中小型机械费	元	—	8.20	8.30	8.75	9.03

工作内容：场内搬运、清扫管膛、调直、切管、坡口、组对、焊接、焊缝酸洗、钝化、管道及管件安装、水压试验。

编号				2-298	2-299	2-300	2-301	2-302	2-303
项目名称				室内给水不锈钢管安装（对接电弧焊）					
				公称直径（mm）					
				15 以内	20 以内	25 以内	32 以内	40 以内	50 以内
单位				10m					
总价（元）				**231.33**	**240.99**	**290.41**	**305.59**	**328.79**	**407.34**
其中	人工费（元）			210.33	219.38	264.74	277.56	292.55	353.16
	材料费（元）			14.07	14.62	18.35	20.12	26.69	31.47
	机械费（元）			6.93	6.99	7.32	7.91	9.55	22.71
名称		单位	单价（元）	消耗量					
人工	综合工日	工日	135.00	1.558	1.625	1.961	2.056	2.167	2.616
材料	不锈钢管	m	—	（9.500）	（9.500）	（9.500）	（9.500）	（9.650）	（9.650）
	室内给水不锈钢管焊接管件	个	—	（12.340）	（10.070）	（9.730）	（8.340）	（6.240）	（5.180）
	丙酮	kg	9.89	0.039	0.045	0.054	0.062	0.078	0.089
	不锈钢焊条（综合）	kg	51.05	0.194	0.197	0.246	0.267	0.382	0.440
	低碳钢焊条 J422 *D*3.2	kg	3.60	0.002	0.002	0.002	0.002	0.002	0.002
	弹簧压力表 Y-100 0~1.6MPa	块	48.67	0.002	0.002	0.002	0.002	0.002	0.003
	镀锌钢丝 *D*2.8~4.0	kg	6.91	0.040	0.045	0.068	0.075	0.079	0.083
	焊接钢管 *DN*20	m	6.32	0.013	0.014	0.015	0.016	0.016	0.017
	螺纹阀门 *DN*20	个	22.72	0.004	0.004	0.004	0.005	0.005	0.005

编号				2-298	2-299	2-300	2-301	2-302	2-303
项目名称				室内给水不锈钢管安装（对接电弧焊）					
				公称直径（mm）					
				15 以内	20 以内	25 以内	32 以内	40 以内	50 以内
单位				10m					
名称		单位	单价（元）	消耗量					
材料	尼龙砂轮片 *D*100	片	3.92	0.190	0.192	0.228	0.252	0.294	0.574
	破布	kg	5.07	0.080	0.090	0.150	0.167	0.187	0.213
	热轧厚钢板 δ8.0~15.0	kg	5.16	0.030	0.032	0.034	0.037	0.039	0.042
	树脂砂轮切割片 *D*400	片	9.69	0.046	0.054	0.090	0.107	0.121	0.144
	塑料布	m^2	1.96	0.550	0.591	0.628	0.673	0.692	0.702
	酸洗膏	kg	9.60	0.018	0.024	0.033	0.038	0.044	0.056
	橡胶板 δ1.0~3.0	kg	11.26	0.007	0.008	0.008	0.009	0.010	0.010
	橡胶软管 *DN*20	m	11.10	0.006	0.006	0.007	0.007	0.007	0.008
	压力表弯管 *DN*15	个	11.36	0.002	0.002	0.002	0.002	0.002	0.003
	氧气	m^3	2.88	0.003	0.003	0.003	0.006	0.006	0.006
	乙炔气	kg	14.66	0.001	0.001	0.001	0.002	0.002	0.002
	六角螺栓	kg	8.39	0.004	0.004	0.004	0.005	0.005	0.005
机械	中小型机械费	元	—	6.93	6.99	7.32	7.91	9.55	22.71

工作内容：场内搬运、清扫管膛、调直、切管、坡口、组对、焊接、焊缝酸洗、钝化、管道及管件安装、水压试验。

编号				2-304	2-305	2-306	2-307	2-308	2-309
项目名称				室内给水不锈钢管安装（对接电弧焊）					
				公称直径（mm）					
				65 以内	80 以内	100 以内	125 以内	150 以内	200 以内
单位				10m					
总价（元）				**455.16**	**499.88**	**573.72**	**649.40**	**741.03**	**913.79**
其中	人工费（元）			391.91	430.25	496.40	514.49	570.38	694.85
	材料费（元）			34.35	37.14	40.93	44.91	71.66	96.59
	机械费（元）			28.90	32.49	36.39	90.00	98.99	122.35
名称		单位	单价（元）	消耗量					
人工	综合工日	工日	135.00	2.903	3.187	3.677	3.811	4.225	5.147
材料	不锈钢管	m	—	（9.650）	（9.650）	（9.650）	（9.650）	（9.650）	（9.650）
	室内给水不锈钢管焊接管件	个	—	（4.000）	（3.390）	（2.990）	（2.330）	（1.900）	（1.680）
	丙酮	kg	9.89	0.112	0.134	0.165	0.176	0.182	0.215
	不锈钢焊条（综合）	kg	51.05	0.480	0.520	0.576	0.674	1.180	1.631
	低碳钢焊条 J422 *D*3.2	kg	3.60	0.002	0.003	0.003	0.003	0.003	0.003
	弹簧压力表 Y-100 0~1.6MPa	块	48.67	0.003	0.003	0.003	0.003	0.003	0.003
	镀锌钢丝 *D*2.8~4.0	kg	6.91	0.085	0.098	0.101	0.107	0.112	0.131
	焊接钢管 *DN*20	m	6.32	0.019	0.020	0.021	0.022	0.023	0.024
	螺纹阀门 *DN*20	个	22.72	0.005	0.006	0.006	0.006	0.006	0.007

编号				2-304	2-305	2-306	2-307	2-308	2-309
项目名称				室内给水不锈钢管安装（对接电弧焊）					
				公称直径（mm）					
				65 以内	80 以内	100 以内	125 以内	150 以内	200 以内
单位				10m					
名称		单位	单价（元）	消耗量					
材料	尼龙砂轮片 *D*100	片	3.92	0.607	0.613	0.624	0.683	0.746	0.831
	破布	kg	5.07	0.238	0.255	0.298	0.323	0.340	0.408
	热轧厚钢板 δ8.0~15.0	kg	5.16	0.044	0.047	0.049	0.073	0.110	0.148
	树脂砂轮切割片 *D*400	片	9.69	0.164	0.174	0.190	—	—	—
	塑料布	m^2	1.96	0.714	0.735	0.774	0.801	0.832	0.913
	酸洗膏	kg	9.60	0.064	0.079	0.087	0.096	0.113	0.146
	橡胶板 δ1.0~3.0	kg	11.26	0.011	0.011	0.012	0.014	0.016	0.018
	橡胶软管 *DN*20	m	11.10	0.008	0.008	0.009	0.009	0.010	0.010
	压力表弯管 *DN*15	个	11.36	0.003	0.003	0.003	0.003	0.003	0.003
	氧气	m^3	2.88	0.006	0.006	0.006	0.006	0.006	0.006
	乙炔气	kg	14.66	0.002	0.002	0.002	0.002	0.002	0.002
	六角螺栓	kg	8.39	0.006	0.006	0.006	0.008	0.012	0.018
机械	中小型机械费	元	—	28.90	32.49	36.39	90.00	98.99	122.35

第六节　铜　　管

工作内容：场内搬运、清扫管膛、调直、切管、管道及管件安装、水压试验。

编　　号				2-310	2-311	2-312	2-313	2-314
项目名称				室内给水铜管安装（卡压连接）				
				公称外径（mm）				
				18 以内	22 以内	28 以内	35 以内	42 以内
单　　位				10m				
总价（元）				**162.15**	**174.43**	**187.35**	**194.62**	**202.13**
其中	人工费（元）			158.09	170.51	183.20	190.49	197.78
	材料费（元）			3.93	3.79	4.02	3.98	4.13
	机械费（元）			0.13	0.13	0.13	0.15	0.22
名　　称		单位	单价（元）	消　耗　量				
人工	综合工日	工日	135.00	1.171	1.263	1.357	1.411	1.465
材料	铜管	m	—	（9.860）	（9.860）	（9.860）	（9.860）	（9.940）
	室内给水铜管卡压管件	个	—	（13.410）	（11.160）	（10.750）	（9.370）	（7.520）
	低碳钢焊条 J422 *D*3.2	kg	3.60	0.002	0.002	0.002	0.002	0.002
	弹簧压力表 Y-100 0~1.6MPa	块	48.67	0.002	0.002	0.002	0.002	0.002
	镀锌钢丝 *D*2.8~4.0	kg	6.91	0.040	0.045	0.068	0.075	0.079

续前

编号				2-310	2-311	2-312	2-313	2-314
项目名称				室内给水铜管安装（卡压连接）				
				公称外径（mm）				
				18 以内	22 以内	28 以内	35 以内	42 以内
单位				10m				
名称		单位	单价（元）	消耗量				
材料	割管刀片	片	5.19	0.500	0.450	0.400	0.350	0.350
	焊接钢管 *DN*20	m	6.32	0.013	0.014	0.015	0.016	0.016
	螺纹阀门 *DN*20	个	22.72	0.004	0.004	0.004	0.005	0.005
	破布	kg	5.07	0.080	0.090	0.150	0.167	0.187
	热轧厚钢板 δ8.0~15.0	kg	5.16	0.030	0.032	0.034	0.037	0.039
	橡胶板 δ1.0~3.0	kg	11.26	0.007	0.008	0.008	0.009	0.010
	橡胶软管 *DN*20	m	11.10	0.006	0.006	0.007	0.007	0.007
	压力表弯管 *DN*15	个	11.36	0.002	0.002	0.002	0.002	0.002
	氧气	m^3	2.88	0.003	0.003	0.003	0.006	0.006
	乙炔气	kg	14.66	0.001	0.001	0.001	0.002	0.002
	六角螺栓	kg	8.39	0.004	0.004	0.004	0.005	0.005
机械	中小型机械费	元	—	0.13	0.13	0.13	0.15	0.22

工作内容：场内搬运、清扫管膛、调直、切管、管道及管件安装、水压试验。

编号				2-315	2-316	2-317	2-318
项目名称				室内给水铜管安装（卡压连接）			
				公称外径（mm）			
				54 以内	76 以内	89 以内	108 以内
单位				10m			
总价（元）				**211.04**	**223.60**	**235.16**	**273.46**
其中	人工费（元）			206.69	218.97	230.18	267.98
	材料费（元）			4.13	4.41	4.73	5.23
	机械费（元）			0.22	0.22	0.25	0.25
名称		单位	单价（元）	消耗量			
人工	综合工日	工日	135.00	1.531	1.622	1.705	1.985
材料	铜管	m	—	（9.870）	（9.870）	（9.870）	（9.870）
	室内给水铜管卡压管件	个	—	（6.330）	（5.260）	（4.630）	（4.150）
	低碳钢焊条 J422 *D*3.2	kg	3.60	0.002	0.002	0.003	0.003
	弹簧压力表 Y-100 0~1.6MPa	块	48.67	0.003	0.003	0.003	0.003
	镀锌钢丝 *D*2.8~4.0	kg	6.91	0.083	0.085	0.089	0.101

编号				2-315	2-316	2-317	2-318
项目名称				室内给水铜管安装（卡压连接）			
				公称外径（mm）			
				54 以内	76 以内	89 以内	108 以内
单位				10m			
名称		单位	单价（元）	消耗量			
材料	割管刀片	片	5.19	0.300	0.320	0.350	0.380
	焊接钢管 *DN*20	m	6.32	0.017	0.019	0.020	0.021
	螺纹阀门 *DN*20	个	22.72	0.005	0.005	0.006	0.006
	破布	kg	5.07	0.213	0.238	0.255	0.298
	热轧厚钢板 δ8.0~15.0	kg	5.16	0.042	0.044	0.047	0.049
	橡胶板 δ1.0~3.0	kg	11.26	0.010	0.011	0.011	0.012
	橡胶软管 *DN*20	m	11.10	0.008	0.008	0.008	0.009
	压力表弯管 *DN*15	个	11.36	0.003	0.003	0.003	0.003
	氧气	m^3	2.88	0.006	0.006	0.006	0.006
	乙炔气	kg	14.66	0.002	0.002	0.002	0.002
	六角螺栓	kg	8.39	0.005	0.006	0.006	0.006
机械	中小型机械费	元	—	0.22	0.22	0.25	0.25

工作内容：场内搬运、清扫管膛、调直、切管、焊接、管道及管件安装、水压试验。

编号				2-319	2-320	2-321	2-322	2-323
项目名称				室内给水铜管安装（钎焊）				
				公称外径（mm）				
				18 以内	22 以内	28 以内	35 以内	42 以内
单位				10m				
总价（元）				**180.79**	**195.41**	**208.97**	**218.38**	**228.37**
其中	人工费（元）			173.75	187.65	201.42	209.66	217.76
	材料费（元）			5.60	6.32	7.16	8.25	10.00
	机械费（元）			1.44	1.44	0.39	0.47	0.61
名称		单位	单价（元）	消耗量				
人工	综合工日	工日	135.00	1.287	1.390	1.492	1.553	1.613
材料	铜管	m	—	（9.860）	（9.860）	（9.860）	（9.860）	（9.940）
	室内给水铜管钎焊管件	个	—	（13.410）	（11.160）	（10.750）	（9.370）	（7.520）
	低碳钢焊条 J422 *D*3.2	kg	3.60	0.002	0.002	0.002	0.002	0.002
	弹簧压力表 Y-100 0~1.6MPa	块	48.67	0.002	0.002	0.002	0.002	0.002
	低银铜磷钎料（BCu91PAg）	kg	14.36	0.024	0.026	0.039	0.056	0.077
	镀锌钢丝 *D*2.8~4.0	kg	6.91	0.004	0.045	0.068	0.075	0.079
	焊接钢管 *DN*20	m	6.32	0.013	0.014	0.015	0.016	0.016
	锯条（各种规格）	根	0.42	0.082	0.126	0.145	0.164	0.192

续前

编号				2-319	2-320	2-321	2-322	2-323
项目名称				室内给水铜管安装(钎焊)				
				公称外径(mm)				
				18 以内	22 以内	28 以内	35 以内	42 以内
单位				10m				
名称		单位	单价(元)	消耗量				
材料	螺纹阀门 *DN*20	个	22.72	0.004	0.004	0.004	0.005	0.005
	尼龙砂轮片 *D*100	片	3.92	0.019	0.024	0.024	0.025	0.038
	尼龙砂轮片 *D*400	片	15.64	0.020	0.023	0.023	0.035	0.040
	破布	kg	5.07	0.080	0.090	0.150	0.168	0.187
	热轧厚钢板 δ8.0~15.0	kg	5.16	0.030	0.032	0.034	0.037	0.039
	铁砂布	张	1.56	0.116	0.118	0.125	0.143	0.236
	橡胶板 δ1.0~3.0	kg	11.26	0.007	0.008	0.008	0.009	0.010
	橡胶软管 *DN*20	m	11.10	0.006	0.006	0.007	0.007	0.007
	压力表弯管 *DN*15	个	11.36	0.002	0.002	0.002	0.002	0.002
	氧气	m^3	2.88	0.421	0.459	0.467	0.515	0.635
	乙炔气	kg	14.66	0.162	0.171	0.179	0.198	0.244
	六角螺栓	kg	8.39	0.004	0.004	0.004	0.005	0.005
机械	中小型机械费	元	—	1.44	1.44	0.39	0.47	0.61

工作内容：场内搬运、清扫管膛、调直、切管、焊接、管道及管件安装、水压试验。

编号				2-324	2-325	2-326	2-327
项目名称				室内给水铜管安装（钎焊）			
				公称外径（mm）			
				54 以内	76 以内	89 以内	108 以内
单位				10m			
总价（元）				**239.78**	**257.27**	**271.95**	**315.69**
其中	人工费（元）			227.48	240.84	253.26	294.71
	材料费（元）			11.56	15.29	17.49	19.71
	机械费（元）			0.74	1.14	1.20	1.27
名称		单位	单价（元）	消耗量			
人工	综合工日	工日	135.00	1.685	1.784	1.876	2.183
材料	铜管	m	—	（9.870）	（9.870）	（9.870）	（9.870）
	室内给水铜管钎焊管件	个	—	（6.330）	（5.260）	（4.630）	（4.150）
	低碳钢焊条 J422 *D*3.2	kg	3.60	0.002	0.002	0.003	0.003
	弹簧压力表 Y-100 0~1.6MPa	块	48.67	0.003	0.003	0.003	0.003
	低银铜磷钎料（BCu91PAg）	kg	14.36	0.104	0.131	0.185	0.212
	镀锌钢丝 *D*2.8~4.0	kg	6.91	0.083	0.085	0.089	0.101
	焊接钢管 *DN*20	m	6.32	0.017	0.019	0.020	0.021
	锯条（各种规格）	根	0.42	0.198	—	—	—

续前

编号				2-324	2-325	2-326	2-327
项目名称				室内给水铜管安装（钎焊）			
				公称外径（mm）			
				54 以内	76 以内	89 以内	108 以内
单位				10m			
名称		单位	单价（元）	消耗量			
材料	螺纹阀门 *DN*20	个	22.72	0.005	0.005	0.006	0.006
	尼龙砂轮片 *D*100	片	3.92	0.046	0.096	0.102	0.115
	尼龙砂轮片 *D*400	片	15.64	0.048	0.123	0.128	0.140
	破布	kg	5.07	0.213	0.238	0.255	0.298
	热轧厚钢板 δ8.0~15.0	kg	5.16	0.042	0.044	0.047	0.049
	铁砂布	张	1.56	0.274	0.312	0.350	0.388
	橡胶板 δ1.0~3.0	kg	11.26	0.010	0.011	0.011	0.012
	橡胶软管 *DN*20	m	11.10	0.008	0.008	0.008	0.009
	压力表弯管 *DN*15	个	11.36	0.003	0.003	0.003	0.003
	氧气	m^3	2.88	0.723	1.019	1.156	1.313
	乙炔气	kg	14.66	0.274	0.340	0.388	0.439
	六角螺栓	kg	8.39	0.005	0.006	0.006	0.006
机械	中小型机械费	元	—	0.74	1.14	1.20	1.27

第七节　复　合　管

工作内容：场内搬运、清扫管膛、调直、切管、套丝、组对、连接、管道及管件安装、水压试验。

编　　号				2-328	2-329	2-330	2-331	2-332	2-333
项目名称				室内给水钢塑复合管安装（螺纹连接）					
				公称直径（mm）					
				15 以内	20 以内	25 以内	32 以内	40 以内	50 以内
单　　位				10m					
总价（元）				**279.84**	**294.84**	**358.14**	**388.58**	**393.57**	**422.97**
其中	人工费（元）			262.71	274.86	331.29	358.97	363.02	391.50
	材料费（元）			15.27	17.79	21.69	22.88	23.17	23.83
	机械费（元）			1.86	2.19	5.16	6.73	7.38	7.64
名　　称		单位	单价（元）	消　耗　量					
人工	综合工日	工日	135.00	1.946	2.036	2.454	2.659	2.689	2.900
材料	复合管	m	—	（9.910）	（9.910）	（9.910）	（9.910）	（10.020）	（10.020）
	室内给水钢塑复合管螺纹管件	个	—	（14.490）	（12.100）	（11.400）	（9.830）	（7.860）	（6.610）
	低碳钢焊条 J422 *D*3.2	kg	3.60	0.002	0.002	0.002	0.002	0.002	0.002
	弹簧压力表 Y-100 0~1.6MPa	块	48.67	0.002	0.002	0.002	0.002	0.002	0.003
	焊接钢管 *DN*20	m	6.32	0.013	0.014	0.015	0.016	0.016	0.017
	机油	kg	7.21	0.158	0.170	0.203	0.206	0.209	0.213

编　　号				2-328	2-329	2-330	2-331	2-332	2-333
项目名称				室内给水钢塑复合管安装（螺纹连接）					
				公称直径（mm）					
				15 以内	20 以内	25 以内	32 以内	40 以内	50 以内
单　　位				10m					
名　　称		单位	单价（元）	消　耗　量					
材料	聚四氟乙烯生料 带宽 20	m	1.15	10.980	13.040	15.500	16.020	16.190	16.580
	锯条（各种规格）	根	0.42	0.778	0.792	0.815	0.821	0.834	0.839
	螺纹阀门 *DN*20	个	22.72	0.004	0.004	0.004	0.005	0.005	0.005
	尼龙砂轮片 *D*400	片	15.64	0.033	0.035	0.086	0.117	0.120	0.125
	热轧厚钢板 δ8.0~15.0	kg	5.16	0.030	0.032	0.034	0.037	0.039	0.042
	橡胶板 δ1.0~3.0	kg	11.26	0.007	0.008	0.008	0.009	0.010	0.010
	橡胶软管 *DN*20	m	11.10	0.006	0.006	0.007	0.007	0.007	0.008
	压力表弯管 *DN*15	个	11.36	0.002	0.002	0.002	0.002	0.002	0.003
	氧气	m^3	2.88	0.003	0.003	0.003	0.006	0.006	0.006
	乙炔气	kg	14.66	0.001	0.001	0.001	0.002	0.002	0.002
	六角螺栓	kg	8.39	0.004	0.004	0.004	0.005	0.005	0.005
机械	中小型机械费	元	—	1.86	2.19	5.16	6.73	7.38	7.64

工作内容：场内搬运、清扫管膛、调直、切管、套丝、组对、连接、管道及管件安装、水压试验。

编号				2-334	2-335	2-336	2-337	2-338
项目名称				室内给水钢塑复合管安装（螺纹连接）				
				公称直径（mm）				
				65 以内	80 以内	100 以内	125 以内	150 以内
单位				10m				
总价（元）				**448.65**	**467.78**	**528.70**	**582.43**	**644.45**
其中	人工费（元）			416.21	433.22	492.48	546.89	606.83
	材料费（元）			24.74	26.29	27.82	25.60	26.12
	机械费（元）			7.70	8.27	8.40	9.94	11.50
名称		单位	单价（元）	消耗量				
人工	综合工日	工日	135.00	3.083	3.209	3.648	4.051	4.495
材料	复合管	m	—	(10.020)	(10.020)	(10.020)	(10.020)	(10.020)
	室内给水钢塑复合管螺纹管件	个	—	(5.260)	(4.630)	(4.150)	(3.520)	(3.410)
	低碳钢焊条 J422 *D*3.2	kg	3.60	0.002	0.003	0.003	0.003	0.003
	弹簧压力表 Y-100 0~1.6MPa	块	48.67	0.003	0.003	0.003	0.003	0.003
	焊接钢管 *DN*20	m	6.32	0.019	0.020	0.021	0.022	0.023

续前

编　　号				2-334	2-335	2-336	2-337	2-338
项目名称				室内给水钢塑复合管安装（螺纹连接）				
				公称直径（mm）				
				65 以内	80 以内	100 以内	125 以内	150 以内
单　　位				10m				
名　　称		单位	单价（元）	消　耗　量				
材料	机油	kg	7.21	0.130	0.110	0.040	0.030	0.030
	聚四氟乙烯生料 带宽 20	m	1.15	17.950	19.310	20.880	21.020	21.240
	螺纹阀门 *DN*20	个	22.72	0.005	0.006	0.006	0.006	0.006
	尼龙砂轮片 *D*400	片	15.64	0.141	0.146	0.158	—	—
	热轧厚钢板 δ8.0~15.0	kg	5.16	0.044	0.047	0.049	0.073	0.110
	橡胶板 δ1.0~3.0	kg	11.26	0.011	0.011	0.012	0.014	0.016
	橡胶软管 *DN*20	m	11.10	0.008	0.008	0.009	0.009	0.010
	压力表弯管 *DN*15	个	11.36	0.003	0.003	0.003	0.003	0.003
	氧气	m^3	2.88	0.006	0.006	0.006	0.006	0.006
	乙炔气	kg	14.66	0.002	0.002	0.002	0.002	0.002
	六角螺栓	kg	8.39	0.006	0.006	0.006	0.008	0.012
机械	中小型机械费	元	—	7.70	8.27	8.40	9.94	11.50

第八节　站类配管

工作内容：场内搬运、清扫管膛、断管、套丝、安装管道及零件、调直、找坡度、套管安装、水压试验。

编号				2-339	2-340	2-341	2-342	2-343
项目名称				站类配管镀锌钢管（螺纹连接）				
				公称直径（mm）				
				15 以内	20 以内	25 以内	32 以内	40 以内
单位				10m				
总价（元）				**371.06**	**373.73**	**420.25**	**426.98**	**495.00**
其中	人工费（元）			351.00	351.00	391.50	391.50	459.00
	材料费（元）			18.24	20.67	23.59	28.37	28.66
	机械费（元）			1.82	2.06	5.16	7.11	7.34
名称		单位	单价（元）	消耗量				
人工	综合工日	工日	135.00	2.600	2.600	2.900	2.900	3.400
材料	镀锌钢管	m	—	（10.300）	（10.300）	（10.300）	（10.300）	（10.300）
	镀锌钢管接头管件	个	—	（16.960）	（16.190）	（15.140）	（10.880）	（7.840）
	低碳钢焊条 J422 *D*3.2	kg	3.60	0.002	0.002	0.002	0.002	0.002
	弹簧压力表 Y-100 0~1.6MPa	块	48.67	0.002	0.002	0.002	0.002	0.002

编号				2-339	2-340	2-341	2-342	2-343
项目名称				站类配管镀锌钢管（螺纹连接）				
				公称直径（mm）				
				15 以内	20 以内	25 以内	32 以内	40 以内
单位				10m				
名称		单位	单价（元）	消耗量				
材料	焊接钢管 *DN*20	m	6.32	0.013	0.014	0.015	0.016	0.016
	机油	kg	7.21	0.300	0.300	0.300	0.500	0.500
	聚四氟乙烯生料 带宽 20	m	1.15	10.980	13.040	15.500	16.020	16.190
	锯条（各种规格）	根	0.42	0.500	0.600	0.700	0.700	0.900
	螺纹阀门 *DN*20	个	22.72	0.004	0.004	0.005	0.005	0.005
	热轧厚钢板 δ8.0~15.0	kg	5.16	0.030	0.032	0.034	0.037	0.039
	砂轮片	片	26.97	0.100	0.100	0.100	0.200	0.200
	橡胶软管 *DN*20	m	11.10	0.006	0.006	0.007	0.007	0.007
	压力表弯管 *DN*15	个	11.36	0.002	0.002	0.002	0.002	0.002
	氧气	m^3	2.88	0.003	0.003	0.003	0.006	0.006
	乙炔气	kg	14.66	0.001	0.001	0.001	0.002	0.002
机械	中小型机械费	元	—	1.82	2.06	5.16	7.11	7.34

工作内容：场内搬运、清扫管膛、断管、套丝、安装管道及零件、调直、找坡度、套管安装、水压试验。

编号				2-344	2-345	2-346	2-347
项目名称				站类配管镀锌钢管（螺纹连接）			
				公称直径（mm）			
				50 以内	65 以内	80 以内	100 以内
单位				10m			
总价（元）				**495.45**	**497.27**	**512.91**	**609.35**
其中	人工费（元）			459.00	459.00	472.50	567.00
	材料费（元）			28.99	30.59	32.21	34.04
	机械费（元）			7.46	7.68	8.20	8.31
名称		单位	单价（元）	消耗量			
人工	综合工日	工日	135.00	3.400	3.400	3.500	4.200
材料	镀锌钢管	m	—	（10.300）	（10.300）	（10.300）	（10.300）
	镀锌钢管接头管件	个	—	（6.210）	（4.350）	（3.540）	（3.500）
	低碳钢焊条 J422 *D*3.2	kg	3.60	0.002	0.002	0.003	0.003
	弹簧压力表 Y-100 0~1.6MPa	块	48.67	0.003	0.003	0.003	0.003
	焊接钢管 *DN*20	m	6.32	0.017	0.019	0.020	0.021
	机油	kg	7.21	0.500	0.500	0.500	0.500
	聚四氟乙烯生料 带宽 20	m	1.15	16.580	17.950	19.310	20.880
	锯条（各种规格）	根	0.42	0.400	0.400	0.400	0.400
	螺纹阀门 *DN*20	个	22.72	0.005	0.005	0.006	0.006
	热轧厚钢板 δ8.0~15.0	kg	5.16	0.042	0.044	0.047	0.049
	砂轮片	片	26.97	0.200	0.200	0.200	0.200
	橡胶软管 *DN*20	m	11.10	0.008	0.008	0.008	0.009
	压力表弯管 *DN*15	个	11.36	0.003	0.003	0.003	0.003
	氧气	m^3	2.88	0.006	0.006	0.006	0.006
	乙炔气	kg	14.66	0.002	0.002	0.002	0.002
机械	中小型机械费	元	—	7.46	7.68	8.20	8.31

工作内容：场内搬运、清扫管膛、断管、套丝、安装管道及零件、调直、找坡度、套管安装、水压试验。

编号				2-348	2-349	2-350	2-351	2-352
项目名称				站类配管焊接钢管（螺纹连接）				
				公称直径（mm）				
				15 以内	20 以内	25 以内	32 以内	40 以内
单位				10m				
总价（元）				**370.98**	**373.63**	**420.13**	**424.21**	**492.20**
其中	人工费（元）			351.00	351.00	391.50	391.50	459.00
	材料费（元）			18.16	20.59	23.47	25.58	25.86
	机械费（元）			1.82	2.04	5.16	7.13	7.34
名称		单位	单价（元）	消耗量				
人工	综合工日	工日	135.00	2.600	2.600	2.900	2.900	3.400
材料	焊接钢管 *DN*15	m	—	（10.300）	—	—	—	—
	焊接钢管 *DN*20	m	—	—	（10.300）	—	—	—
	焊接钢管 *DN*25	m	—	—	—	（10.300）	—	—
	焊接钢管 *DN*32	m	—	—	—	—	（10.300）	—
	焊接钢管 *DN*40	m	—	—	—	—	—	（10.300）
	焊接钢管接头零件 *DN*15	个	—	（16.960）	—	—	—	—
	焊接钢管接头零件 *DN*20	个	—	—	（16.190）	—	—	—
	焊接钢管接头零件 *DN*25	个	—	—	—	（15.140）	—	—
	焊接钢管接头零件 *DN*32	个	—	—	—	—	（10.880）	—

编号				2-348	2-349	2-350	2-351	2-352
项目名称				站类配管焊接钢管（螺纹连接）				
				公称直径（mm）				
				15 以内	20 以内	25 以内	32 以内	40 以内
单位				10m				
名称		单位	单价（元）	消耗量				
材料	焊接钢管接头零件 *DN*40	个	—	—	—	—	—	（7.840）
	低碳钢焊条 J422 *D*3.2	kg	3.60	0.002	0.002	0.002	0.002	0.002
	弹簧压力表 Y-100 0~1.6MPa	块	48.67	0.002	0.002	0.002	0.002	0.002
	机油	kg	7.21	0.300	0.300	0.300	0.500	0.500
	聚四氟乙烯生料 带宽 20	m	1.15	10.980	13.040	15.500	16.020	16.190
	锯条（各种规格）	根	0.42	0.500	0.600	0.700	0.700	0.900
	螺纹阀门 *DN*20	个	22.72	0.004	0.004	0.004	0.005	0.005
	热轧厚钢板 δ8.0~15.0	kg	5.16	0.030	0.032	0.034	0.037	0.039
	砂轮片	片	26.97	0.100	0.100	0.100	0.100	0.100
	橡胶软管 *DN*20	m	11.10	0.006	0.007	0.007	0.007	0.007
	压力表弯管 *DN*15	个	11.36	0.002	0.002	0.002	0.002	0.002
	氧气	m^3	2.88	0.003	0.003	0.003	0.006	0.006
	乙炔气	kg	14.66	0.001	0.001	0.001	0.002	0.002
机械	中小型机械费	元	—	1.82	2.04	5.16	7.13	7.34

工作内容：场内搬运、清扫管膛、断管、套丝、安装管道及零件、调直、找坡度、套管安装、水压试验。

编号				2-353	2-354	2-355	2-356
项目名称				站类配管焊接钢管（螺纹连接）			
				公称直径（mm）			
				50 以内	65 以内	80 以内	100 以内
单位				10m			
总价（元）				**495.35**	**497.15**	**512.78**	**609.26**
其中	人工费（元）			459.00	459.00	472.50	567.00
	材料费（元）			28.89	30.47	32.08	33.95
	机械费（元）			7.46	7.68	8.20	8.31
名称		单位	单价（元）	消耗量			
人工	综合工日	工日	135.00	3.400	3.400	3.500	4.200
材料	焊接钢管 *DN*50	m	—	（10.300）	—	—	—
	焊接钢管 *DN*70	m	—	—	（10.300）	—	—
	焊接钢管 *DN*80	m	—	—	—	（10.300）	—
	焊接钢管 *DN*100	m	—	—	—	—	（10.300）
	焊接钢管接头零件 *DN*50	个	—	（6.210）	—	—	—
	焊接钢管接头零件 *DN*65	个	—	—	（4.350）	—	—
	焊接钢管接头零件 *DN*80	个	—	—	—	（3.540）	—
	焊接钢管接头零件 *DN*100	个	—	—	—	—	（3.500）

编号				2-353	2-354	2-355	2-356
项目名称				站类配管焊接钢管（螺纹连接）			
				公称直径（mm）			
				50 以内	65 以内	80 以内	100 以内
单位				10m			
名称		单位	单价（元）	消耗量			
材料	低碳钢焊条 J422 *D*3.2	kg	3.60	0.002	0.002	0.003	0.003
	弹簧压力表 Y-100 0~1.6MPa	块	48.67	0.003	0.003	0.003	0.003
	机油	kg	7.21	0.500	0.500	0.500	0.500
	聚四氟乙烯生料 带宽 20	m	1.15	16.580	17.950	19.310	20.880
	锯条（各种规格）	根	0.42	0.400	0.400	0.400	0.500
	螺纹阀门 *DN*20	个	22.72	0.005	0.005	0.006	0.006
	热轧厚钢板 δ8.0~15.0	kg	5.16	0.042	0.044	0.047	0.049
	砂轮片	片	26.97	0.200	0.200	0.200	0.200
	橡胶软管 *DN*20	m	11.10	0.008	0.008	0.008	0.009
	压力表弯管 *DN*15	个	11.36	0.003	0.003	0.003	0.003
	氧气	m^3	2.88	0.006	0.006	0.006	0.006
	乙炔气	kg	14.66	0.002	0.002	0.002	0.002
机械	中小型机械费	元	—	7.46	7.68	8.20	8.31

工作内容：场内搬运、清扫管膛、断管、铲坡口、调直、开口、切管、异型管制作、焊接管道及管件、找坡度、套管安装、水压试验。

编号				2-357	2-358	2-359	2-360	2-361	2-362
项目名称				站类配管焊接钢管（焊接）					
				公称直径（mm）					
				15 以内	20 以内	25 以内	32 以内	40 以内	50 以内
单位				10m					
总价（元）				**275.25**	**279.15**	**294.21**	**298.15**	**344.29**	**372.24**
其中	人工费（元）			256.50	256.50	270.00	270.00	310.50	324.00
	材料费（元）			11.27	13.62	13.63	16.00	17.57	22.32
	机械费（元）			7.48	9.03	10.58	12.15	16.22	25.92
名称		单位	单价（元）	消耗量					
人工	综合工日	工日	135.00	1.900	1.900	2.000	2.000	2.300	2.400
材料	焊接钢管 *DN*15	m	—	(10.300)	—	—	—	—	—
	焊接钢管 *DN*20	m	—	—	(10.300)	—	—	—	—
	焊接钢管 *DN*25	m	—	—	—	(10.300)	—	—	—
	焊接钢管 *DN*32	m	—	—	—	—	(10.300)	—	—
	焊接钢管 *DN*40	m	—	—	—	—	—	(10.300)	—
	焊接钢管 *DN*50	m	—	—	—	—	—	—	(10.300)
	焊接钢管接头零件 *DN*15	个	—	(16.960)	—	—	—	—	—
	焊接钢管接头零件 *DN*20	个	—	—	(16.190)	—	—	—	—

编号				2-357	2-358	2-359	2-360	2-361	2-362
项目名称				站类配管焊接钢管（焊接）					
				公称直径（mm）					
				15 以内	20 以内	25 以内	32 以内	40 以内	50 以内
单位				10m					
名称		单位	单价（元）	消耗量					
材料	焊接钢管接头零件 *DN*25	个	—	—	—	（15.140）	—	—	—
	焊接钢管接头零件 *DN*32	个	—	—	—	—	（10.880）	—	—
	焊接钢管接头零件 *DN*40	个	—	—	—	—	—	（7.840）	—
	焊接钢管接头零件 *DN*50	个	—	—	—	—	—	—	（6.210）
	弹簧压力表 Y-100 0~1.6MPa	块	48.67	0.002	0.002	0.002	0.002	0.002	0.003
	螺纹阀门 *DN*20	个	22.72	0.004	0.004	0.004	0.005	0.005	0.005
	热轧厚钢板 δ8.0~15.0	kg	5.16	0.030	0.032	0.034	0.037	0.039	0.042
	砂轮片	片	26.97	0.200	0.200	0.200	0.200	0.200	0.200
	碳钢气焊条	kg	15.58	0.200	0.200	0.200	0.300	0.300	0.400
	橡胶软管 *DN*20	m	11.10	0.006	0.007	0.007	0.007	0.007	0.008
	压力表弯管 *DN*15	个	11.36	0.002	0.002	0.002	0.002	0.002	0.003
	氧气	m^3	2.88	0.300	0.600	0.600	0.700	0.900	1.300
	乙炔气	kg	14.66	0.100	0.200	0.200	0.233	0.300	0.433
机械	中小型机械费	元	—	7.48	9.03	10.58	12.15	16.22	25.92

工作内容：场内搬运、清扫管膛、断管、铲坡口、调直、开口、切管、异型管制作、焊接管道及管件、找坡度、套管安装、水压试验。

编号				2-363	2-364	2-365	2-366	2-367
项目名称				站类配管焊接钢管（焊接）				
				公称直径（mm）				
				65 以内	80 以内	100 以内	125 以内	150 以内
单位				10m				
总价（元）				**395.96**	**427.28**	**501.33**	**544.38**	**602.17**
其中	人工费（元）			351.00	378.00	445.50	486.00	540.00
	材料费（元）			12.82	13.22	15.52	17.50	19.15
	机械费（元）			32.14	36.06	40.31	40.88	43.02
名称		单位	单价（元）	消耗量				
人工	综合工日	工日	135.00	2.600	2.800	3.300	3.600	4.000
材料	焊接钢管 *DN*70	m	—	（10.300）	—	—	—	—
	焊接钢管 *DN*80	m	—	—	（10.300）	—	—	—
	焊接钢管 *DN*100	m	—	—	—	（10.300）	—	—
	焊接钢管 *DN*125	m	—	—	—	—	（10.300）	—
	焊接钢管 *DN*150	m	—	—	—	—	—	（10.300）
	焊接钢管接头零件 *DN*65	个	—	（4.350）	—	—	—	—
	焊接钢管接头零件 *DN*80	个	—	—	（3.540）	—	—	—
	焊接钢管接头零件 *DN*100	个	—	—	—	（3.500）	—	—

编号				2-363	2-364	2-365	2-366	2-367
项目名称				站类配管焊接钢管(焊接)				
				公称直径(mm)				
				65以内	80以内	100以内	125以内	150以内
单位				10m				
名称		单位	单价(元)	消耗量				
材料	焊接钢管接头零件 *DN*125	个	—	—	—	—	(3.460)	—
	焊接钢管接头零件 *DN*150	个	—	—	—	—	—	(3.420)
	低碳钢焊条 J422 *D*2.5~3.2	kg	3.60	0.600	0.700	0.900	1.200	1.400
	弹簧压力表 Y-100 0~1.6MPa	块	48.67	0.003	0.003	0.003	0.003	0.003
	螺纹阀门 *DN*20	个	22.72	0.005	0.006	0.006	0.006	0.006
	热轧厚钢板 δ8.0~15.0	kg	5.16	0.044	0.047	0.049	0.073	0.110
	砂轮片	片	26.97	0.200	0.200	0.200	0.200	0.200
	橡胶软管 *DN*20	m	11.10	0.008	0.008	0.009	0.009	0.010
	压力表弯管 *DN*15	个	11.36	0.003	0.003	0.003	0.003	0.003
	氧气	m^3	2.88	0.600	0.600	0.800	0.900	1.000
	乙炔气	kg	14.66	0.200	0.200	0.267	0.300	0.330
机械	中小型机械费	元	—	32.14	36.06	40.31	40.88	43.02

工作内容：场内搬运、清扫管膛、断管、铲坡口、调直、开口、切管、异型管制作、焊接管道及管件、找坡度、套管安装、水压试验。

编号				2–368	2–369	2–370	2–371	2–372	2–373
项目名称				站类配管无缝钢管（焊接）					
				外管径（mm）					
				ϕ57×4.5以内	ϕ76×5以内	ϕ89×5以内	ϕ108×5以内	ϕ133×5以内	ϕ159×5.5以内
单位				10m					
总价（元）				**360.40**	**396.00**	**427.31**	**501.36**	**545.26**	**603.16**
其中	人工费（元）			324.00	351.00	378.00	445.50	486.00	540.00
	材料费（元）			10.48	12.82	13.22	15.52	17.50	19.19
	机械费（元）			25.92	32.18	36.09	40.34	41.76	43.97
名称		单位	单价（元）	消耗量					
人工	综合工日	工日	135.00	2.400	2.600	2.800	3.300	3.600	4.000
材料	无缝钢管（综合）	m	—	（10.250）	（10.250）	（10.250）	（10.250）	（10.250）	（10.250）
	钢制管件	个	—	（6.210）	（4.350）	（3.540）	（3.500）	（3.460）	（3.420）
	低碳钢焊条 J422 *D*2.5~3.2	kg	3.60	0.600	0.600	0.700	0.900	1.200	1.400
	弹簧压力表 Y–100 0~1.6MPa	块	48.67	0.003	0.003	0.003	0.003	0.003	0.003
	螺纹阀门 *DN*20	个	22.72	0.005	0.005	0.006	0.006	0.006	0.006
	热轧厚钢板 δ8.0~15.0	kg	5.16	0.042	0.044	0.047	0.049	0.073	0.110
	砂轮片	片	26.97	0.200	0.200	0.200	0.200	0.200	0.200
	橡胶软管 *DN*20	m	11.10	0.008	0.008	0.008	0.009	0.009	0.010
	压力表弯管 *DN*15	个	11.36	0.003	0.003	0.003	0.003	0.003	0.003
	氧气	m^3	2.88	0.300	0.600	0.600	0.800	0.900	1.000
	乙炔气	kg	14.66	0.100	0.200	0.200	0.267	0.300	0.333
机械	中小型机械费	元	—	25.92	32.18	36.09	40.34	41.76	43.97

工作内容：场内搬运、清扫管膛、断管、铲坡口、调直、开口、切管、异型管制作、焊接管道及管件、找坡度、套管安装、水压试验。

编号				2-374	2-375	2-376	2-377	2-378
项目名称				站类配管无缝钢管（焊接）				
				外管径（mm）				
				ϕ219×8以内	ϕ273×8以内	ϕ325×8以内	ϕ377×8以内	ϕ426×8以内
单位				10m				
总价（元）				**908.54**	**1277.93**	**1703.97**	**2094.50**	**2684.62**
其中	人工费（元）			796.50	1120.50	1404.00	1728.00	2254.50
	材料费（元）			56.21	82.65	209.26	260.03	304.12
	机械费（元）			55.83	74.78	90.71	106.47	126.00
名称		单位	单价（元）	消耗量				
人工	综合工日	工日	135.00	5.900	8.300	10.400	12.800	16.700
材料	无缝钢管（综合）	m	—	（10.250）	（10.250）	（10.250）	（10.250）	（10.250）
	钢制管件	个	—	（3.380）	（3.340）	（3.300）	（3.260）	（3.220）
	低碳钢焊条 J422 *D*2.5~3.2	kg	3.60	4.300	8.500	10.100	13.400	15.600
	弹簧压力表 Y-100 0~1.6MPa	块	48.67	0.003	0.003	0.004	0.004	0.004
	螺纹阀门 *DN*20	个	22.72	0.007	0.007	0.007	0.008	0.008
	热轧厚钢板 δ8.0~15.0	kg	5.16	0.148	0.231	0.333	0.380	0.426
	砂轮片	片	26.97	0.400	0.400	4.600	5.600	6.500
	橡胶软管 *DN*20	m	11.10	0.010	0.011	0.011	0.011	0.012
	压力表弯管 *DN*15	个	11.36	0.003	0.003	0.004	0.004	0.004
	氧气	m^3	2.88	3.700	5.100	6.000	7.500	9.000
	乙炔气	kg	14.66	1.233	1.700	2.000	2.500	3.000
机械	中小型机械费	元	—	55.83	74.78	90.71	106.47	126.00

第三章　采暖管道安装

说　　明

一、本章包括室内外镀锌钢管、钢管、塑料管、预制直埋保温管安装 4 节，共 79 条基价子目。

二、管道的界线划分。

1. 室内外给水管道以建筑物外墙皮 1.5m 为界，建筑物入口处设阀门者以阀门为界。

2. 室内外排水管道以出户第一个排水检查井为界。

3. 室内外采暖管道以建筑物外墙皮 1.5m 为界，建筑物入口处设阀门者以阀门为界。

4. 站类（锅炉房、泵房软化室）管道以外墙皮为界。

三、管道的适用范围。

1. 塑料管安装适用于 UPVC、PVC、PP-R、PE 管等塑料管的安装。

2. 镀锌钢管安装（螺纹连接）适用于室内外焊接钢管的螺纹连接。

3. 钢管安装（沟槽连接）适用于镀锌钢管、焊接钢管及无缝钢管等沟槽连接的管道安装。

四、工程计价时应注意的问题。

1. 管道安装项目中，均包括相应管件安装、水压试验等工作内容，管道消毒冲洗及因工程需要而发生且非正常情况的管道水压试验执行相应子目。各种管件数量系综合取定，成品管件数量可依据设计文件及施工方案计算，定额中其他消耗量均不做调整。

2. 管道安装项目中，均不包含管道支架、管卡、托钩等制作、安装以及管道穿墙、楼板套管制作、安装等工作内容，发生时应另行计算并执行相应定额。

3. 钢管焊接安装项目中均综合考虑了成品管件安装和现场煨制弯管、摔制大小头、挖眼三通的制作。

4. 塑料管热熔连接公称外径大于或等于 125 的按热熔对接连接考虑。

5. 室内外采暖管道、空调水管道在过路口或跨绕梁、柱等障碍时，如发生类似于方形补偿器的管道安装形式，执行方形补偿器制作、安装项目。

工程量计算规则

一、各类管道安装按室内外、材质、连接形式、规格分别列项，以“m”为计量单位。定额中塑料管按公称外径表示，其他管道均按公称直径表示。

二、各类安装管道工程量均按设计管道中心线长度，以“m”为计量单位，不扣除阀门、管件、附件（包括器具组成）及井类所占长度。

三、铸铁给水管断管加三通按设计数量计算，以“组”为计量单位。

四、铸铁给水管打眼加分水卡子按设计数量计算，以“套”为计量单位。

第一节 镀锌钢管

工作内容：场内搬运、清扫管膛、调直、切管、套丝、组对、连接、管道及管件安装、水压试验。

编号				3-001	3-002	3-003	3-004	3-005
项目名称				室外镀锌钢管（螺纹连接）				
				公称直径（mm）				
				15 以内	20 以内	25 以内	32 以内	40 以内
单位				10m				
总价（元）				**99.30**	**101.50**	**103.35**	**106.64**	**115.53**
其中	人工费（元）			94.23	95.18	96.26	98.01	106.25
	材料费（元）			4.54	5.60	5.85	7.30	7.71
	机械费（元）			0.53	0.72	1.24	1.33	1.57
名称		单位	单价（元）	消耗量				
人工	综合工日	工日	135.00	0.698	0.705	0.713	0.726	0.787
材料	镀锌钢管	m	—	（10.060）	（10.060）	（10.060）	（10.180）	（10.180）
	采暖室外镀锌钢管螺纹管件	个	—	（2.790）	（2.900）	（2.780）	（2.010）	（2.080）
	低碳钢焊条 J422 *D*3.2	kg	3.60	0.002	0.002	0.002	0.002	0.002
	弹簧压力表 Y-100 0~1.6MPa	块	48.67	0.002	0.002	0.002	0.002	0.002
	镀锌钢丝 *D*2.8~4.0	kg	6.91	0.040	0.045	0.068	0.075	0.079
	焊接钢管 *DN*20	m	6.32	0.013	0.014	0.015	0.016	0.016
	机油	kg	7.21	0.035	0.042	0.046	0.049	0.051
	聚四氟乙烯生料 带宽 20	m	1.15	2.240	2.930	3.180	3.570	3.730

编　　号				3-001	3-002	3-003	3-004	3-005
项目名称				室外镀锌钢管（螺纹连接）				
				公称直径（mm）				
				15 以内	20 以内	25 以内	32 以内	40 以内
单　　位				10m				
名　　称		单位	单价（元）	消　耗　量				
材料	锯条（各种规格）	根	0.42	0.113	0.141	0.082	0.084	0.085
	螺纹阀门 *DN*20	个	22.72	0.004	0.004	0.004	0.005	0.005
	尼龙砂轮片 *D*400	片	15.64	0.005	0.006	0.012	0.014	0.016
	破布	kg	5.07	0.080	0.090	0.015	0.167	0.187
	铅油（厚漆）	kg	11.17	0.022	0.029	0.034	0.038	0.040
	热轧厚钢板 δ8.0~15.0	kg	5.16	0.030	0.032	0.034	0.037	0.039
	橡胶板 δ1.0~3.0	kg	11.26	0.007	0.008	0.008	0.009	0.010
	橡胶软管 *DN*20	m	11.10	0.006	0.006	0.007	0.007	0.007
	压力表弯管 *DN*15	个	11.36	0.002	0.002	0.002	0.002	0.002
	氧气	m^3	2.88	0.003	0.003	0.003	0.006	0.006
	乙炔气	kg	14.66	0.001	0.001	0.001	0.002	0.002
	六角螺栓	kg	8.39	0.004	0.004	0.004	0.005	0.005
机械	中小型机械费	元	—	0.53	0.72	1.24	1.33	1.57

工作内容：场内搬运、清扫管膛、调直、切管、套丝、组对、连接、管道及管件安装、水压试验。

编号				3-006	3-007	3-008	3-009	3-010	3-011
项目名称				室外镀锌钢管（螺纹连接）					
				公称直径（mm）					
				50 以内	65 以内	80 以内	100 以内	125 以内	150 以内
单位				10m					
总价（元）				**128.80**	**145.45**	**159.32**	**185.75**	**222.84**	**237.02**
其中	人工费（元）			117.72	129.74	142.56	165.24	198.99	208.98
	材料费（元）			8.94	12.98	13.77	16.91	19.49	22.87
	机械费（元）			2.14	2.73	2.99	3.60	4.36	5.17
名称		单位	单价（元）	消耗量					
人工	综合工日	工日	135.00	0.872	0.961	1.056	1.224	1.474	1.548
材料	镀锌钢管	m	—	（10.180）	（10.120）	（10.120）	（10.120）	（10.120）	（10.120）
	采暖室外镀锌钢管螺纹管件	个	—	（1.980）	（1.970）	（1.780）	（1.750）	（1.700）	（1.700）
	低碳钢焊条 J422 *D*3.2	kg	3.60	0.002	0.002	0.003	0.003	0.003	0.003
	弹簧压力表 Y-100 0~1.6MPa	块	48.67	0.003	0.003	0.003	0.003	0.003	0.003
	镀锌钢丝 *D*2.8~4.0	kg	6.91	0.083	0.085	0.089	0.101	0.107	0.112
	焊接钢管 *DN*20	m	6.32	0.017	0.019	0.020	0.021	0.022	0.023
	机油	kg	7.21	0.057	0.076	0.078	0.091	0.106	0.121
	聚四氟乙烯生料 带宽 20	m	1.15	4.470	7.500	7.950	10.060	12.350	14.560

编号				3-006	3-007	3-008	3-009	3-010	3-011
项目名称				室外镀锌钢管（螺纹连接）					
				公称直径（mm）					
				50 以内	65 以内	80 以内	100 以内	125 以内	150 以内
单位				10m					
名称		单位	单价（元）	消耗量					
材料	锯条（各种规格）	根	0.42	0.095	—	—	—	—	—
	螺纹阀门 *DN*20	个	22.72	0.005	0.005	0.006	0.006	0.006	0.006
	尼龙砂轮片 *D*400	片	15.64	0.021	0.033	0.038	0.046	—	—
	破布	kg	5.07	0.213	0.238	0.255	0.298	0.323	0.340
	铅油（厚漆）	kg	11.17	0.040	0.048	0.050	0.064	0.083	0.114
	热轧厚钢板 δ8.0~15.0	kg	5.16	0.042	0.044	0.047	0.049	0.073	0.110
	橡胶板 δ1.0~3.0	kg	11.26	0.010	0.011	0.011	0.012	0.014	0.016
	橡胶软管 *DN*20	m	11.10	0.008	0.008	0.008	0.009	0.009	0.010
	压力表弯管 *DN*15	个	11.36	0.003	0.003	0.003	0.003	0.003	0.003
	氧气	m^3	2.88	0.006	0.006	0.006	0.006	0.006	0.006
	乙炔气	kg	14.66	0.002	0.002	0.002	0.002	0.002	0.002
	六角螺栓	kg	8.39	0.005	0.006	0.006	0.006	0.008	0.012
机械	中小型机械费	元	—	2.14	2.73	2.99	3.60	4.36	5.17

工作内容：场内搬运、清扫管膛、调直、切管、套丝、组对、连接、管道及管件安装、水压试验。

编号				3-012	3-013	3-014	3-015	3-016	3-017
项目名称				室内镀锌钢管（螺纹连接）					
				公称直径（mm）					
				15 以内	20 以内	25 以内	32 以内	40 以内	50 以内
单位				10m					
总价（元）				**285.46**	**290.27**	**351.16**	**373.65**	**385.44**	**391.47**
其中	人工费（元）			266.90	268.38	321.57	340.61	352.62	357.21
	材料费（元）			16.74	19.83	24.43	25.91	25.48	26.80
	机械费（元）			1.82	2.06	5.16	7.13	7.34	7.46
名称		单位	单价（元）	消耗量					
人工	综合工日	工日	135.00	1.977	1.988	2.382	2.523	2.612	2.646
材料	镀锌钢管	m	—	（9.700）	（9.700）	（9.700）	（9.970）	（9.970）	（9.970）
	采暖室内镀锌钢管螺纹管件	个	—	（12.880）	（12.540）	（12.310）	（10.930）	（6.670）	（5.680）
	低碳钢焊条 J422 *D*3.2	kg	3.60	0.002	0.002	0.002	0.002	0.002	0.002
	弹簧压力表 Y-100 0~1.6MPa	块	48.67	0.002	0.002	0.002	0.002	0.002	0.003
	镀锌钢丝 *D*2.8~4.0	kg	6.91	0.040	0.045	0.068	0.075	0.079	0.083
	焊接钢管 *DN*20	m	6.32	0.013	0.014	0.015	0.016	0.016	0.017
	机油	kg	7.21	0.137	0.163	0.201	0.204	0.206	0.209
	聚四氟乙烯生料 带宽 20	m	1.15	10.980	13.040	15.500	16.020	16.190	16.580

编号				3-012	3-013	3-014	3-015	3-016	3-017
项目名称				室内镀锌钢管（螺纹连接）					
				公称直径（mm）					
				15以内	20以内	25以内	32以内	40以内	50以内
单位				10m					
名称		单位	单价（元）	消耗量					
材料	锯条（各种规格）	根	0.42	0.676	0.689	0.512	0.624	0.707	0.715
	螺纹阀门 *DN*20	个	22.72	0.004	0.004	0.004	0.005	0.005	0.005
	尼龙砂轮片 *D*400	片	15.64	0.031	0.033	0.084	0.114	0.116	0.121
	破布	kg	5.07	0.080	0.090	0.150	0.167	0.087	0.213
	铅油（厚漆）	kg	11.17	0.091	0.125	0.151	0.162	0.130	0.131
	热轧厚钢板 δ8.0~15.0	kg	5.16	0.030	0.032	0.034	0.037	0.039	0.042
	橡胶板 δ1.0~3.0	kg	11.26	0.007	0.008	0.008	0.009	0.010	0.010
	橡胶软管 *DN*20	m	11.10	0.006	0.006	0.007	0.007	0.007	0.008
	压力表弯管 *DN*15	个	11.36	0.002	0.002	0.002	0.002	0.002	0.003
	氧气	m^3	2.88	0.003	0.003	0.003	0.006	0.006	0.006
	乙炔气	kg	14.66	0.001	0.001	0.001	0.002	0.002	0.002
	六角螺栓	kg	8.39	0.004	0.004	0.004	0.005	0.005	0.005
机械	中小型机械费	元	—	1.82	2.06	5.16	7.13	7.34	7.46

工作内容：场内搬运、清扫管膛、调直、切管、套丝、组对、连接、管道及管件安装、水压试验。

编　号				3-018	3-019	3-020	3-021	3-022
项目名称				室内镀锌钢管(螺纹连接)				
				公称直径(mm)				
				65 以内	80 以内	100 以内	125 以内	150 以内
单　位				10m				
总价(元)				**419.88**	**451.62**	**520.47**	**538.41**	**608.77**
其中	人工费(元)			383.67	412.97	479.25	496.94	564.17
	材料费(元)			28.53	30.45	32.91	31.58	33.16
	机械费(元)			7.68	8.20	8.31	9.89	11.44
名　称		单位	单价(元)	消　耗　量				
人工	综合工日	工日	135.00	2.842	3.059	3.550	3.681	4.179
材料	镀锌钢管	m	—	(10.020)	(10.020)	(10.020)	(10.020)	(10.020)
	采暖室内镀锌钢管螺纹管件	个	—	(4.930)	(4.370)	(3.570)	(3.510)	(3.440)
	低碳钢焊条 J422 *D*3.2	kg	3.60	0.002	0.003	0.003	0.003	0.003
	弹簧压力表 Y-100 0~1.6MPa	块	48.67	0.003	0.003	0.003	0.003	0.003
	镀锌钢丝 *D*2.8~4.0	kg	6.91	0.085	0.089	0.101	0.107	0.112
	焊接钢管 *DN*20	m	6.32	0.019	0.020	0.021	0.022	0.023
	机油	kg	7.21	0.211	0.218	0.225	0.239	0.269
	聚四氟乙烯生料 带宽 20	m	1.15	17.950	19.310	20.880	21.020	21.240

编号				3-018	3-019	3-020	3-021	3-022
项目名称				室内镀锌钢管（螺纹连接）				
				公称直径（mm）				
				65 以内	80 以内	100 以内	125 以内	150 以内
单位				10m				
名称		单位	单价（元）	消耗量				
材料	螺纹阀门 *DN*20	个	22.72	0.005	0.006	0.006	0.006	0.006
	尼龙砂轮片 *D*400	片	15.64	0.137	0.142	0.155	—	—
	破布	kg	5.07	0.238	0.255	0.298	0.323	0.340
	铅油（厚漆）	kg	11.17	0.132	0.138	0.143	0.187	0.252
	热轧厚钢板 δ8.0~15.0	kg	5.16	0.044	0.047	0.049	0.073	0.110
	橡胶板 δ1.0~3.0	kg	11.26	0.011	0.011	0.012	0.014	0.016
	橡胶软管 *DN*20	m	11.10	0.008	0.008	0.009	0.009	0.010
	压力表弯管 *DN*15	个	11.36	0.003	0.003	0.003	0.003	0.003
	氧气	m^3	2.88	0.006	0.006	0.006	0.006	0.006
	乙炔气	kg	14.66	0.002	0.002	0.002	0.002	0.002
	六角螺栓	kg	8.39	0.006	0.006	0.006	0.008	0.012
机械	中小型机械费	元	—	7.68	8.20	8.31	9.89	11.44

第二节 钢 管

工作内容：场内搬运、清扫管膛、调直、切管、坡口、摵弯、挖眼接管、异径管制作、组对、焊接、管道及管件安装、水压试验。

编号				3-023	3-024	3-025	3-026	3-027	3-028	3-029
项目名称				室外钢管（焊接）						
				公称直径（mm）						
				32 以内	40 以内	50 以内	65 以内	80 以内	100 以内	125 以内
单位				10m						
总价（元）				**101.94**	**108.11**	**123.10**	**145.65**	**185.54**	**200.74**	**240.50**
其中	人工费（元）			100.44	106.25	119.61	141.62	178.61	191.84	230.04
	材料费（元）			1.50	1.86	3.49	4.03	6.93	8.90	10.46
名称		单位	单价（元）	消耗量						
人工	综合工日	工日	135.00	0.744	0.787	0.886	1.049	1.323	1.421	1.704
材料	钢管	m	—	（10.200）	（10.200）	（10.200）	（10.140）	（10.140）	（10.140）	（10.000）
	采暖室外钢管焊接管件	个	—	（0.270）	（0.300）	（0.400）	（0.400）	（0.300）	（0.340）	（0.610）
	低碳钢焊条 J422 *D*3.2	kg	3.60	0.096	0.142	0.242	0.317	0.325	0.436	0.715
	镀锌钢丝 *D*2.8~4.0	kg	6.91	0.075	0.079	0.083	0.085	0.089	0.101	0.107
	锯条（各种规格）	根	0.42	0.125	0.156	0.158	—	—	—	—
	尼龙砂轮片 *D*100	片	3.92	0.010	0.016	0.321	0.324	0.368	0.483	0.587
	尼龙砂轮片 *D*400	片	15.64	0.023	0.027	0.028	0.029	0.031	0.041	—
	氧气	m^3	2.88	0.024	0.033	0.036	0.075	0.414	0.528	0.624
	乙炔气	kg	14.66	0.008	0.011	0.012	0.025	0.138	0.176	0.208

工作内容：场内搬运、清扫管膛、调直、切管、坡口、揻弯、挖眼接管、异径管制作、组对、焊接、管道及管件安装、水压试验。

编号				3-030	3-031	3-032	3-033	3-034	3-035
项目名称				室内钢管（焊接）					
				公称直径（mm）					
				150 以内	200 以内	250 以内	300 以内	350 以内	400 以内
单位				10m					
总价（元）				**293.50**	**344.04**	**439.34**	**500.60**	**587.06**	**653.03**
其中	人工费（元）			256.50	293.49	368.82	417.42	491.00	545.81
	材料费（元）			1.42	1.72	2.28	2.99	3.43	3.86
	机械费（元）			35.58	48.83	68.24	80.19	92.63	103.36
名称		单位	单价（元）	消耗量					
人工	综合工日	工日	135.00	1.900	2.174	2.732	3.092	3.637	4.043
材料	弹簧压力表 Y-100 0~1.6MPa	块	48.67	0.003	0.003	0.003	0.004	0.004	0.004
	焊接钢管 *DN*20	m	6.32	0.023	0.024	0.025	0.026	0.027	0.028
	螺纹阀门 *DN*20	个	22.72	0.006	0.007	0.007	0.007	0.008	0.008
	热轧厚钢板 δ8.0~15.0	kg	5.16	0.110	0.148	0.231	0.333	0.380	0.426
	橡胶板 δ1.0~3.0	kg	11.26	0.016	0.018	0.021	0.024	0.033	0.042
	橡胶软管 *DN*20	m	11.10	0.010	0.010	0.011	0.011	0.011	0.012
	压力表弯管 *DN*15	个	11.36	0.003	0.003	0.003	0.004	0.004	0.004
	六角螺栓	kg	8.39	0.012	0.018	0.028	0.038	0.046	0.054
机械	中小型机械费	元	—	35.58	48.83	68.24	80.19	92.63	103.36

第三节 塑 料 管

工作内容：场内搬运、切管、预热、组对、熔接、管道及管件安装、水压试验。

编号				3-036	3-037	3-038	3-039	3-040
项目名称				室内塑料管（热熔连接）				
				公称外径（mm）				
				20以内	25以内	32以内	40以内	50以内
单位				10m				
总价（元）				**151.98**	**168.65**	**183.00**	**203.30**	**238.02**
其中	人工费（元）			151.07	167.67	181.98	202.10	236.66
	材料费（元）			0.78	0.85	0.89	1.05	1.14
	机械费（元）			0.13	0.13	0.13	0.15	0.22
名称		单位	单价（元）	消耗量				
人工	综合工日	工日	135.00	1.119	1.242	1.348	1.497	1.753
材料	塑料管	m	—	（9.860）	（9.860）	（9.860）	（10.120）	（10.120）
	采暖室内塑料管热熔管件	个	—	（8.170）	（8.350）	（7.730）	（7.070）	（7.050）
	低碳钢焊条 J422 *D*3.2	kg	3.60	0.002	0.002	0.002	0.002	0.002
	弹簧压力表 Y-100 0~1.6MPa	块	48.67	0.002	0.002	0.002	0.002	0.002
	焊接钢管 *DN*20	m	6.32	0.013	0.014	0.015	0.016	0.016

编号				3-036	3-037	3-038	3-039	3-040
项目名称				室内塑料管（热熔连接）				
				公称外径（mm）				
				20 以内	25 以内	32 以内	40 以内	50 以内
单位				10m				
名称		单位	单价（元）	消耗量				
材料	锯条（各种规格）	根	0.42	0.106	0.149	0.161	0.175	0.207
	螺纹阀门 *DN*20	个	22.72	0.004	0.004	0.004	0.005	0.005
	热轧厚钢板 δ8.0~15.0	kg	5.16	0.030	0.032	0.034	0.037	0.039
	铁砂布	张	1.56	0.053	0.066	0.070	0.116	0.151
	橡胶板 δ1.0~3.0	kg	11.26	0.007	0.008	0.008	0.009	0.010
	橡胶软管 *DN*20	m	11.10	0.006	0.006	0.007	0.007	0.007
	压力表弯管 *DN*15	个	11.36	0.002	0.002	0.002	0.002	0.002
	氧气	m^3	2.88	0.003	0.003	0.003	0.006	0.006
	乙炔气	kg	14.66	0.001	0.001	0.001	0.002	0.002
	六角螺栓	kg	8.39	0.004	0.004	0.004	0.005	0.005
机械	中小型机械费	元	—	0.13	0.13	0.13	0.15	0.22

工作内容：场内搬运、切管、预热、组对、熔接、管道及管件安装、水压试验。

编号				3-041	3-042	3-043	3-044
项目名称				室内塑料管(热熔连接)			
				公称外径(mm)			
				63 以内	75 以内	90 以内	110 以内
单位				10m			
总价(元)				**259.70**	**267.40**	**295.09**	**309.58**
其中	人工费(元)			258.12	265.68	293.22	307.67
	材料费(元)			1.36	1.50	1.62	1.66
	机械费(元)			0.22	0.22	0.25	0.25
名称		单位	单价(元)	消耗量			
人工	综合工日	工日	135.00	1.912	1.968	2.172	2.279
材料	塑料管	m	—	(10.120)	(10.080)	(10.080)	(10.080)
	采暖室内塑料管热熔管件	个	—	(6.840)	(5.370)	(4.840)	(3.570)
	低碳钢焊条 J422 *D*3.2	kg	3.60	0.002	0.002	0.003	0.003
	弹簧压力表 Y-100 0~1.6MPa	块	48.67	0.003	0.003	0.003	0.003
	焊接钢管 *DN*20	m	6.32	0.017	0.019	0.020	0.021
	锯条(各种规格)	根	0.42	0.425	0.510	0.618	0.621
	螺纹阀门 *DN*20	个	22.72	0.005	0.005	0.006	0.006
	热轧厚钢板 δ8.0~15.0	kg	5.16	0.042	0.044	0.047	0.049
	铁砂布	张	1.56	0.170	0.210	0.226	0.229
	橡胶板 δ1.0~3.0	kg	11.26	0.010	0.011	0.011	0.012
	橡胶软管 *DN*20	m	11.10	0.008	0.008	0.008	0.009
	压力表弯管 *DN*15	个	11.36	0.003	0.003	0.003	0.003
	氧气	m^3	2.88	0.006	0.006	0.006	0.006
	乙炔气	kg	14.66	0.002	0.002	0.002	0.002
	六角螺栓	kg	8.39	0.005	0.006	0.006	0.006
机械	中小型机械费	元	—	0.22	0.22	0.25	0.25

工作内容：场内搬运、切管、组对、熔接、管道及管件安装、水压试验。

编号				3-045	3-046	3-047	3-048	3-049
项目名称				室内塑料管（电熔连接）				
				公称外径（mm）				
				20 以内	25 以内	32 以内	40 以内	50 以内
单位				10m				
总价（元）				**163.34**	**182.05**	**198.09**	**221.40**	**259.33**
其中	人工费（元）			158.63	176.04	191.16	212.36	248.40
	材料费（元）			0.78	0.85	0.89	1.05	1.14
	机械费（元）			3.93	5.16	6.04	7.99	9.79
名称		单位	单价（元）	消耗量				
人工	综合工日	工日	135.00	1.175	1.304	1.416	1.573	1.840
材料	塑料管	m	—	（9.860）	（9.860）	（9.860）	（10.120）	（10.120）
	采暖室内塑料管电熔管件	个	—	（8.170）	（8.350）	（7.730）	（7.070）	（7.050）
	低碳钢焊条 J422 *D*3.2	kg	3.60	0.002	0.002	0.002	0.002	0.002
	弹簧压力表 Y-100 0~1.6MPa	块	48.67	0.002	0.002	0.002	0.002	0.002
	焊接钢管 *DN*20	m	6.32	0.013	0.014	0.015	0.016	0.016
	锯条（各种规格）	根	0.42	0.106	0.149	0.161	0.175	0.207
	螺纹阀门 *DN*20	个	22.72	0.004	0.004	0.004	0.005	0.005
	热轧厚钢板 δ8.0~15.0	kg	5.16	0.030	0.032	0.034	0.037	0.039
	铁砂布	张	1.56	0.053	0.066	0.070	0.116	0.151
	橡胶板 δ1.0~3.0	kg	11.26	0.007	0.008	0.008	0.009	0.010
	橡胶软管 *DN*20	m	11.10	0.006	0.006	0.007	0.007	0.007
	压力表弯管 *DN*15	个	11.36	0.002	0.002	0.002	0.002	0.002
	氧气	m^3	2.88	0.003	0.003	0.003	0.006	0.006
	乙炔气	kg	14.66	0.001	0.001	0.001	0.002	0.002
	六角螺栓	kg	8.39	0.004	0.004	0.004	0.005	0.005
机械	中小型机械费	元	—	3.93	5.16	6.04	7.99	9.79

工作内容：场内搬运、切管、组对、熔接、管道及管件安装、水压试验。

编号				3-050	3-051	3-052	3-053
项目名称				室内塑料管（电熔连接）			
				公称外径（mm）			
				63 以内	75 以内	90 以内	110 以内
单位				10m			
总价（元）				**283.23**	**290.29**	**321.13**	**334.12**
其中	人工费（元）			271.22	279.18	308.07	323.06
	材料费（元）			1.41	1.50	1.62	1.66
	机械费（元）			10.60	9.61	11.44	9.40
名称		单位	单价（元）	消耗量			
人工	综合工日	工日	135.00	2.009	2.068	2.282	2.393
材料	塑料管	m	—	（10.120）	（10.080）	（10.080）	（10.080）
	采暖室内塑料管电熔管件	个	—	（6.840）	（5.370）	（4.840）	（3.570）
	低碳钢焊条 J422 *D*3.2	kg	3.60	0.002	0.002	0.003	0.003
	弹簧压力表 Y-100 0~1.6MPa	块	48.67	0.003	0.003	0.003	0.003
	焊接钢管 *DN*20	m	6.32	0.017	0.019	0.020	0.021
	锯条（各种规格）	根	0.42	0.425	0.510	0.618	0.621
	螺纹阀门 *DN*20	个	22.72	0.005	0.005	0.006	0.006
	热轧厚钢板 δ8.0~15.0	kg	5.16	0.042	0.044	0.047	0.049
	铁砂布	张	1.56	0.203	0.210	0.226	0.229
	橡胶板 δ1.0~3.0	kg	11.26	0.010	0.011	0.011	0.012
	橡胶软管 *DN*20	m	11.10	0.008	0.008	0.008	0.009
	压力表弯管 *DN*15	个	11.36	0.003	0.003	0.003	0.003
	氧气	m^3	2.88	0.006	0.006	0.006	0.006
	乙炔气	kg	14.66	0.002	0.002	0.002	0.002
	六角螺栓	kg	8.39	0.005	0.006	0.006	0.006
机械	中小型机械费	元	—	10.60	9.61	11.44	9.40

第四节　预制直埋保温管

工作内容：场内搬运、清扫管膛、介质管切割、坡口、管道及管件安装、管口组对、焊接、水压试验。

编　　号				3-054	3-055	3-056	3-057	3-058	3-059	3-060
项目名称				室外预制直埋保温管（焊接）						
				介质管道公称直径（mm）						
				32 以内	40 以内	50 以内	65 以内	80 以内	100 以内	125 以内
单　　位				10m						
总价（元）				**117.61**	**133.77**	**161.45**	**187.16**	**199.64**	**225.81**	**267.24**
其中	人工费（元）			108.54	121.50	141.48	161.06	170.51	190.62	217.62
	材料费（元）			3.85	4.36	6.78	8.91	10.70	12.54	18.79
	机械费（元）			5.22	7.91	13.19	17.19	18.43	22.65	30.83
名　　称		单位	单价（元）	消　耗　量						
人工	综合工日	工日	135.00	0.804	0.900	1.048	1.193	1.263	1.412	1.612
材料	预制直埋保温管	m	—	（10.180）	（10.180）	（10.180）	（10.120）	（10.120）	（10.120）	（9.980）
	采暖室外预制直埋保温焊接管件	个	—	（0.890）	（0.980）	（0.960）	（0.990）	（0.740）	（0.820）	（0.770）
	柔性吊装带	kg	69.22	0.003	0.004	0.005	0.007	0.011	0.016	0.032
	低碳钢焊条 J422 *D*3.2	kg	3.60	0.098	0.148	0.266	0.350	0.352	0.460	0.773
	弹簧压力表 Y-100 0~1.6MPa	块	48.67	0.002	0.002	0.003	0.003	0.003	0.003	0.003
	镀锌钢丝 *D*2.8~4.0	kg	6.91	0.075	0.079	0.083	0.085	0.089	0.101	0.107
	焊接钢管 *DN*20	m	6.32	0.016	0.016	0.017	0.019	0.020	0.021	0.022
	机油	kg	7.21	0.050	0.050	0.060	0.080	0.090	0.090	0.110

续前

编号				3-054	3-055	3-056	3-057	3-058	3-059	3-060
项目名称				室外预制直埋保温管（焊接）						
				介质管道公称直径（mm）						
				32 以内	40 以内	50 以内	65 以内	80 以内	100 以内	125 以内
单位				10m						
名称		单位	单价（元）	消耗量						
材料	锯条（各种规格）	根	0.42	0.070	0.089	0.101	—	—	—	—
	螺纹阀门 *DN*20	个	22.72	0.005	0.005	0.005	0.005	0.006	0.006	0.006
	尼龙砂轮片 *D*100	片	3.92	0.010	0.017	0.315	0.426	0.471	0.482	0.647
	尼龙砂轮片 *D*400	片	15.64	0.013	0.016	0.020	0.023	0.026	0.030	—
	破布	kg	5.07	0.205	0.209	0.237	0.266	0.282	0.327	0.352
	热轧厚钢板 δ8.0~15.0	kg	5.16	0.037	0.039	0.042	0.044	0.047	0.049	0.073
	橡胶板 δ1.0~3.0	kg	11.26	0.009	0.010	0.010	0.011	0.011	0.012	0.014
	橡胶软管 *DN*20	m	11.10	0.007	0.007	0.008	0.008	0.008	0.009	0.009
	压力表弯管 *DN*15	个	11.36	0.002	0.002	0.003	0.003	0.003	0.003	0.003
	氧气	m^3	2.88	0.045	0.060	0.105	0.222	0.357	0.441	0.873
	乙炔气	kg	14.66	0.015	0.020	0.035	0.074	0.119	0.147	0.291
	六角螺栓	kg	8.39	0.005	0.005	0.005	0.006	0.006	0.006	0.008
机械	中小型机械费	元	—	5.22	7.91	13.19	17.19	18.43	22.65	30.83

工作内容：场内搬运、清扫管膛、介质管切割、坡口、管道及管件安装、管口组对、焊接、水压试验。

编号				3-061	3-062	3-063	3-064	3-065	3-066
项目名称				室外预制直埋保温管（焊接）					
				介质管道公称直径（mm）					
				150 以内	200 以内	250 以内	300 以内	350 以内	400 以内
单位				10m					
总价（元）				**319.59**	**397.58**	**524.98**	**604.14**	**704.22**	**781.65**
其中	人工费（元）			258.12	312.66	403.52	459.27	532.71	592.79
	材料费（元）			22.97	31.45	46.17	55.10	66.68	71.65
	机械费（元）			38.50	53.47	75.29	89.77	104.83	117.21
名称		单位	单价（元）	消耗量					
人工	综合工日	工日	135.00	1.912	2.316	2.989	3.402	3.946	4.391
材料	预制直埋保温管	m	—	（9.980）	（9.980）	（9.850）	（9.850）	（9.780）	（9.780）
	采暖室外预制直埋保温焊接管件	个	—	（0.760）	（0.760）	（0.750）	（0.730）	（0.730）	（0.710）
	柔性吊装带	kg	69.22	0.043	0.062	0.073	0.088	0.093	0.104
	低碳钢焊条 J422 *D*3.2	kg	3.60	1.207	1.678	3.269	3.899	4.556	5.090
	弹簧压力表 Y-100 0~1.6MPa	块	48.67	0.003	0.003	0.003	0.004	0.004	0.004
	镀锌钢丝 *D*2.8~4.0	kg	6.91	0.112	0.131	0.140	0.144	0.148	0.153
	焊接钢管 *DN*20	m	6.32	0.023	0.024	0.025	0.026	0.027	0.028
	机油	kg	7.21	0.150	0.200	0.200	0.200	0.200	0.200

续前

编　号				3-061	3-062	3-063	3-064	3-065	3-066
项目名称				室外预制直埋保温管（焊接）					
				介质管道公称直径（mm）					
				150 以内	200 以内	250 以内	300 以内	350 以内	400 以内
单　位				10m					
名　称		单位	单价（元）	消　耗　量					
材料	角钢（综合）	kg	3.47	—	0.220	0.237	0.256	0.288	0.292
	螺纹阀门 *DN*20	个	22.72	0.006	0.007	0.007	0.007	0.008	0.008
	尼龙砂轮片 *D*100	片	3.92	0.959	1.376	2.254	2.950	3.887	3.918
	破布	kg	5.07	0.370	0.444	0.490	0.508	0.535	0.553
	热轧厚钢板 δ8.0~15.0	kg	5.16	0.110	0.148	0.231	0.333	0.380	0.426
	橡胶板 δ1.0~3.0	kg	11.26	0.016	0.018	0.021	0.024	0.033	0.042
	橡胶软管 *DN*20	m	11.10	0.010	0.010	0.011	0.011	0.011	0.012
	压力表弯管 *DN*15	个	11.36	0.003	0.003	0.003	0.004	0.004	0.004
	氧气	m^3	2.88	0.867	1.113	1.611	1.869	2.445	2.652
	乙炔气	kg	14.66	0.289	0.371	0.537	0.623	0.815	0.884
	六角螺栓	kg	8.39	0.012	0.018	0.028	0.038	0.046	0.054
机械	中小型机械费	元	—	38.50	53.47	75.29	89.77	104.83	117.21

工作内容：场内搬运、检查、清理、烘干管端段、收缩带有塑料焊条下料、连接套管就位、固定、塑料焊接、钻孔、发泡、补孔、做收缩带、防毒、质量检查等。

编号				3-067	3-068	3-069	3-070	3-071	3-072	3-073
项目名称				室外预制直埋保温管接头保温						
				公称直径（mm）						
				32 以内	40 以内	50 以内	65 以内	80 以内	100 以内	125 以内
单位				10 个						
总价（元）				**182.44**	**210.21**	**267.28**	**310.70**	**342.41**	**415.30**	**449.86**
其中	人工费（元）			92.21	113.13	153.77	184.41	200.48	231.12	245.97
	材料费（元）			90.23	97.08	113.51	126.29	141.93	184.18	203.89
名称		单位	单价（元）	消耗量						
人工	综合工日	工日	135.00	0.683	0.838	1.139	1.366	1.485	1.712	1.822
材料	高密度聚乙烯连接套管	m	—	（7.140）	（7.140）	（7.140）	（7.140）	（7.140）	（7.140）	（7.140）
	镀锌钢丝（综合）	kg	7.16	0.450	0.450	0.510	0.510	0.510	0.510	0.510
	聚氨酯硬质泡沫 A、B 料	m^3	415.34	0.050	0.050	0.070	0.070	0.090	0.140	0.160
	汽油（综合）	kg	7.74	0.750	0.950	1.210	2.080	2.240	2.720	2.970
	收缩带	m^2	37.21	1.600	1.740	1.890	2.050	2.210	2.680	2.930
	硬聚氯乙烯焊条 *D*4	m	0.11	8.200	9.000	9.900	10.800	12.100	14.600	16.100

工作内容：场内搬运、检查、清理、烘干管端段、收缩带有塑料焊条下料、连接套管就位、固定、塑料焊接、钻孔、发泡、补孔、做收缩带、防毒、质量检查等。

编号				3-074	3-075	3-076	3-077	3-078	3-079
项目名称				室外预制直埋保温管接头保温					
				公称直径（mm）					
				150 以内	200 以内	250 以内	300 以内	350 以内	400 以内
单位				10 个					
总价（元）				**552.12**	**695.26**	**822.22**	**945.03**	**1087.80**	**1216.80**
其中	人工费（元）			290.93	336.02	380.97	426.06	477.09	491.81
	材料费（元）			261.19	359.24	441.25	518.97	610.71	724.99
名称		单位	单价（元）	消耗量					
人工	综合工日	工日	135.00	2.155	2.489	2.822	3.156	3.534	3.643
材料	高密度聚乙烯连接套管	m	—	（7.140）	（7.140）	（7.140）	（7.140）	（7.140）	（7.140）
	镀锌钢丝（综合）	kg	7.16	0.620	0.620	0.700	0.700	0.800	0.800
	聚氨酯硬质泡沫 A、B 料	m^3	415.34	0.180	0.300	0.380	0.450	0.550	0.670
	汽油（综合）	kg	7.74	4.050	5.130	6.210	7.290	8.400	9.840
	收缩带	m^2	37.21	3.990	5.050	6.110	7.170	8.270	9.690
	硬聚氯乙烯焊条 *D*4	m	0.11	19.800	23.500	27.200	34.900	34.600	38.700

第四章　空调水管道安装

说　明

一、本章包括室内外镀锌钢管、钢管、塑料管安装3节,共68条基价子目。

二、管道的界线划分。

1. 室内外给水管道以建筑物外墙皮1.5m为界,建筑物入口处设阀门者以阀门为界。

2. 室内外排水管道以出户第一个排水检查井为界。

3. 室内外采暖管道以建筑物外墙皮1.5m为界,建筑物入口处设阀门者以阀门为界。

4. 站类(锅炉房、泵房软化室)管道以外墙皮为界。

三、管道的适用范围。

1. 塑料管安装适用于UPVC、PVC、PP-R、PE管等塑料管的安装。

2. 镀锌钢管安装(螺纹连接)适用于室内外焊接钢管的螺纹连接。

3. 钢管安装(沟槽连接)适用于镀锌钢管、焊接钢管及无缝钢管等沟槽连接的管道安装。

四、工程计价时应注意的问题。

1. 管道安装项目中,均包括相应管件安装、水压试验等工作内容,管道消毒冲洗及因工程需要而发生且非正常情况的管道水压试验执行相应子目。各种管件数量系综合取定,成品管件数量可依据设计文件及施工方案计算,定额中其他消耗量均不做调整。

2. 管道安装项目中,均不包含管道支架、管卡、托钩等制作、安装以及管道穿墙、楼板套管制作、安装等工作内容,发生时应另行计算并执行相应定额。

3. 钢管焊接安装项目中均综合考虑了成品管件安装和现场煨制弯管、摔制大小头、挖眼三通的制作。

4. 塑料管热熔连接公称外径大于或等于125的按热熔对接连接考虑。

5. 室内外空调水管道在过路口或跨绕梁、柱等障碍时,如发生类似于方形补偿器的管道安装形式,执行方形补偿器制作、安装项目。

6. 室内空调机房与空调冷却塔之间的冷却水管道执行空调冷热水管道。

7. 空调冷凝水管道安装项目是按集中空调系统编制的,并适用于户用单体空调设备的凝结水管道系统的安装。

工程量计算规则

一、各类管道安装按室内外、材质、连接形式、规格分别列项,以“m”为计量单位。定额中塑料管按公称外径表示,其他管道均按公称直径表示。

二、各类安装管道工程量均按设计管道中心线长度,以“m”为计量单位,不扣除阀门、管件、附件(包括器具组成)及井类所占长度。

第一节 镀锌钢管

工作内容：场内搬运、清扫管膛、调直、切管、套丝、组对、连接、管道及管件安装、水压试验。

编号				4-001	4-002	4-003	4-004	4-005
项目名称				空调冷热水镀锌钢管（螺纹连接）				
				公称直径（mm）				
				15 以内	20 以内	25 以内	32 以内	40 以内
单位				10m				
总价（元）				**231.85**	**289.12**	**321.03**	**344.39**	**358.56**
其中	人工费（元）			214.52	267.84	293.63	314.55	327.92
	材料费（元）			15.94	19.18	23.36	24.77	25.37
	机械费（元）			1.39	2.10	4.04	5.07	5.27
名称		单位	单价（元）	消耗量				
人工	综合工日	工日	135.00	1.589	1.984	2.175	2.330	2.429
材料	镀锌钢管	m	—	（9.800）	（9.800）	（9.800）	（9.980）	（9.980）
	空调冷热水室内镀锌钢管螺纹管件	个	—	（8.130）	（9.390）	（9.590）	（9.090）	（7.160）
	低碳钢焊条 J422 *D*3.2	kg	3.60	0.002	0.002	0.002	0.002	0.002
	弹簧压力表 Y-100 0~1.6MPa	块	48.67	0.002	0.002	0.002	0.002	0.002
	镀锌钢丝 *D*2.8~4.0	kg	6.91	0.040	0.045	0.068	0.075	0.079
	焊接钢管 *DN*20	m	6.32	0.013	0.014	0.015	0.016	0.016
	机油	kg	7.21	0.102	0.141	0.157	0.175	0.182
	聚四氟乙烯生料 带宽 20	m	1.15	10.980	13.040	15.500	16.020	16.190

编号				4-001	4-002	4-003	4-004	4-005
项目名称				空调冷热水镀锌钢管（螺纹连接）				
				公称直径（mm）				
				15 以内	20 以内	25 以内	32 以内	40 以内
单位				10m				
名称		单位	单价（元）	消耗量				
材料	锯条（各种规格）	根	0.42	0.449	0.464	0.476	0.487	0.495
	螺纹阀门 *DN*20	个	22.72	0.004	0.004	0.004	0.005	0.005
	尼龙砂轮片 *D*400	片	15.64	0.021	0.027	0.061	0.081	0.083
	破布	kg	5.07	0.080	0.090	0.150	0.167	0.187
	铅油（厚漆）	kg	11.17	0.065	0.098	0.117	0.130	0.145
	热轧厚钢板 δ8.0~15.0	kg	5.16	0.030	0.032	0.034	0.037	0.039
	橡胶板 δ1.0~3.0	kg	11.26	0.007	0.008	0.008	0.009	0.010
	橡胶软管 *DN*20	m	11.10	0.006	0.006	0.007	0.007	0.007
	压力表弯管 *DN*15	个	11.36	0.002	0.002	0.002	0.002	0.002
	氧气	m^3	2.88	0.003	0.003	0.003	0.006	0.006
	乙炔气	kg	14.66	0.001	0.001	0.001	0.002	0.002
	六角螺栓	kg	8.39	0.004	0.004	0.004	0.005	0.005
机械	中小型机械费	元	—	1.39	2.10	4.04	5.07	5.27

工作内容：场内搬运、清扫管膛、调直、切管、套丝、组对、连接、管道及管件安装、水压试验。

编号				4-006	4-007	4-008	4-009	4-010	4-011
项目名称				空调冷热水镀锌钢管（螺纹连接）					
				公称直径（mm）					
				50 以内	65 以内	80 以内	100 以内	125 以内	150 以内
单位				10m					
总价（元）				**380.76**	**409.72**	**455.32**	**502.55**	**517.92**	**559.16**
其中	人工费（元）			346.95	371.25	412.02	455.09	474.12	513.68
	材料费（元）			26.63	28.82	31.49	34.86	29.86	30.59
	机械费（元）			7.18	9.65	11.81	12.60	13.94	14.89
名称		单位	单价（元）	消耗量					
人工	综合工日	工日	135.00	2.570	2.750	3.052	3.371	3.512	3.805
材料	镀锌钢管	m	—	（10.020）	（10.020）	（10.020）	（10.020）	（10.020）	（10.020）
	空调冷热水室内镀锌钢管螺纹管件	个	—	（6.520）	（5.650）	（5.400）	（5.060）	（3.210）	（2.800）
	低碳钢焊条 J422 *D*3.2	kg	3.60	0.002	0.002	0.003	0.003	0.003	0.003
	弹簧压力表 Y-100 0~1.6MPa	块	48.67	0.003	0.003	0.003	0.003	0.003	0.003
	镀锌钢丝 *D*2.8~4.0	kg	6.91	0.083	0.085	0.089	0.101	0.107	0.112
	焊接钢管 *DN*20	m	6.32	0.017	0.019	0.020	0.021	0.022	0.023
	机油	kg	7.21	0.195	0.232	0.247	0.283	0.034	0.037
	聚四氟乙烯生料 带宽 20	m	1.15	16.580	17.950	19.310	20.880	21.020	21.240

编号				4-006	4-007	4-008	4-009	4-010	4-011
项目名称				空调冷热水镀锌钢管（螺纹连接）					
				公称直径（mm）					
				50以内	65以内	80以内	100以内	125以内	150以内
单位				10m					
名称		单位	单价（元）	消耗量					
材料	锯条（各种规格）	根	0.42	0.508	—	—	—	—	—
	螺纹阀门 *DN*20	个	22.72	0.005	0.005	0.006	0.006	0.006	0.006
	尼龙砂轮片 *D*400	片	15.64	0.116	0.134	0.174	0.212	—	—
	破布	kg	5.07	0.213	0.238	0.255	0.298	0.323	0.340
	铅油（厚漆）	kg	11.17	0.140	0.148	0.167	0.201	0.166	0.172
	热轧厚钢板 δ8.0~15.0	kg	5.16	0.042	0.044	0.047	0.049	0.073	0.110
	橡胶板 δ1.0~3.0	kg	11.26	0.010	0.011	0.011	0.011	0.014	0.016
	橡胶软管 *DN*20	m	11.10	0.008	0.008	0.008	0.009	0.009	0.010
	压力表弯管 *DN*15	个	11.36	0.003	0.003	0.003	0.003	0.003	0.003
	氧气	m^3	2.88	0.006	0.006	0.006	0.006	0.006	0.006
	乙炔气	kg	14.66	0.002	0.002	0.002	0.002	0.002	0.002
	六角螺栓	kg	8.39	0.005	0.006	0.006	0.006	0.008	0.012
机械	中小型机械费	元	—	7.18	9.65	11.81	12.60	13.94	14.89

工作内容：场内搬运、清扫管膛、调直、切管、套丝、组对、连接、管道及管件安装、注水试验。

编号				4-012	4-013	4-014	4-015	4-016	4-017
项目名称				空调凝结水镀锌钢管（螺纹连接）					
				公称直径（mm）					
				15 以内	20 以内	25 以内	32 以内	40 以内	50 以内
单位				10m					
总价（元）				**181.63**	**199.73**	**245.83**	**247.23**	**252.91**	**259.76**
其中	人工费（元）			165.51	180.77	220.32	220.46	225.32	230.04
	材料费（元）			14.94	17.59	22.09	23.01	23.61	24.57
	机械费（元）			1.18	1.37	3.42	3.76	3.98	5.15
名称		单位	单价（元）	消耗量					
人工	综合工日	工日	135.00	1.226	1.339	1.632	1.633	1.669	1.704
材料	镀锌钢管	m	—	（10.180）	（10.180）	（10.150）	（10.150）	（10.150）	（10.200）
	空调凝结水室内镀锌钢管螺纹管件	个	—	（6.520）	（5.900）	（7.110）	（5.800）	（5.080）	（4.240）
	镀锌钢丝 *D*2.8~4.0	kg	6.91	0.040	0.045	0.068	0.075	0.079	0.083
	机油	kg	7.21	0.064	0.073	0.118	0.129	0.138	0.167
	聚四氟乙烯生料 带宽 20	m	1.15	10.980	13.040	15.500	16.020	16.190	16.580
	锯条（各种规格）	根	0.42	0.435	0.442	0.457	0.464	0.475	0.483
	尼龙砂轮片 *D*400	片	15.64	0.023	0.026	0.061	0.065	0.071	0.076
	破布	kg	5.07	0.080	0.090	0.150	0.167	0.187	0.213
	铅油（厚漆）	kg	11.17	0.056	0.063	0.093	0.097	0.107	0.112
机械	中小型机械费	元	—	1.18	1.37	3.42	3.76	3.98	5.15

工作内容：场内搬运、清扫管膛、调直、切管、套丝、组对、连接、管道及管件安装、注水试验。

编号				4-018	4-019	4-020	4-021	4-022
项目名称				空调冷热水镀锌钢管（沟槽连接）				
				公称直径（mm）				
				65 以内	80 以内	100 以内	125 以内	150 以内
单位				10m				
总价（元）				**301.87**	**335.67**	**375.10**	**450.29**	**462.00**
其中	人工费（元）			289.98	322.79	360.86	434.57	444.42
	材料费（元）			3.34	3.57	3.97	4.35	4.83
	机械费（元）			8.55	9.31	10.27	11.37	12.75
名称		单位	单价（元）	消耗量				
人工	综合工日	工日	135.00	2.148	2.391	2.673	3.219	3.292
材料	镀锌钢管	m	—	(9.970)	(9.970)	(9.970)	(9.780)	(9.780)
	空调冷热水室内镀锌钢管沟槽管件	个	—	(4.370)	(4.200)	(3.910)	(2.420)	(2.050)
	卡箍连接件（含胶圈）	套	—	(10.020)	(9.630)	(9.010)	(5.800)	(4.950)
	低碳钢焊条 J422 *D*3.2	kg	3.60	0.002	0.003	0.003	0.003	0.003
	弹簧压力表 Y-100 0~1.6MPa	块	48.67	0.003	0.003	0.003	0.003	0.003
	镀锌钢丝 *D*2.8~4.0	kg	6.91	0.085	0.089	0.101	0.107	0.112

续前

编号				4-018	4-019	4-020	4-021	4-022
项目名称				空调冷热水镀锌钢管(沟槽连接)				
				公称直径(mm)				
				65 以内	80 以内	100 以内	125 以内	150 以内
单位				10m				
名称		单位	单价(元)	消耗量				
材料	焊接钢管 *DN*20	m	6.32	0.019	0.020	0.021	0.022	0.023
	合金钢钻头(综合)	个	25.96	0.016	0.018	0.020	0.021	0.023
	螺纹阀门 *DN*20	个	22.72	0.005	0.006	0.006	0.006	0.006
	破布	kg	5.07	0.238	0.255	0.298	0.323	0.343
	热轧厚钢板 δ8.0~15.0	kg	5.16	0.044	0.047	0.049	0.073	0.110
	润滑剂	kg	4.04	0.044	0.047	0.050	0.054	0.059
	橡胶板 δ1.0~3.0	kg	11.26	0.011	0.011	0.012	0.014	0.016
	橡胶软管 *DN*20	m	11.10	0.008	0.008	0.009	0.009	0.010
	压力表弯管 *DN*15	个	11.36	0.003	0.003	0.003	0.003	0.003
	氧气	m^3	2.88	0.006	0.006	0.006	0.006	0.006
	乙炔气	kg	14.66	0.002	0.002	0.002	0.002	0.002
	六角螺栓	kg	8.39	0.006	0.006	0.006	0.008	0.012
机械	中小型机械费	元	—	8.55	9.31	10.27	11.37	12.75

第二节 钢 管

工作内容：场内搬运、清扫管膛、调直、切管、摵弯、挖眼接管、异径管制作、管道及管件安装、水压试验。

编号				4-023	4-024	4-025	4-026	4-027	4-028
项目名称				空调冷热水钢管（电弧焊）					
				公称直径（mm）					
				32 以内	40 以内	50 以内	65 以内	80 以内	100 以内
单位				10m					
总价（元）				**259.57**	**292.12**	**369.42**	**411.06**	**450.86**	**495.82**
其中	人工费（元）			232.20	261.23	322.65	355.86	389.34	422.55
	材料费（元）			7.70	9.05	16.45	18.12	19.89	22.62
	机械费（元）			19.67	21.84	30.32	37.08	41.63	50.65
名称		单位	单价（元）	消耗量					
人工	综合工日	工日	135.00	1.720	1.935	2.390	2.636	2.884	3.130
材料	钢管	m	—	（10.270）	（10.270）	（10.150）	（10.150）	（10.100）	（10.100）
	空调冷热水室内钢管焊接管件	个	—	（1.130）	（0.890）	（1.240）	（1.000）	（0.930）	（0.840）
	低碳钢焊条 J422 *D*3.2	kg	3.60	0.343	0.383	0.568	0.711	0.803	1.092
	弹簧压力表 Y-100 0~1.6MPa	块	48.67	0.002	0.002	0.003	0.003	0.003	0.003
	镀锌钢丝 *D*2.8~4.0	kg	6.91	0.075	0.079	0.083	0.085	0.089	0.101
	焊接钢管 *DN*20	m	6.32	0.016	0.016	0.017	0.019	0.020	0.021
	机油	kg	7.21	0.050	0.050	0.060	0.080	0.090	0.090
	锯条（各种规格）	根	0.42	0.414	0.433	0.463	—	—	—

续前

编　号				4-023	4-024	4-025	4-026	4-027	4-028
项目名称				空调冷热水钢管（电弧焊）					
				公称直径（mm）					
				32 以内	40 以内	50 以内	65 以内	80 以内	100 以内
单　位				10m					
名　称		单位	单价（元）	消　耗　量					
材料	螺纹阀门 *DN*20	个	22.72	0.005	0.005	0.005	0.005	0.006	0.006
	尼龙砂轮片 *D*100	片	3.92	0.244	0.308	0.701	0.820	0.825	0.935
	尼龙砂轮片 *D*400	片	15.64	0.080	0.082	0.084	0.087	0.091	0.101
	破布	kg	5.07	0.167	0.187	0.213	0.238	0.255	0.298
	热轧厚钢板 δ8.0~15.0	kg	5.16	0.037	0.039	0.042	0.044	0.047	0.049
	橡胶板 δ1.0~3.0	kg	11.26	0.009	0.010	0.010	0.011	0.011	0.012
	橡胶软管 *DN*20	m	11.10	0.007	0.007	0.008	0.008	0.008	0.009
	压力表弯管 *DN*15	个	11.36	0.002	0.002	0.003	0.003	0.003	0.003
	氧气	m^3	2.88	0.207	0.306	0.927	0.993	1.138	1.235
	乙炔气	kg	14.66	0.069	0.102	0.309	0.331	0.379	0.412
	六角螺栓	kg	8.39	0.005	0.005	0.005	0.006	0.006	0.006
机械	中小型机械费	元	—	19.67	21.84	30.32	37.08	41.63	50.65

工作内容：场内搬运、清扫管膛、调直、切管、摵弯、挖眼接管、异径管制作、管道及管件安装、水压试验。

编号				4-029	4-030	4-031	4-032	4-033	4-034	4-035
项目名称				空调冷热水钢管（电弧焊）						
				公称直径（mm）						
				125 以内	150 以内	200 以内	250 以内	300 以内	350 以内	400 以内
单位				10m						
总价（元）				**539.88**	**592.13**	**705.99**	**854.75**	**943.20**	**1076.23**	**1174.51**
其中	人工费（元）			469.53	508.95	599.00	703.35	769.10	879.12	964.44
	材料费（元）			21.80	28.19	36.13	58.59	65.00	79.99	85.45
	机械费（元）			48.55	54.99	70.86	92.81	109.10	117.12	124.62
名称		单位	单价（元）	消耗量						
人工	综合工日	工日	135.00	3.478	3.770	4.437	5.210	5.697	6.512	7.144
材料	钢管	m	—	（9.800）	（9.800）	（9.800）	（10.360）	（10.360）	（10.360）	（10.360）
	空调冷热水室内钢管焊接管件	个	—	（1.360）	（1.300）	（1.180）	（1.120）	（1.000）	（1.000）	（0.890）
	低碳钢焊条 J422 *D*3.2	kg	3.60	1.239	1.743	2.228	3.529	4.382	5.090	5.414
	弹簧压力表 Y-100 0~1.6MPa	块	48.67	0.003	0.003	0.003	0.003	0.004	0.004	0.004
	镀锌钢丝 *D*2.8~4.0	kg	6.91	0.107	0.112	0.131	0.140	0.144	0.148	0.153
	焊接钢管 *DN*20	m	6.32	0.022	0.023	0.024	0.025	0.026	0.027	0.028
	机油	kg	7.21	0.110	0.150	0.200	0.200	0.200	0.200	0.200

编号				4-029	4-030	4-031	4-032	4-033	4-034	4-035
项目名称				空调冷热水钢管（电弧焊）						
				公称直径（mm）						
				125 以内	150 以内	200 以内	250 以内	300 以内	350 以内	400 以内
单位				10m						
名称		单位	单价（元）	消耗量						
材料	角钢（综合）	kg	3.47	—	—	0.335	0.314	0.340	0.370	0.378
	螺纹阀门 *DN*20	个	22.72	0.006	0.006	0.007	0.007	0.007	0.008	0.008
	尼龙砂轮片 *D*100	片	3.92	0.971	1.354	1.827	2.130	2.433	3.642	3.913
	尼龙砂轮片 *D*400	片	15.64	—	—	—	0.743	0.782	0.915	0.975
	破布	kg	5.07	0.323	0.340	0.408	0.451	0.468	0.493	0.510
	热轧厚钢板 δ8.0~15.0	kg	5.16	0.073	0.110	0.148	0.231	0.333	0.380	0.426
	橡胶板 δ1.0~3.0	kg	11.26	0.014	0.016	0.018	0.021	0.024	0.033	0.042
	橡胶软管 *DN*20	m	11.10	0.009	0.010	0.010	0.011	0.011	0.011	0.012
	压力表弯管 *DN*15	个	11.36	0.003	0.003	0.003	0.003	0.004	0.004	0.004
	氧气	m^3	2.88	1.185	1.494	1.758	2.298	2.379	3.012	3.234
	乙炔气	kg	14.66	0.395	0.498	0.586	0.766	0.793	1.004	1.078
	六角螺栓	kg	8.39	0.008	0.012	0.018	0.028	0.038	0.046	0.054
机械	中小型机械费	元	—	48.55	54.99	70.86	92.81	109.10	117.12	124.62

工作内容：场内搬运、清扫管膛、调直、切管、压槽、组对、连接、管道及管件安装、水压试验。

编号				4-036	4-037	4-038
项目名称				空调冷热水钢管（沟槽连接）		
				公称直径（mm）		
				200 以内	250 以内	300 以内
单位				10m		
总价（元）				**516.57**	**686.75**	**751.96**
其中	人工费（元）			497.75	663.80	726.84
	材料费（元）			5.68	6.63	7.55
	机械费（元）			13.14	16.32	17.57
名称		单位	单价（元）	消耗量		
人工	综合工日	工日	135.00	3.687	4.917	5.384
材料	钢管	m	—	（9.780）	（9.700）	（9.700）
	空调冷热水室内钢管沟槽管件	个	—	（1.820）	（1.620）	（1.340）
	卡箍连接件（含胶圈）	套	—	（4.430）	（3.960）	（3.330）
	低碳钢焊条 J422 *D*3.2	kg	3.60	0.003	0.004	0.004
	弹簧压力表 Y-100 0~1.6MPa	块	48.67	0.003	0.003	0.004
	镀锌钢丝 *D*2.8~4.0	kg	6.91	0.131	0.140	0.144
	焊接钢管 *DN*20	m	6.32	0.024	0.025	0.026

续前

编号				4-036	4-037	4-038
项目名称				空调冷热水钢管(沟槽连接)		
				公称直径(mm)		
				200 以内	250 以内	300 以内
单位				10m		
名称		单位	单价(元)	消耗量		
材料	合金钢钻头(综合)	个	25.96	0.025	0.028	0.031
	螺纹阀门 *DN*20	个	22.72	0.007	0.007	0.007
	破布	kg	5.07	0.408	0.451	0.468
	热轧厚钢板 δ8.0~15.0	kg	5.16	0.148	0.231	0.333
	润滑剂	kg	4.04	0.064	0.069	0.074
	橡胶板 δ1.0~3.0	kg	11.26	0.018	0.021	0.024
	橡胶软管 *DN*20	m	11.10	0.010	0.011	0.011
	压力表弯管 *DN*15	个	11.36	0.003	0.003	0.004
	氧气	m^3	2.88	0.009	0.009	0.009
	乙炔气	kg	14.66	0.003	0.003	0.003
	六角螺栓	kg	8.39	0.018	0.028	0.038
机械	中小型机械费	元	—	13.14	16.32	17.57

第三节　塑　料　管

工作内容:场内搬运、切管、组对、预热、熔接、管道及管件安装、水压试验。

编　　号				4-039	4-040	4-041	4-042	4-043
项目名称				空调冷热水塑料管(热熔连接)				
				公称外径(mm)				
				20 以内	25 以内	32 以内	40 以内	50 以内
单　　位				10m				
总价(元)				**150.38**	**163.81**	**182.23**	**199.84**	**236.14**
其中	人工费(元)			149.45	162.81	181.17	198.59	234.77
	材料费(元)			0.80	0.87	0.93	1.10	1.15
	机械费(元)			0.13	0.13	0.13	0.15	0.22
名　　称		单位	单价(元)	消　耗　量				
人工	综合工日	工日	135.00	1.107	1.206	1.342	1.471	1.739
材料	塑料管	m	—	(9.860)	(9.860)	(9.860)	(10.100)	(10.100)
	空调冷热水室内塑料管热熔管件	个	—	(9.520)	(10.110)	(9.710)	(8.370)	(6.630)
	低碳钢焊条 J422 *D*3.2	kg	3.60	0.002	0.002	0.002	0.002	0.002
	弹簧压力表 Y-100 0~1.6MPa	块	48.67	0.002	0.002	0.002	0.002	0.002
	焊接钢管 *DN*20	m	6.32	0.013	0.014	0.015	0.016	0.016

编号				4-039	4-040	4-041	4-042	4-043
项目名称				空调冷热水塑料管(热熔连接)				
				公称外径(mm)				
				20以内	25以内	32以内	40以内	50以内
单位				10m				
名称		单位	单价(元)	消耗量				
材料	锯条(各种规格)	根	0.42	0.099	0.139	0.179	0.213	0.260
	螺纹阀门 *DN*20	个	22.72	0.004	0.004	0.004	0.005	0.005
	热轧厚钢板 δ8.0~15.0	kg	5.16	0.030	0.032	0.034	0.037	0.039
	铁砂布	张	1.56	0.062	0.082	0.090	0.134	0.138
	橡胶板 δ1.0~3.0	kg	11.26	0.007	0.008	0.008	0.009	0.010
	橡胶软管 *DN*20	m	11.10	0.006	0.006	0.007	0.007	0.007
	压力表弯管 *DN*15	个	11.36	0.002	0.002	0.002	0.002	0.002
	氧气	m^3	2.88	0.003	0.003	0.003	0.006	0.006
	乙炔气	kg	14.66	0.001	0.001	0.001	0.002	0.002
	六角螺栓	kg	8.39	0.004	0.004	0.004	0.005	0.005
机械	中小型机械费	元	—	0.13	0.13	0.13	0.15	0.22

工作内容：场内搬运、切管、组对、预热、熔接、管道及管件安装、水压试验。

编号				4-044	4-045	4-046	4-047
项目名称				空调冷热水塑料管（热熔连接）			
				公称外径（mm）			
				63 以内	75 以内	90 以内	110 以内
单位				10m			
总价（元）				**257.84**	**266.96**	**285.97**	**302.40**
其中	人工费（元）			256.23	265.28	284.18	300.51
	材料费（元）			1.39	1.46	1.54	1.64
	机械费（元）			0.22	0.22	0.25	0.25
名称		单位	单价（元）	消耗量			
人工	综合工日	工日	135.00	1.898	1.965	2.105	2.226
材料	塑料管	m	—	（10.100）	（10.120）	（10.120）	（10.120）
	空调冷热水室内塑料管热熔管件	个	—	（6.160）	（5.070）	（4.000）	（3.180）
	低碳钢焊条 J422 *D*3.2	kg	3.60	0.002	0.002	0.003	0.003
	弹簧压力表 Y-100 0~1.6MPa	块	48.67	0.003	0.003	0.003	0.003
	焊接钢管 *DN*20	m	6.32	0.017	0.019	0.020	0.021
	锯条（各种规格）	根	0.42	0.313	0.482	0.527	0.615
	螺纹阀门 *DN*20	个	22.72	0.005	0.005	0.006	0.006
	热轧厚钢板 δ8.0~15.0	kg	5.16	0.042	0.044	0.047	0.049
	铁砂布	张	1.56	0.222	0.194	0.203	0.215
	橡胶板 δ1.0~3.0	kg	11.26	0.010	0.011	0.011	0.012
	橡胶软管 *DN*20	m	11.10	0.008	0.008	0.008	0.009
	压力表弯管 *DN*15	个	11.36	0.003	0.003	0.003	0.003
	氧气	m^3	2.88	0.006	0.006	0.006	0.006
	乙炔气	kg	14.66	0.002	0.002	0.002	0.002
	六角螺栓	kg	8.39	0.005	0.006	0.006	0.006
机械	中小型机械费	元	—	0.22	0.22	0.25	0.25

工作内容：场内搬运、切管、组对、熔接、管道及管件安装、水压试验。

编号				4-048	4-049	4-050	4-051	4-052
项目名称				空调冷热水塑料管(电熔连接)				
				公称外径(mm)				
				20 以内	25 以内	32 以内	40 以内	50 以内
单位				10m				
总价(元)				**162.27**	**178.31**	**197.42**	**218.74**	**257.56**
其中	人工费(元)			156.87	171.05	188.73	209.12	247.46
	材料费(元)			0.80	0.87	0.93	1.10	1.15
	机械费(元)			4.60	6.39	7.76	8.52	8.95
名称		单位	单价(元)	消耗量				
人工	综合工日	工日	135.00	1.162	1.267	1.398	1.549	1.833
材料	塑料管	m	—	(9.860)	(9.860)	(9.860)	(10.100)	(10.100)
	空调冷热水室内塑料管电熔管件	个	—	(9.520)	(10.110)	(9.710)	(8.370)	(6.630)
	低碳钢焊条 J422 *D*3.2	kg	3.60	0.002	0.002	0.002	0.002	0.002
	弹簧压力表 Y-100 0~1.6MPa	块	48.67	0.002	0.002	0.002	0.002	0.002
	焊接钢管 *DN*20	m	6.32	0.013	0.014	0.015	0.016	0.016
	锯条(各种规格)	根	0.42	0.099	0.139	0.179	0.213	0.260
	螺纹阀门 *DN*20	个	22.72	0.004	0.004	0.004	0.005	0.005
	热轧厚钢板 δ8.0~15.0	kg	5.16	0.030	0.032	0.034	0.037	0.039
	铁砂布	张	1.56	0.062	0.082	0.090	0.134	0.138
	橡胶板 δ1.0~3.0	kg	11.26	0.007	0.008	0.008	0.009	0.010
	橡胶软管 *DN*20	m	11.10	0.006	0.006	0.007	0.007	0.007
	压力表弯管 *DN*15	个	11.36	0.002	0.002	0.002	0.002	0.002
	氧气	m^3	2.88	0.003	0.003	0.003	0.006	0.006
	乙炔气	kg	14.66	0.001	0.001	0.001	0.002	0.002
	六角螺栓	kg	8.39	0.004	0.004	0.004	0.005	0.005
机械	中小型机械费	元	—	4.60	6.39	7.76	8.52	8.95

工作内容：场内搬运、切管、组对、熔接、管道及管件安装、水压试验。

编　号				4-053	4-054	4-055	4-056
项目名称				空调冷热水塑料管（电熔连接）			
				公称外径（mm）			
				63以内	75以内	90以内	110以内
单　位				10m			
总价（元）				**280.96**	**289.20**	**309.90**	**326.27**
其中	人工费（元）			269.46	278.51	299.03	315.23
	材料费（元）			1.39	1.46	1.54	1.64
	机械费（元）			10.11	9.23	9.33	9.40
名　称		单位	单价（元）	消　耗　量			
人工	综合工日	工日	135.00	1.996	2.063	2.215	2.335
材料	塑料管	m	—	（10.100）	（10.120）	（10.120）	（10.120）
	空调冷热水室内塑料管电熔管件	个	—	（6.160）	（5.070）	（4.000）	（3.180）
	低碳钢焊条 J422 *D*3.2	kg	3.60	0.002	0.002	0.003	0.003
	弹簧压力表 Y-100 0~1.6MPa	块	48.67	0.003	0.003	0.003	0.003
	焊接钢管 *DN*20	m	6.32	0.017	0.019	0.020	0.021
	锯条（各种规格）	根	0.42	0.313	0.482	0.527	0.615
	螺纹阀门 *DN*20	个	22.72	0.005	0.005	0.006	0.006
	热轧厚钢板 δ8.0~15.0	kg	5.16	0.042	0.044	0.047	0.049
	铁砂布	张	1.56	0.222	0.194	0.203	0.215
	橡胶板 δ1.0~3.0	kg	11.26	0.010	0.011	0.011	0.012
	橡胶软管 *DN*20	m	11.10	0.008	0.008	0.008	0.009
	压力表弯管 *DN*15	个	11.36	0.003	0.003	0.003	0.003
	氧气	m^3	2.88	0.006	0.006	0.006	0.006
	乙炔气	kg	14.66	0.002	0.002	0.002	0.002
	六角螺栓	kg	8.39	0.005	0.006	0.006	0.006
机械	中小型机械费	元	—	10.11	9.23	9.33	9.40

工作内容：场内搬运、切管、组对、预热、熔接、管道及管件安装、水压试验。

编　　号				4-057	4-058	4-059	4-060	4-061	4-062
项目名称				空调凝结水塑料管（热熔连接）					
				公称外径（mm）					
				20 以内	25 以内	32 以内	40 以内	50 以内	63 以内
单　　位				10m					
总价（元）				**105.85**	**111.53**	**132.89**	**145.36**	**162.12**	**188.68**
其中	人工费（元）			105.71	111.38	132.71	145.13	161.87	188.33
	材料费（元）			0.11	0.12	0.15	0.20	0.22	0.32
	机械费（元）			0.03	0.03	0.03	0.03	0.03	0.03
名　　称		单位	单价（元）	消　耗　量					
人工	综合工日	工日	135.00	0.783	0.825	0.983	1.075	1.199	1.395
材料	塑料管	m	—	（10.220）	（10.220）	（10.200）	（10.200）	（10.200）	（10.200）
	空调凝结水室内塑料管热熔管件	个	—	（6.520）	（5.800）	（6.800）	（5.530）	（4.520）	（4.020）
	锯条（各种规格）	根	0.42	0.084	0.091	0.107	0.113	0.136	0.196
	铁砂布	张	1.56	0.049	0.051	0.070	0.098	0.106	0.152
机械	中小型机械费	元	—	0.03	0.03	0.03	0.03	0.03	0.03

工作内容：场内搬运、切管、组对、粘接、管道及管件安装、注水试验。

编号				4-063	4-064	4-065	4-066	4-067	4-068
项目名称				空调凝结水塑料管（粘接）					
				公称外径（mm）					
				20 以内	25 以内	32 以内	40 以内	50 以内	63 以内
单位				10m					
总价（元）				**103.13**	**108.43**	**128.49**	**140.03**	**157.24**	**178.71**
其中	人工费（元）			102.20	107.46	127.04	138.38	155.52	176.85
	材料费（元）			0.90	0.94	1.42	1.62	1.69	1.83
	机械费（元）			0.03	0.03	0.03	0.03	0.03	0.03
名称		单位	单价（元）	消耗量					
人工	综合工日	工日	135.00	0.757	0.796	0.941	1.025	1.152	1.310
材料	塑料管	m	—	（10.220）	（10.220）	（10.200）	（10.200）	（10.200）	（10.200）
	空调凝结水室内塑料管粘接管件	个	—	（6.520）	（5.800）	（6.800）	（5.530）	（4.520）	（4.020）
	丙酮	kg	9.89	0.043	0.045	0.066	0.076	0.077	0.082
	锯条（各种规格）	根	0.42	0.084	0.091	0.107	0.113	0.136	0.196
	铁砂布	张	1.56	0.049	0.051	0.070	0.098	0.106	0.120
	粘接剂	kg	18.17	0.020	0.021	0.034	0.037	0.039	0.041
机械	中小型机械费	元	—	0.03	0.03	0.03	0.03	0.03	0.03

天津市房屋修缮工程预算基价

给排水及采暖工程（下册）

DBD 29-702-2020

天津市住房和城乡建设委员会
天 津 市 建 筑 市 场 服 务 中 心　主编

中 国 计 划 出 版 社

下 册 目 录

第五章　管道附件制作、安装

第六章　支架、管卡、套管制作、安装

第七章　卫生器具制作、安装

第八章　采暖器具安装

第九章　锅炉及附属设备安装

第十章　箱罐容器安装

第十一章　采暖工程系统调试

第十二章　保温、油漆工程

第十三章　辅 助 工 程

第十四章　措 施 项 目

附　　录

第五章　管道附件制作、安装

说　明

一、本章包括阀门，法兰，减压器，疏水器，水表，热量表，倒流防止器，水锤消除器，补偿器，软接头（软管），塑料排水管消声器，浮标液面计，压力计、水位计、温度计安装 13 节，共 380 条基价子目。

二、工程计价时应注意的问题：

1. 与螺纹阀门配套的连接件，如设计与基价中材质不同时，可按设计进行调整。

2. 法兰阀门、法兰式附件安装项目均不包括法兰安装，应另行套用相应法兰安装项目。

3. 对夹式蝶阀安装已含双头螺栓用量，在套用与其连接的法兰安装项目时，应将法兰安装项目中的螺栓用量扣除。浮球阀安装已包括了联杆及浮球的安装。

4. 减压器、疏水器组成安装未包括止回阀安装，若安装止回阀时执行阀门安装相应项目。单独安装减压器、疏水器时执行阀门安装相应项目。

5. 法兰水表安装基价内包括旁通管及止回阀，如不用旁通管时，阀门或止回阀可按实调整。法兰水表（带旁通管）组成安装中三通、弯头均按成品管件考虑。

6. 普通水表安装不包括水表前的阀门安装。

7. 热量表组成安装如实际组成与基价不同时，可按法兰、阀门等附件安装相应项目计算或调整。

8. 器具组成安装项目包括旁通管安装，旁通管连接所占长度不再另计算管道工程量。

9. 器具组成安装连接管、管件均按钢制管道、管件及附件考虑。如实际采用其他材质组成安装，则按相应项目分别计算。

10. 器具附件组成如实际与基价不同时，可按法兰、阀门等附件安装相应项目分别计算或调整。

11. 法兰式软接头安装适用于法兰式橡胶及金属挠性接头安装。

12. 塑料排水管消声器安装按成品考虑。

13. 浮标液面计依据《采暖通风国家标准图集》N102–3 和《全国通用给水排水标准图集》S318 编制，如设计与标准图集不符时，主要材料可做调整，其他不变。

工程量计算规则

一、阀类按其不同型号、规格分别按设计数量计算，以“个”为计量单位。

二、法兰区分不同公称直径按设计数量计算，以“副”为计量单位。承插盘法兰短管按照不同连接方式、公称直径按设计数量计算，以“副”为计量单位。

三、减压器、疏水器、法兰水表、倒流防止器、热量表组成安装，按照不同组成结构、连接方式、公称直径按设计数量计算，以“组”为计量单位。减压器

安装按高压侧的直径计算。

四、补偿器、软接头、水表、水锤消除器、塑料排水管消声器安装，均按照不同连接方式、公称直径按设计数量计算，以“个”为计量单位。

五、卡紧式软管按照不同管径按设计数量计算，以“根”为计量单位。

六、浮标液面计区分不同的型号按设计数量计算，以“组”为计量单位。

第一节　阀　　门

工作内容：场地搬运、切管、套丝、阀门连接、水压试验。

编　　号				5-001	5-002	5-003	5-004	5-005	5-006
项目名称				螺纹阀门安装					
				公称直径（mm）					
				15 以内	20 以内	25 以内	32 以内	40 以内	50 以内
单　　位				个					
总价（元）				20.25	23.76	28.21	36.38	52.80	68.14
其中	人工费（元）			14.04	15.53	17.15	21.74	34.16	41.99
	材料费（元）			5.42	7.32	9.87	13.05	16.79	23.60
	机械费（元）			0.79	0.91	1.19	1.59	1.85	2.55
名　　称		单位	单价（元）	消　耗　量					
人工	综合工日	工日	135.00	0.104	0.115	0.127	0.161	0.253	0.311
材料	螺纹阀门	个	—	（1.010）	（1.010）	（1.010）	（1.010）	（1.010）	（1.010）
	低碳钢焊条 J422 *D*3.2	kg	3.60	0.041	0.050	0.059	0.065	0.089	0.122
	弹簧压力表 Y-100 0~1.6MPa	块	48.67	0.006	0.006	0.006	0.006	0.006	0.016
	黑玛钢活接头 *DN*15	个	2.23	1.010	—	—	—	—	—
	黑玛钢活接头 *DN*20	个	2.97	—	1.010	—	—	—	—
	黑玛钢活接头 *DN*25	个	4.32	—	—	1.010	—	—	—
	黑玛钢活接头 *DN*32	个	5.63	—	—	—	1.010	—	—
	黑玛钢活接头 *DN*40	个	7.64	—	—	—	—	1.010	—
	黑玛钢活接头 *DN*50	个	11.08	—	—	—	—	—	1.010
	黑玛钢六角内接头 *DN*15	个	0.49	0.808	—	—	—	—	—
	黑玛钢六角内接头 *DN*20	个	1.15	—	0.808	—	—	—	—

编号				5-001	5-002	5-003	5-004	5-005	5-006
项目名称				螺纹阀门安装					
				公称直径（mm）					
				15 以内	20 以内	25 以内	32 以内	40 以内	50 以内
单位				个					
名称		单位	单价（元）	消耗量					
材料	黑玛钢六角内接头 *DN*25	个	1.84	—	—	0.808	—	—	—
	黑玛钢六角内接头 *DN*32	个	2.64	—	—	—	0.808	—	—
	黑玛钢六角内接头 *DN*40	个	3.24	—	—	—	—	0.808	—
	黑玛钢六角内接头 *DN*50	个	5.06	—	—	—	—	—	0.808
	机油	kg	7.21	0.007	0.009	0.010	0.013	0.017	0.021
	聚四氟乙烯生料 带宽 20	m	1.15	1.130	1.507	1.884	2.412	3.014	3.768
	锯条（各种规格）	根	0.42	0.059	0.061	0.064	0.067	0.084	0.106
	螺纹阀门 *DN*15	个	15.28	0.006	0.006	0.006	0.006	0.006	0.016
	尼龙砂轮片 *D*400	片	15.64	0.004	0.004	0.008	0.012	0.015	0.021
	热轧厚钢板 δ8.0~15.0	kg	5.16	0.021	0.026	0.031	0.043	0.065	0.105
	石棉橡胶板 δ0.8~6.0	kg	20.02	0.002	0.003	0.004	0.006	0.008	0.010
	输水软管 *D*25	m	6.02	0.006	0.006	0.006	0.006	0.006	0.016
	无缝钢管 *D*22×2	m	5.15	0.003	0.003	0.003	0.003	0.003	0.008
	压力表弯管 *DN*15	个	11.36	0.006	0.006	0.006	0.006	0.006	0.016
	氧气	m^3	2.88	0.033	0.042	0.048	0.060	0.084	0.099
	乙炔气	kg	14.66	0.011	0.014	0.016	0.020	0.028	0.033
	六角螺栓	kg	8.39	0.033	0.036	0.036	0.072	0.075	0.020
机械	中小型机械费	元	—	0.79	0.91	1.19	1.59	1.85	2.55

工作内容:场内搬运、切管、套丝、阀门连接、试压检查、配合调试。

编　号				5-007	5-008	5-009	5-010	5-011	5-012
项目名称				螺纹电磁阀安装					
				公称直径(mm)					
				15 以内	20 以内	25 以内	32 以内	40 以内	50 以内
单　位				个					
总价(元)				**16.48**	**18.42**	**20.39**	**27.13**	**41.74**	**48.89**
其中	人工费(元)			15.53	17.15	18.63	24.84	38.88	45.09
	材料费(元)			0.79	1.03	1.31	1.70	2.12	2.70
	机械费(元)			0.16	0.24	0.45	0.59	0.74	1.10
名　称		单位	单价(元)	消　耗　量					
人工	综合工日	工日	135.00	0.115	0.127	0.138	0.184	0.288	0.334
材料	螺纹电磁阀门	个	—	(1.000)	(1.000)	(1.000)	(1.000)	(1.000)	(1.000)
	机油	kg	7.21	0.007	0.009	0.010	0.013	0.017	0.021
	聚四氟乙烯生料 带宽 20	m	1.15	0.568	0.752	0.944	1.208	1.504	1.888
	锯条(各种规格)	根	0.42	0.055	0.061	0.063	0.067	0.084	0.106
	尼龙砂轮片 *D*400	片	15.64	0.004	0.005	0.008	0.012	0.015	0.021
机械	中小型机械费	元	—	0.16	0.24	0.45	0.59	0.74	1.10

工作内容：场内搬运、切管、套丝、阀门连接、试压检查、配合调试。

编 号				5-013	5-014	5-015
项目名称				螺纹电磁阀安装		
				公称直径（mm）		
				65 以内	80 以内	100 以内
单 位				个		
总价（元）				**63.93**	**89.97**	**167.65**
其中	人工费（元）			59.00	83.84	159.98
	材料费（元）			3.56	4.40	5.51
	机械费（元）			1.37	1.73	2.16
名 称		单位	单价（元）	消 耗 量		
人工	综合工日	工日	135.00	0.437	0.621	1.185
材料	螺纹电磁阀门	个	—	（1.000）	（1.000）	（1.000）
	机油	kg	7.21	0.029	0.032	0.040
	聚四氟乙烯生料 带宽 20	m	1.15	2.448	3.016	3.768
	尼龙砂轮片 *D*400	片	15.64	0.034	0.045	0.057
机械	中小型机械费	元	—	1.37	1.73	2.16

工作内容：场内搬运、切管、套丝、阀门连接、试压检查。

编　　号				5-016	5-017	5-018	5-019	5-020	5-021
项目名称				螺纹浮球阀安装					
				公称直径（mm）					
				15 以内	20 以内	25 以内	32 以内	40 以内	50 以内
单　　位				个					
总价（元）				**15.58**	**17.58**	**19.94**	**25.55**	**34.36**	**44.41**
其中	人工费（元）			14.04	15.53	17.15	21.74	29.57	37.26
	材料费（元）			1.44	1.90	2.52	3.46	4.34	6.05
	机械费（元）			0.10	0.15	0.27	0.35	0.45	1.10
名　　称		单位	单价（元）	消　耗　量					
人工	综合工日	工日	135.00	0.104	0.115	0.127	0.161	0.219	0.276
材料	螺纹浮球阀	个	—	（1.010）	（1.010）	（1.010）	（1.010）	（1.010）	（1.010）
	黑玛钢管箍 *DN*15	个	0.67	1.010	—	—	—	—	—
	黑玛钢管箍 *DN*20	个	0.89	—	1.010	—	—	—	—
	黑玛钢管箍 *DN*25	个	1.23	—	—	1.010	—	—	—
	黑玛钢管箍 *DN*32	个	1.78	—	—	—	1.010	—	—
	黑玛钢管箍 *DN*40	个	2.26	—	—	—	—	1.010	—
	黑玛钢管箍 *DN*50	个	3.32	—	—	—	—	—	1.010
	机油	kg	7.21	0.003	0.004	0.005	0.007	0.008	0.021
	聚四氟乙烯生料 带宽 20	m	1.15	0.568	0.752	0.944	1.208	1.504	1.888
	锯条（各种规格）	根	0.42	0.059	0.062	0.068	0.072	0.084	0.106
	尼龙砂轮片 *D*400	片	15.64	0.004	0.005	0.008	0.012	0.015	0.021
机械	中小型机械费	元	—	0.10	0.15	0.27	0.35	0.45	1.10

工作内容：场内搬运、切管、套丝、排气阀安装、试压检查。

编号				5-022	5-023	5-024
项目名称				自动排气阀安装		
				公称直径（mm）		
				15 以内	20 以内	25 以内
单位				个		
总价（元）				**21.54**	**24.87**	**30.03**
其中	人工费（元）			18.63	20.25	23.36
	材料费（元）			2.81	4.50	6.49
	机械费（元）			0.10	0.12	0.18
名称		单位	单价（元）	消耗量		
人工	综合工日	工日	135.00	0.138	0.150	0.173
材料	自动排气阀	个	—	（1.000）	（1.000）	（1.000）
	黑玛钢管箍 *DN*15	个	0.67	1.010	—	—
	黑玛钢管箍 *DN*20	个	0.89	—	1.010	—
	黑玛钢管箍 *DN*25	个	1.23	—	—	1.010
	黑玛钢六角内接头 *DN*15	个	0.49	1.010	—	—

编号				5-022	5-023	5-024
项目名称				自动排气阀安装		
				公称直径（mm）		
				15 以内	20 以内	25 以内
单位				个		
名称		单位	单价（元）	消耗量		
材料	黑玛钢六角内接头 *DN*20	个	1.15	—	1.010	—
	黑玛钢六角内接头 *DN*25	个	1.84	—	—	1.010
	黑玛钢弯头 *DN*15	个	0.57	1.010	—	—
	黑玛钢弯头 *DN*20	个	1.07	—	1.010	—
	黑玛钢弯头 *DN*25	个	1.57	—	—	1.010
	机油	kg	7.21	0.006	0.007	0.008
	聚四氟乙烯生料 带宽 20	m	1.15	0.836	1.056	1.328
	尼龙砂轮片 *D*400	片	15.64	0.004	0.006	0.008
	氧气	m^3	2.88	—	—	0.012
	乙炔气	kg	14.66	—	—	0.004
机械	中小型机械费	元	—	0.10	0.12	0.18

工作内容：场内搬运、放风阀安装、试压检查。

编号				5-025
项目名称				手动放风阀安装
				ϕ10
单位				个
总价（元）				**4.87**
其中	人工费（元）			4.73
	材料费（元）			0.14
名称		单位	单价（元）	消耗量
人工	综合工日	工日	135.00	0.035
材料	手动放风阀 *D*10	个	—	（1.010）
	聚四氟乙烯生料 带宽 20	m	1.15	0.125

工作内容：场内搬运、切管、套丝、阀门连接、试压检查。

编　号				5-026	5-027	5-028
项目名称				散热器温控阀安装		
				公称直径（mm）		
				15 以内	20 以内	25 以内
单　位				个		
总价（元）				**16.49**	**18.40**	**20.34**
其中	人工费（元）			15.53	17.15	18.63
	材料费（元）			0.80	1.04	1.29
	机械费（元）			0.16	0.21	0.42
名　称		单位	单价（元）	消　耗　量		
人工	综合工日	工日	135.00	0.115	0.127	0.138
材料	散热器温控阀	个	—	（1.000）	（1.000）	（1.000）
	机油	kg	7.21	0.007	0.009	0.010
	聚四氟乙烯生料 带宽 20	m	1.15	0.568	0.752	0.944
	锯条（各种规格）	根	0.42	0.071	0.082	0.090
	尼龙砂轮片 *D*400	片	15.64	0.004	0.005	0.006
机械	中小型机械费	元	—	0.16	0.21	0.42

工作内容：场内搬运、制垫、加垫、阀门连接、紧螺栓、水压试验。

编号				5-029	5-030	5-031	5-032	5-033	5-034	5-035
项目名称				法兰阀门安装						
				公称直径（mm）						
				32 以内	40 以内	50 以内	65 以内	80 以内	100 以内	125 以内
单位				个						
总价（元）				**40.05**	**44.08**	**53.11**	**65.52**	**91.49**	**121.50**	**149.75**
其中	人工费（元）			32.67	35.78	38.88	49.68	68.31	93.15	114.89
	材料费（元）			6.38	7.15	12.68	13.92	20.97	25.67	31.11
	机械费（元）			1.00	1.15	1.55	1.92	2.21	2.68	3.75
名称		单位	单价（元）	消耗量						
人工	综合工日	工日	135.00	0.242	0.265	0.288	0.368	0.506	0.690	0.851
材料	法兰阀门	个	—	（1.000）	（1.000）	（1.000）	（1.000）	（1.000）	（1.000）	（1.000）
	白铅油	kg	8.16	0.030	0.035	0.035	0.050	0.070	0.100	0.120
	低碳钢焊条 J422 *D*3.2	kg	3.60	0.065	0.089	0.122	0.132	0.140	0.157	0.175
	弹簧压力表 Y-100 0~1.6MPa	块	48.67	0.006	0.006	0.016	0.016	0.016	0.019	0.019
	机油	kg	7.21	0.004	0.004	0.004	0.004	0.007	0.007	0.007
	螺纹阀门 *DN*15	个	15.28	0.006	0.006	0.016	0.016	0.016	0.019	0.019
	破布	kg	5.07	0.004	0.004	0.004	0.004	0.004	0.008	0.008
	热轧厚钢板 δ8.0~15.0	kg	5.16	0.043	0.049	0.160	0.202	0.238	0.343	0.445

续前

编　号			5-029	5-030	5-031	5-032	5-033	5-034	5-035
项目名称			法兰阀门安装						
			公称直径(mm)						
			32 以内	40 以内	50 以内	65 以内	80 以内	100 以内	125 以内
单　位			个						
名　称	单位	单价(元)	消　耗　量						
材料 砂纸	张	0.87	0.004	0.004	0.004	0.004	0.004	0.008	0.008
石棉橡胶板 δ0.8~6.0	kg	20.02	0.044	0.064	0.080	0.114	0.154	0.199	0.276
输水软管 *D*25	m	6.02	0.006	0.006	0.016	0.016	0.016	0.019	0.019
无缝钢管 *D*22×2	m	5.15	0.003	0.003	0.008	0.008	0.008	0.010	0.010
压力表弯管 *DN*15	个	11.36	0.006	0.006	0.016	0.016	0.016	0.019	0.019
氧气	m^3	2.88	0.060	0.084	0.099	0.114	0.126	0.195	0.258
乙炔气	kg	14.66	0.020	0.028	0.033	0.038	0.042	0.065	0.086
六角螺栓	kg	8.39	0.072	0.075	0.200	0.208	0.216	0.216	0.532
六角螺栓带螺母、垫圈 M12×(14~75)	套	0.77	4.120	4.120	—	—	—	—	—
六角螺栓带螺母、垫圈 M16×(65~80)	套	1.38	—	—	4.120	4.120	8.240	—	—
六角螺栓带螺母、垫圈 M16×(85~140)	套	1.64	—	—	—	—	—	8.240	8.240
机械 中小型机械费	元	—	1.00	1.15	1.55	1.92	2.21	2.68	3.75

工作内容：场地搬运、制垫、加垫、阀门连接、紧螺栓、水压试验。

编　　号				5-036	5-037	5-038	5-039	5-040	5-041
项目名称				法兰阀门安装					
				公称直径（mm）					
				150 以内	200 以内	250 以内	300 以内	350 以内	400 以内
单　　位				个					
总价（元）				**170.75**	**216.49**	**252.32**	**318.27**	**394.73**	**470.14**
其中	人工费（元）			128.93	166.19	187.92	245.30	304.29	347.76
	材料费（元）			37.78	46.11	59.98	68.41	85.31	117.03
	机械费（元）			4.04	4.19	4.42	4.56	5.13	5.35
名　　称		单位	单价（元）	消　耗　量					
人工	综合工日	工日	135.00	0.955	1.231	1.392	1.817	2.254	2.576
材料	法兰阀门	个	—	（1.000）	（1.000）	（1.000）	（1.000）	（1.000）	（1.000）
	白铅油	kg	8.16	0.140	0.016	0.200	0.240	0.280	0.300
	低碳钢焊条 J422 $D3.2$	kg	3.60	0.196	0.224	0.252	0.279	0.298	0.325
	弹簧压力表 Y-100 0~1.6MPa	块	48.67	0.019	0.019	0.019	0.019	0.019	0.019
	机油	kg	7.21	0.010	0.010	0.018	0.018	0.024	0.037
	螺纹阀门 $DN15$	个	15.28	0.019	0.019	0.019	0.019	0.019	0.019
	破布	kg	5.07	0.016	0.024	0.024	0.024	0.032	0.032
	热轧厚钢板 $\delta 8.0$~15.0	kg	5.16	0.581	0.831	1.216	1.568	2.004	2.493

续前

编号				5-036	5-037	5-038	5-039	5-040	5-041
项目名称				法兰阀门安装					
				公称直径（mm）					
				150 以内	200 以内	250 以内	300 以内	350 以内	400 以内
单位				个					
	名称	单位	单价（元）	消耗量					
材料	砂纸	张	0.87	0.016	0.024	0.024	0.024	0.032	0.032
	石棉橡胶板 $\delta 0.8\sim6.0$	kg	20.02	0.326	0.376	0.425	0.466	0.654	0.804
	输水软管 $D25$	m	6.02	0.019	0.019	0.019	0.019	0.019	0.019
	无缝钢管 $D22\times2$	m	5.15	0.010	0.010	0.010	0.010	0.010	0.010
	压力表弯管 $DN15$	个	11.36	0.019	0.019	0.019	0.019	0.019	0.019
	氧气	m^3	2.88	0.297	0.426	0.597	0.714	0.771	0.855
	乙炔气	kg	14.66	0.099	0.142	0.199	0.238	0.257	0.285
	六角螺栓	kg	8.39	0.561	0.950	0.950	1.482	1.549	2.233
	六角螺栓带螺母、垫圈 M16×（85~140）	套	1.64	—	12.360	—	—	—	—
	六角螺栓带螺母、垫圈 M20×（85~100）	套	2.14	8.240	—	—	—	—	—
	六角螺栓带螺母、垫圈 M22×（90~120）	套	2.28	—	—	12.360	12.360	16.480	—
	六角螺栓带螺母、垫圈 M27×（120~140）	套	3.46	—	—	—	—	—	16.480
机械	中小型机械费	元	—	4.04	4.19	4.42	4.56	5.13	5.35

工作内容：场内搬运、制垫、加垫、阀门连接、紧螺栓、试压检查、配合调试。

编号				5-042	5-043	5-044	5-045	5-046	5-047	5-048	5-049
项目名称				法兰电磁阀安装							
				公称直径（mm）							
				32 以内	40 以内	50 以内	65 以内	80 以内	100 以内	125 以内	150 以内
单位				个							
总价（元）				**42.56**	**47.60**	**52.56**	**65.46**	**90.78**	**121.92**	**145.02**	**170.49**
其中	人工费（元）			35.78	40.37	45.09	57.51	76.14	104.09	125.82	145.94
	材料费（元）			6.78	7.23	7.47	7.95	14.64	17.83	19.20	24.55
名称		单位	单价（元）	消耗量							
人工	综合工日	工日	135.00	0.265	0.299	0.334	0.426	0.564	0.771	0.932	1.081
材料	法兰电磁阀	个	—	（1.000）	（1.000）	（1.000）	（1.000）	（1.000）	（1.000）	（1.000）	（1.000）
	白铅油	kg	8.16	0.030	0.035	0.040	0.050	0.070	0.100	0.120	0.140
	机油	kg	7.21	0.004	0.004	0.004	0.004	0.007	0.007	0.007	0.010
	破布	kg	5.07	0.004	0.004	0.004	0.004	0.008	0.008	0.008	0.016
	砂纸	张	0.87	0.004	0.004	0.004	0.004	0.008	0.008	0.008	0.016
	石棉橡胶板 δ0.8~6.0	kg	20.02	0.040	0.060	0.070	0.090	0.130	0.170	0.230	0.280
	六角螺栓带螺母、垫圈 M16×（65~80）	套	1.38	4.120	4.120	4.120	4.120	8.240	—	—	—
	六角螺栓带螺母、垫圈 M16×（85~140）	套	1.64	—	—	—	—	—	8.240	8.240	—
	六角螺栓带螺母、垫圈 M20×（85~100）	套	2.14	—	—	—	—	—	—	—	8.240

工作内容：场内搬运、制垫、加垫、阀门连接、紧螺栓、试压检查、配合调试。

编　号				5-050	5-051	5-052	5-053	5-054	5-055	5-056
项目名称				法兰电磁阀安装						
				公称直径（mm）						
				200 以内	250 以内	300 以内	350 以内	400 以内	450 以内	500 以内
单　位				个						
总价（元）				**217.90**	**244.04**	**310.26**	**386.37**	**460.38**	**534.37**	**651.78**
其中	人工费（元）			183.20	206.55	271.76	335.34	386.64	458.06	524.75
	材料费（元）			34.70	37.49	38.50	51.03	73.74	76.31	127.03
名　称		单位	单价（元）	消　耗　量						
人工	综合工日	工日	135.00	1.357	1.530	2.013	2.484	2.864	3.393	3.887
材料	法兰电磁阀	个	—	（1.000）	（1.000）	（1.000）	（1.000）	（1.000）	（1.000）	（1.000）
	白铅油	kg	8.16	0.170	0.200	0.250	0.280	0.300	0.320	0.350
	机油	kg	7.21	0.016	0.018	0.018	0.024	0.037	0.037	0.056
	破布	kg	5.07	0.024	0.024	0.024	0.032	0.032	0.032	0.040
	砂纸	张	0.87	0.024	0.024	0.024	0.032	0.032	0.032	0.040
	石棉橡胶板 δ0.8~6.0	kg	20.02	0.330	0.370	0.400	0.540	0.690	0.810	0.830
	六角螺栓带螺母、垫圈 M20×（85~100）	套	2.14	12.360	—	—	—	—	—	—
	六角螺栓带螺母、垫圈 M22×（90~120）	套	2.28	—	12.360	12.360	16.480	—	—	—
	六角螺栓带螺母、垫圈 M27×（120~140）	套	3.46	—	—	—	—	16.480	16.480	—
	六角螺栓带螺母、垫圈 M30×（130~160）	套	5.19	—	—	—	—	—	—	20.600

工作内容：场内搬运、制垫、加垫、阀门连接、紧螺栓、水压试验。

编　　号				5-057	5-058	5-059	5-060	5-061
项目名称				对夹式蝶阀安装				
				公称直径（mm）				
				50 以内	65 以内	80 以内	100 以内	125 以内
单　　位				个				
总价（元）				**52.14**	**61.32**	**101.95**	**124.60**	**143.98**
其中	人工费（元）			32.67	40.37	68.31	85.46	100.98
	材料费（元）			17.92	19.03	31.43	36.46	39.25
	机械费（元）			1.55	1.92	2.21	2.68	3.75
名　　称		单位	单价（元）	消　耗　量				
人工	综合工日	工日	135.00	0.242	0.299	0.506	0.633	0.748
材料	对夹式蝶阀	个	—	（1.000）	（1.000）	（1.000）	（1.000）	（1.000）
	白铅油	kg	8.16	0.040	0.050	0.070	0.100	0.120
	低碳钢焊条 J422 *D*3.2	kg	3.60	0.122	0.132	0.140	0.157	0.175
	弹簧压力表 Y-100 0~1.6MPa	块	48.67	0.016	0.016	0.016	0.019	0.019
	机油	kg	7.21	0.004	0.004	0.007	0.007	0.007

编号				5-057	5-058	5-059	5-060	5-061
项目名称				对夹式蝶阀安装				
				公称直径（mm）				
				50 以内	65 以内	80 以内	100 以内	125 以内
单位				个				
名称		单位	单价（元）	消耗量				
材料	螺纹阀门 *DN*15	个	15.28	0.016	0.016	0.016	0.019	0.019
	破布	kg	5.07	0.004	0.004	0.008	0.008	0.008
	热轧厚钢板 δ8.0~15.0	kg	5.16	0.160	0.202	0.238	0.343	0.445
	砂纸	张	0.87	0.004	0.004	0.008	0.008	0.008
	石棉橡胶板 δ0.8~6.0	kg	20.02	0.066	0.096	0.128	0.165	0.230
	输水软管 *D*25	m	6.02	0.016	0.016	0.016	0.019	0.019
	无缝钢管 *D*22×2	m	5.15	0.008	0.008	0.008	0.010	0.010
	压力表弯管 *DN*15	个	11.36	0.016	0.016	0.016	0.019	0.019
	氧气	m^3	2.88	0.099	0.112	0.128	0.195	0.258
	乙炔气	kg	14.66	0.033	0.038	0.042	0.065	0.086
	六角螺栓	kg	8.39	0.200	0.208	0.216	0.532	0.561
	双头螺栓带螺母 M16×（120~140）	套	2.71	4.120	4.120	8.240	8.240	8.240
机械	中小型机械费	元	—	1.55	1.92	2.21	2.68	3.75

工作内容：场内搬运、制垫、加垫、阀门连接、紧螺栓、水压试验。

编　号				5-062	5-063	5-064	5-065	5-066
项目名称				对夹式蝶阀安装				
				公称直径(mm)				
				150 以内	200 以内	300 以内	400 以内	500 以内
单　位				个				
总价(元)				**176.89**	**196.08**	**354.63**	**588.76**	**941.63**
其中	人工费(元)			113.40	128.93	217.35	316.71	440.91
	材料费(元)			59.45	62.96	132.72	266.70	494.51
	机械费(元)			4.04	4.19	4.56	5.35	6.21
名　称		单位	单价(元)	消　耗　量				
人工	综合工日	工日	135.00	0.840	0.955	1.610	2.346	3.266
材料	对夹式蝶阀	个	—	(1.000)	(1.000)	(1.000)	(1.000)	(1.000)
	白铅油	kg	8.16	0.140	0.170	0.250	0.300	0.350
	低碳钢焊条 J422 *D*3.2	kg	3.60	0.196	0.242	0.279	0.325	0.368
	弹簧压力表 Y-100 0~1.6MPa	块	48.67	0.019	0.019	0.019	0.019	0.019
	机油	kg	7.21	0.010	0.010	0.018	0.037	0.056
	螺纹阀门 *DN*15	个	15.28	0.019	0.019	0.019	0.019	0.019
	破布	kg	5.07	0.016	0.016	0.024	0.032	0.040
	热轧厚钢板 δ8.0~15.0	kg	5.16	0.581	0.831	1.568	2.493	5.524

编号				5-062	5-063	5-064	5-065	5-066
项目名称				对夹式蝶阀安装				
				公称直径（mm）				
				150 以内	200 以内	300 以内	400 以内	500 以内
单位				个				
名称		单位	单价（元）	消耗量				
材料	砂纸	张	0.87	0.016	0.016	0.024	0.032	0.040
	石棉橡胶板 δ0.8~6.0	kg	20.02	0.270	0.310	0.386	0.666	0.797
	输水软管 *D*25	m	6.02	0.019	0.019	0.019	0.019	0.019
	无缝钢管 *D*22×2	m	5.15	0.010	0.010	0.010	0.010	0.010
	压力表弯管 *DN*15	个	11.36	0.019	0.019	0.019	0.019	0.019
	氧气	m^3	2.88	0.297	0.426	0.714	0.855	1.083
	乙炔气	kg	14.66	0.099	0.142	0.238	0.285	0.361
	六角螺栓	kg	8.39	0.950	0.950	1.549	2.233	3.382
	双头螺栓带螺母 M20×（150~190）	套	4.51	8.240	8.240	—	—	—
	双头螺栓带螺母 M24×（170~250）	套	7.56	—	—	12.360	—	—
	双头螺栓带螺母 M27×（220~303）	套	12.71	—	—	—	16.480	—
	双头螺栓带螺母 M30×（270~360）	套	19.75	—	—	—	—	20.600
机械	中小型机械费	元	—	4.04	4.19	4.56	5.35	6.21

工作内容：场内搬运、制垫、加垫、阀门连接、紧螺栓、试压检查。

编号				5-067	5-068	5-069	5-070	5-071	5-072
项目名称				法兰浮球阀安装					
				公称直径（mm）					
				32 以内	50 以内	80 以内	100 以内	125 以内	150 以内
单位				个					
总价（元）				**29.96**	**36.72**	**61.11**	**84.85**	**93.64**	**114.95**
其中	人工费（元）			23.36	29.57	52.79	69.93	77.63	91.67
	材料费（元）			6.60	7.15	8.32	14.92	16.01	23.28
名称		单位	单价（元）	消耗量					
人工	综合工日	工日	135.00	0.173	0.219	0.391	0.518	0.575	0.679
材料	法兰浮球阀	个	—	（1.000）	（1.000）	（1.000）	（1.000）	（1.000）	（1.000）
	白铅油	kg	8.16	0.030	0.040	0.070	0.100	0.120	0.140
	机油	kg	7.21	0.004	0.004	0.004	0.007	0.007	0.010
	破布	kg	5.07	0.004	0.004	0.004	0.008	0.008	0.016
	砂纸	张	0.87	0.004	0.004	0.004	0.008	0.008	0.016
	石棉橡胶板 低压 δ0.8~6.0	kg	19.35	0.032	0.056	0.104	0.136	0.184	0.224
	六角螺栓带螺母、垫圈 M16×（65~80）	套	1.38	4.120	4.120	4.120	8.240	8.240	—
	六角螺栓带螺母、垫圈 M20×（85~100）	套	2.14	—	—	—	—	—	8.240

工作内容：制垫、加垫、阀门连接、紧螺栓、试压检查。

编　　号				5-073	5-074	5-075	5-076	5-077	5-078
项目名称				法兰液压式水位控制阀安装					
				公称直径（mm）					
				50 以内	80 以内	100 以内	125 以内	150 以内	200 以内
单　　位				个					
总价（元）				**41.58**	**76.66**	**100.07**	**115.30**	**134.66**	**171.10**
其中	人工费（元）			34.16	62.10	82.35	96.26	110.30	136.62
	材料费（元）			7.42	14.56	17.72	19.04	24.36	34.48
名　　称		单位	单价（元）	消　耗　量					
人工	综合工日	工日	135.00	0.253	0.460	0.610	0.713	0.817	1.012
材料	法兰控制阀 液压式	个	—	（1.000）	（1.000）	（1.000）	（1.000）	（1.000）	（1.000）
	白铅油	kg	8.16	0.040	0.070	0.100	0.120	0.140	0.170
	机油	kg	7.21	0.004	0.007	0.007	0.007	0.010	0.016
	破布	kg	5.07	0.004	0.008	0.008	0.008	0.016	0.024
	砂纸	张	0.87	0.004	0.008	0.008	0.008	0.016	0.024
	石棉橡胶板 低压 δ0.8~6.0	kg	19.35	0.070	0.130	0.170	0.230	0.280	0.330
	六角螺栓带螺母、垫圈 M16×（65~80）	套	1.38	4.120	8.240	—	—	—	—
	六角螺栓带螺母、垫圈 M16×（85~140）	套	1.64	—	—	8.240	8.240	—	—
	六角螺栓带螺母、垫圈 M20×（85~100）	套	2.14	—	—	—	—	8.240	12.360

工作内容：场内搬运、切管、清理、阀门熔接、试压检查。

编号				5-079	5-080	5-081	5-082	5-083
项目名称				塑料阀门安装（熔接）				
				公称直径（mm）				
				15 以内	20 以内	25 以内	32 以内	40 以内
单位				个				
总价（元）				**6.24**	**7.87**	**9.36**	**12.48**	**17.23**
其中	人工费（元）			6.21	7.83	9.32	12.42	17.15
	材料费（元）			0.03	0.04	0.04	0.06	0.08
名称		单位	单价（元）	消耗量				
人工	综合工日	工日	135.00	0.046	0.058	0.069	0.092	0.127
材料	塑料阀门	个	—	（1.010）	（1.010）	（1.010）	（1.010）	（1.010）
	锯条（各种规格）	根	0.42	0.015	0.019	0.024	0.024	0.031
	破布	kg	5.07	0.002	0.003	0.004	0.005	0.007
	铁砂布	张	1.56	0.007	0.008	0.009	0.015	0.019

工作内容：场内搬运、切管、清理、阀门熔接、试压检查。

编　号				5-084	5-085	5-086	5-087
项目名称				塑料阀门安装（熔接）			
				公称直径（mm）			
				50 以内	65 以内	80 以内	100 以内
单　位				个			
总价（元）				**21.87**	**24.99**	**31.23**	**37.50**
其中	人工费（元）			21.74	24.84	31.05	37.26
	材料费（元）			0.13	0.15	0.18	0.24
名　称		单位	单价（元）	消　耗　量			
人工	综合工日	工日	135.00	0.161	0.184	0.230	0.276
材料	塑料阀门	个	—	(1.010)	(1.010)	(1.010)	(1.010)
	锯条（各种规格）	根	0.42	0.064	0.114	0.159	0.236
	破布	kg	5.07	0.010	0.010	0.012	0.014
	铁砂布	张	1.56	0.033	0.033	0.033	0.042

工作内容：场内搬运、切管、清理、阀门粘接、试压检查。

编号				5-088	5-089	5-090	5-091	5-092
项目名称				塑料阀门安装（粘接）				
				公称直径（mm）				
				15 以内	20 以内	25 以内	32 以内	40 以内
单位				个				
总价（元）				**6.35**	**7.99**	**9.53**	**12.70**	**15.85**
其中	人工费（元）			6.21	7.83	9.32	12.42	15.53
	材料费（元）			0.14	0.16	0.21	0.28	0.32
名称		单位	单价（元）	消耗量				
人工	综合工日	工日	135.00	0.046	0.058	0.069	0.092	0.115
材料	塑料阀门	个	—	（1.010）	（1.010）	（1.010）	（1.010）	（1.010）
	丙酮	kg	9.89	0.006	0.007	0.010	0.012	0.013
	锯条（各种规格）	根	0.42	0.015	0.019	0.024	0.028	0.031
	破布	kg	5.07	0.002	0.003	0.003	0.004	0.005
	铁砂布	张	1.56	0.007	0.008	0.009	0.015	0.019
	粘接剂	kg	18.17	0.003	0.003	0.004	0.006	0.007

工作内容：场内搬运、切管、清理、阀门粘接、试压检查。

编号				5-093	5-094	5-095	5-096
项目名称				塑料阀门安装（粘接）			
				公称直径（mm）			
				50 以内	65 以内	80 以内	100 以内
单位				个			
总价（元）				**19.07**	**22.19**	**27.11**	**33.70**
其中	人工费（元）			18.63	21.74	26.46	32.67
	材料费（元）			0.44	0.45	0.65	1.03
名称		单位	单价（元）	消耗量			
人工	综合工日	工日	135.00	0.138	0.161	0.196	0.242
材料	塑料阀门	个	—	（1.010）	（1.010）	（1.010）	（1.010）
	丙酮	kg	9.89	0.018	0.015	0.022	0.038
	锯条（各种规格）	根	0.42	0.064	0.076	0.102	0.153
	破布	kg	5.07	0.007	0.009	0.012	0.013
	铁砂布	张	1.56	0.026	0.029	0.033	0.042
	粘接剂	kg	18.17	0.009	0.010	0.015	0.025

工作内容：场内搬运、切管、沟槽滚压、阀门安装、水压试验。

编　号				5-097	5-098	5-099	5-100
项目名称				沟槽阀门安装			
				公称直径（mm）			
				65 以内	80 以内	100 以内	150 以内
单　位				个			
总价（元）				**63.11**	**82.72**	**109.28**	**166.99**
其中	人工费（元）			54.41	73.04	94.77	144.45
	材料费（元）			5.83	6.35	10.48	16.46
	机械费（元）			2.87	3.33	4.03	6.08
名　称		单位	单价（元）	消　耗　量			
人工	综合工日	工日	135.00	0.403	0.541	0.702	1.070
材料	沟槽阀门	个	—	（1.000）	（1.000）	（1.000）	（1.000）
	卡箍连接件（含胶圈）	套	—	（2.000）	（2.000）	（2.000）	（2.000）
	低碳钢焊条 J422 *D*3.2	kg	3.60	0.132	0.140	0.157	0.196
	弹簧压力表 Y-100 0~1.6MPa	块	48.67	0.016	0.016	0.019	0.019

编号				5-097	5-098	5-099	5-100
项目名称				沟槽阀门安装			
				公称直径（mm）			
				65 以内	80 以内	100 以内	150 以内
单位				个			
名称		单位	单价（元）	消耗量			
材料	螺纹阀门 *DN*15	个	15.28	0.016	0.016	0.019	0.019
	热轧厚钢板 δ12.0~20.0	kg	5.04	0.202	0.238	0.343	0.581
	润滑剂	kg	4.04	0.009	0.010	0.012	0.016
	石棉橡胶板 低压 δ0.8~6.0	kg	19.35	0.017	0.024	0.029	0.046
	输水软管 *D*25	m	6.02	0.016	0.016	0.019	0.019
	无缝钢管 *D*22×2	m	5.15	0.008	0.008	0.010	0.010
	压力表弯管 *DN*15	个	11.36	0.016	0.016	0.019	0.019
	氧气	m^3	2.88	0.114	0.128	0.195	0.297
	乙炔气	kg	14.66	0.038	0.042	0.065	0.099
	六角螺栓	kg	8.39	0.208	0.216	0.532	0.950
机械	中小型机械费	元	—	2.87	3.33	4.03	6.08

工作内容：场内搬运、切管、沟槽滚压、阀门安装、水压试验。

编号				5-101	5-102	5-103
项目名称				沟槽阀门安装		
				公称直径（mm）		
				200 以内	300 以内	400 以内
单位				个		
总价（元）				**201.29**	**320.42**	**455.43**
其中	人工费（元）			175.50	281.07	397.44
	材料费（元）			18.90	30.44	46.97
	机械费（元）			6.89	8.91	11.02
名称		单位	单价（元）	消耗量		
人工	综合工日	工日	135.00	1.300	2.082	2.944
材料	沟槽阀门	个	—	（1.000）	（1.000）	（1.000）
	卡箍连接件（含胶圈）	套	—	（2.000）	（2.000）	（2.000）
	低碳钢焊条 J422 *D*3.2	kg	3.60	0.224	0.279	0.325
	弹簧压力表 Y-100 0~1.6MPa	块	48.67	0.019	0.019	0.019

编号				5-101	5-102	5-103
项目名称				沟槽阀门安装		
				公称直径（mm）		
				200 以内	300 以内	400 以内
单位				个		
名称		单位	单价（元）	消耗量		
材料	螺纹阀门 *DN*15	个	15.28	0.019	0.019	0.019
	热轧厚钢板 δ12.0~20.0	kg	5.04	0.831	1.568	2.493
	润滑剂	kg	4.04	0.020	0.028	0.032
	石棉橡胶板 低压 δ0.8~6.0	kg	19.35	0.049	0.066	0.114
	输水软管 *D*25	m	6.02	0.019	0.019	0.019
	无缝钢管 *D*22×2	m	5.15	0.010	0.010	0.010
	压力表弯管 *DN*15	个	11.36	0.019	0.019	0.019
	氧气	m^3	2.88	0.426	0.714	0.865
	乙炔气	kg	14.66	0.142	0.238	0.285
	六角螺栓	kg	8.39	0.950	1.549	2.698
机械	中小型机械费	元	—	6.89	8.91	11.02

第二节　法　　兰

工作内容：场内搬运、切管、套丝、制垫、加垫、上法兰、组对、紧螺栓、试压检查。

编　　号				5-104	5-105	5-106	5-107	5-108	5-109
项目名称				螺纹法兰安装					
				公称直径（mm）					
				20 以内	25 以内	32 以内	40 以内	50 以内	65 以内
单　　位				副					
总价（元）				**22.42**	**26.59**	**32.98**	**41.74**	**52.11**	**63.16**
其中	人工费（元）			17.15	20.25	23.36	31.05	40.37	49.68
	材料费（元）			5.06	5.86	8.99	9.95	10.67	12.04
	机械费（元）			0.21	0.48	0.63	0.74	1.07	1.44
名　　称		单位	单价（元）	消　耗　量					
人工	综合工日	工日	135.00	0.127	0.150	0.173	0.230	0.299	0.368
材料	螺纹法兰	片	—	（2.000）	（2.000）	（2.000）	（2.000）	（2.000）	（2.000）
	白铅油	kg	8.16	0.025	0.028	0.030	0.035	0.040	0.050
	机油	kg	7.21	0.009	0.010	0.013	0.017	0.021	0.029

续前

编号				5-104	5-105	5-106	5-107	5-108	5-109
项目名称				螺纹法兰安装					
				公称直径（mm）					
				20 以内	25 以内	32 以内	40 以内	50 以内	65 以内
单位				副					
名称		单位	单价（元）	消耗量					
材料	聚四氟乙烯生料 带宽 20	m	1.15	0.754	0.942	1.206	1.507	1.884	2.449
	锯条（各种规格）	根	0.42	0.063	0.071	0.078	0.089	0.106	—
	尼龙砂轮片 *D*400	片	15.64	0.005	0.011	0.014	0.017	0.021	0.038
	破布	kg	5.07	0.010	0.010	0.010	0.020	0.020	0.020
	清油 C01-1	kg	15.06	0.005	0.007	0.009	0.010	0.013	0.015
	砂纸	张	0.87	0.150	0.200	0.200	0.250	0.250	0.300
	石棉橡胶板 低压 δ0.8~6.0	kg	19.35	0.020	0.040	0.050	0.070	0.075	0.090
	六角螺栓带螺母、垫圈 M12×（14~75）	套	0.77	4.120	4.120	—	—	—	—
	六角螺栓带螺母、垫圈 M16×（65~80）	套	1.38	—	—	4.120	4.120	4.120	4.120
机械	中小型机械费	元	—	0.21	0.48	0.63	0.74	1.07	1.44

工作内容:场内搬运、切管、套丝、制垫、加垫、上法兰、组对、紧螺栓、试压检查。

编　号					5-110	5-111	5-112	5-113
项目名称					螺纹法兰安装			
					公称直径(mm)			
					80 以内	100 以内	125 以内	150 以内
单　位					副			
总价(元)					**81.45**	**90.56**	**99.23**	**115.62**
其中	人工费(元)				60.62	65.21	71.42	82.35
	材料费(元)				19.10	23.19	25.10	30.70
	机械费(元)				1.73	2.16	2.71	2.57
名　称		单位	单价(元)		消　耗　量			
人工	综合工日	工日	135.00		0.449	0.483	0.529	0.610
材料	螺纹法兰	片	—		(2.000)	(2.000)	(2.000)	(2.000)
	白铅油	kg	8.16		0.070	0.100	0.120	0.140
	机油	kg	7.21		0.032	0.040	0.049	0.058
	聚四氟乙烯生料 带宽 20	m	1.15		3.014	3.768	4.710	5.652

编号				5-110	5-111	5-112	5-113
项目名称				螺纹法兰安装			
				公称直径（mm）			
				80 以内	100 以内	125 以内	150 以内
单位				副			
名称		单位	单价（元）	消耗量			
材料	尼龙砂轮片 *D*400	片	15.64	0.045	0.059	0.071	—
	破布	kg	5.07	0.020	0.025	0.028	0.030
	清油 C01-1	kg	15.06	0.020	0.030	0.030	0.030
	砂纸	张	0.87	0.035	0.038	0.040	0.043
	石棉橡胶板 低压 δ0.8~6.0	kg	19.35	0.120	0.140	0.160	0.180
	氧气	m^3	2.88	—	—	—	0.114
	乙炔气	kg	14.66	—	—	—	0.038
	六角螺栓带螺母、垫圈 M16×（65~80）	套	1.38	8.240	—	—	—
	六角螺栓带螺母、垫圈 M16×（85~140）	套	1.64	—	8.240	8.240	—
	六角螺栓带螺母、垫圈 M20×（85~100）	套	2.14	—	—	—	8.240
机械	中小型机械费	元	—	1.73	2.16	2.71	2.57

工作内容：场内搬运、切管、焊接、制垫、加垫、安装组对、紧螺栓、试压检查。

				5-114	5-115	5-116	5-117	5-118	5-119
编号				5-114	5-115	5-116	5-117	5-118	5-119
项目名称				碳钢平焊法兰安装					
				公称直径（mm）					
				32 以内	40 以内	50 以内	65 以内	80 以内	100 以内
单位				副					
总价（元）				**43.53**	**47.79**	**60.30**	**76.87**	**89.90**	**110.10**
其中	人工费（元）			31.05	34.16	45.09	59.00	63.72	77.63
	材料费（元）			8.20	8.67	9.20	10.33	17.41	21.24
	机械费（元）			4.28	4.96	6.01	7.54	8.77	11.23
名称		单位	单价（元）	消耗量					
人工	综合工日	工日	135.00	0.230	0.253	0.334	0.437	0.472	0.575
材料	碳钢平焊法兰	片	—	（2.000）	（2.000）	（2.000）	（2.000）	（2.000）	（2.000）
	白铅油	kg	8.16	0.030	0.035	0.040	0.050	0.070	0.100
	低碳钢焊条 J422 *D*3.2	kg	3.60	0.080	0.092	0.114	0.211	0.246	0.313
	机油	kg	7.21	0.050	0.063	0.068	0.070	0.081	0.098

编号				5-114	5-115	5-116	5-117	5-118	5-119
项目名称				碳钢平焊法兰安装					
				公称直径（mm）					
				32 以内	40 以内	50 以内	65 以内	80 以内	100 以内
单位				副					
名称		单位	单价（元）	消耗量					
材料	锯条（各种规格）	根	0.42	0.078	0.089	0.106	—	—	—
	尼龙砂轮片 *D*100	片	3.92	0.047	0.054	0.068	0.089	0.104	0.126
	尼龙砂轮片 *D*400	片	15.64	0.014	0.017	0.021	0.027	0.032	0.041
	破布	kg	5.07	0.012	0.017	0.020	0.023	0.026	0.028
	清油 C01-1	kg	15.06	0.009	0.010	0.013	0.015	0.020	0.023
	石棉橡胶板 低压 δ0.8~6.0	kg	19.35	0.051	0.060	0.070	0.090	0.130	0.170
	氧气	m^3	2.88	—	—	—	0.015	0.018	0.021
	乙炔气	kg	14.66	—	—	—	0.005	0.006	0.007
	六角螺栓带螺母、垫圈 M16×（65~80）	套	1.38	4.120	4.120	4.120	4.120	8.240	—
	六角螺栓带螺母、垫圈 M16×（85~140）	套	1.64	—	—	—	—	—	8.240
机械	中小型机械费	元	—	4.28	4.96	6.01	7.54	8.77	11.23

工作内容：场内搬运、切管、焊接、制垫、加垫、安装组对、紧螺栓、试压检查。

编号				5-120	5-121	5-122	5-123	5-124
项目名称				碳钢平焊法兰安装				
				公称直径(mm)				
				125以内	150以内	200以内	300以内	400以内
单位				副				
总价(元)				**130.46**	**156.61**	**215.71**	**321.34**	**423.45**
其中	人工费(元)			94.77	111.78	138.24	204.93	251.51
	材料费(元)			23.31	29.25	42.34	54.32	98.32
	机械费(元)			12.38	15.58	35.13	62.09	73.62
名称		单位	单价(元)	消耗量				
人工	综合工日	工日	135.00	0.702	0.828	1.024	1.518	1.863
材料	碳钢平焊法兰	片	—	(2.000)	(2.000)	(2.000)	(2.000)	(2.000)
	白铅油	kg	8.16	0.120	0.140	0.170	0.250	0.300
	低碳钢焊条 J422 *D*3.2	kg	3.60	0.379	0.494	1.111	2.855	4.814
	机油	kg	7.21	0.102	0.125	0.132	0.160	0.200
	尼龙砂轮片 *D*100	片	3.92	0.174	0.220	0.299	0.465	0.639

编　　号				5-120	5-121	5-122	5-123	5-124
项目名称				碳钢平焊法兰安装				
				公称直径（mm）				
				125 以内	150 以内	200 以内	300 以内	400 以内
单　　位				副				
名　　称		单位	单价（元）	消　耗　量				
材料	尼龙砂轮片 *D*400	片	15.64	0.049	—	—	—	—
	破布	kg	5.07	0.030	0.034	0.036	0.050	0.060
	清油 C01-1	kg	15.06	0.027	0.030	0.035	0.047	0.053
	石棉橡胶板 低压 δ0.8~6.0	kg	19.35	0.230	0.280	0.330	0.400	0.690
	氧气	m^3	2.88	0.033	0.114	0.165	0.276	0.402
	乙炔气	kg	14.66	0.011	0.038	0.055	0.092	0.134
	六角螺栓带螺母、垫圈 M16×（85~140）	套	1.64	8.240	—	—	—	—
	六角螺栓带螺母、垫圈 M20×（85~100）	套	2.14	—	8.240	12.360	—	—
	六角螺栓带螺母、垫圈 M22×（90~120）	套	2.28	—	—	—	12.360	—
	六角螺栓带螺母、垫圈 M27×（120~140）	套	3.46	—	—	—	—	16.480
机械	中小型机械费	元	—	12.38	15.58	35.13	62.09	73.62

工作内容：场内搬运、切管、焊接、焊缝处理、制垫、加垫、安装组对、紧螺栓、试压检查。

编号				5-125	5-126	5-127	5-128	5-129	5-130	5-131
项目名称				不锈钢平焊法兰安装						
				公称直径（mm）						
				20以内	25以内	32以内	40以内	50以内	65以内	80以内
单位				副						
总价（元）				**38.92**	**45.96**	**56.57**	**64.79**	**76.25**	**98.89**	**120.68**
其中	人工费（元）			26.46	31.05	37.26	43.47	51.30	65.21	76.14
	材料费（元）			8.16	9.61	13.14	14.36	16.19	22.63	31.65
	机械费（元）			4.30	5.30	6.17	6.96	8.76	11.05	12.89
名称		单位	单价（元）	消耗量						
人工	综合工日	工日	135.00	0.196	0.230	0.276	0.322	0.380	0.483	0.564
材料	不锈钢平焊法兰	片	—	（2.000）	（2.000）	（2.000）	（2.000）	（2.000）	（2.000）	（2.000）
	白垩粉	kg	1.96	0.285	0.347	0.428	0.490	0.581	0.775	0.907
	不锈钢焊条（综合）	kg	51.05	0.059	0.071	0.082	0.094	0.118	0.217	0.253
	机油	kg	7.21	0.045	0.048	0.050	0.063	0.065	0.070	0.081

编　　号			5-125	5-126	5-127	5-128	5-129	5-130	5-131
项目名称			不锈钢平焊法兰安装						
			公称直径（mm）						
			20 以内	25 以内	32 以内	40 以内	50 以内	65 以内	80 以内
单　　位			副						
名　　称	单位	单价（元）	消　耗　量						
材料 金刚石砂轮片 *D*400	片	21.86	0.014	0.024	0.028	0.030	0.031	0.046	0.056
尼龙砂轮片 *D*100	片	3.92	0.067	0.080	0.089	0.101	0.128	0.168	0.195
破布	kg	5.07	0.001	0.002	0.002	0.003	0.004	0.005	0.006
氢氟酸 45%	kg	7.27	0.004	0.004	0.005	0.006	0.008	0.010	0.012
石棉橡胶板 低压 δ0.8~6.0	kg	19.35	0.020	0.040	0.046	0.060	0.070	0.090	0.130
硝酸	kg	5.56	0.016	0.020	0.024	0.026	0.036	0.048	0.054
重铬酸钾 98%	kg	11.77	0.001	0.002	0.003	0.004	0.005	0.006	0.007
六角螺栓带螺母、垫圈 M12×（14~75）	套	0.77	4.120	4.120	—	—	—	—	—
六角螺栓带螺母、垫圈 M16×（65~80）	套	1.38	—	—	4.120	4.120	4.120	4.120	8.240
机械 中小型机械费	元	—	4.30	5.30	6.17	6.96	8.76	11.05	12.89

工作内容：场内搬运、切管、焊接、焊缝处理、制垫、加垫、安装组对、紧螺栓、试压检查。

编号				5-132	5-133	5-134	5-135	5-136	5-137	5-138
项目名称				不锈钢平焊法兰安装						
				公称直径（mm）						
				100 以内	125 以内	150 以内	200 以内	300 以内	400 以内	500 以内
单位				副						
总价（元）				**140.98**	**166.28**	**206.93**	**308.54**	**556.82**	**821.48**	**1039.89**
其中	人工费（元）			85.46	99.36	121.10	147.56	253.13	353.97	422.28
	材料费（元）			39.14	43.21	55.48	99.82	197.96	338.59	455.93
	机械费（元）			16.38	23.71	30.35	61.16	105.73	128.92	161.68
名称		单位	单价（元）	消耗量						
人工	综合工日	工日	135.00	0.633	0.736	0.897	1.093	1.875	2.622	3.128
材料	不锈钢平焊法兰	片	—	（2.000）	（2.000）	（2.000）	（2.000）	（2.000）	（2.000）	（2.000）
	白垩粉	kg	1.96	1.100	1.355	1.619	2.229	3.005	3.614	4.228
	不锈钢焊条（综合）	kg	51.05	0.322	0.389	0.507	1.142	2.936	4.951	6.156
	机油	kg	7.21	0.098	0.102	0.125	0.132	0.160	0.200	0.250
	金刚石砂轮片 *D*400	片	21.86	0.069	—	—	—	—	—	—
	尼龙砂轮片 *D*100	片	3.92	0.237	0.326	0.412	0.560	0.872	1.199	1.481

编号				5-132	5-133	5-134	5-135	5-136	5-137	5-138
项目名称				不锈钢平焊法兰安装						
				公称直径（mm）						
				100 以内	125 以内	150 以内	200 以内	300 以内	400 以内	500 以内
单位				副						
名称		单位	单价（元）	消耗量						
材料	破布	kg	5.07	0.007	0.008	0.010	0.014	0.020	0.026	0.034
	氢氟酸 45%	kg	7.27	0.014	0.016	0.020	0.028	0.040	0.054	0.066
	石棉橡胶板 低压 δ0.8~6.0	kg	19.35	0.170	0.230	0.280	0.330	0.400	0.690	0.830
	硝酸	kg	5.56	0.066	0.082	0.098	0.136	0.200	0.262	0.326
	重铬酸钾 98%	kg	11.77	0.008	0.009	0.010	0.012	0.016	0.022	0.028
	六角螺栓带螺母、垫圈 M16×（85~140）	套	1.64	8.240	8.240	—	—	—	—	—
	六角螺栓带螺母、垫圈 M20×（85~100）	套	2.14	—	—	8.240	12.360	—	—	—
	六角螺栓带螺母、垫圈 M22×（90~120）	套	2.28	—	—	—	—	12.360	—	—
	六角螺栓带螺母、垫圈 M27×（120~140）	套	3.46	—	—	—	—	—	16.480	—
	六角螺栓带螺母、垫圈 M30×（130~160）	套	5.19	—	—	—	—	—	—	20.600
机械	中小型机械费	元	—	16.38	23.71	30.35	61.16	105.73	128.92	161.68

工作内容:场内搬运、管口除沥青、切管、调制接口材料、制垫、加垫、安装组对、接口养护、紧螺栓、试压检查。

编号				5-139	5-140	5-141	5-142	5-143	5-144	5-145
项目名称				承(插)盘法兰短管安装(石棉水泥接口)						
				公称直径(mm)						
				80以内	100以内	150以内	200以内	300以内	400以内	500以内
单位				副						
总价(元)				**86.97**	**103.50**	**129.34**	**161.46**	**212.58**	**302.45**	**416.12**
其中	人工费(元)			68.31	80.73	97.88	117.99	159.98	209.66	262.44
	材料费(元)			18.66	22.77	31.46	43.47	52.60	92.79	153.68
名称		单位	单价(元)	消耗量						
人工	综合工日	工日	135.00	0.506	0.598	0.725	0.874	1.185	1.553	1.944
材料	承(插)盘法兰短管	个	—	(2.000)	(2.000)	(2.000)	(2.000)	(2.000)	(2.000)	(2.000)
	白铅油	kg	8.16	0.070	0.100	0.140	0.170	0.250	0.280	0.350
	机油	kg	7.21	0.081	0.098	0.125	0.132	0.160	0.200	0.250
	破布	kg	5.07	0.020	0.028	0.030	0.035	0.050	0.060	0.070
	清油 C01-1	kg	15.06	0.020	0.023	0.030	0.035	0.050	0.055	0.065
	石棉绒	kg	12.32	0.093	0.123	0.182	0.234	0.395	0.534	0.770

编号				5-139	5-140	5-141	5-142	5-143	5-144	5-145
项目名称				承(插)盘法兰短管安装(石棉水泥接口)						
				公称直径(mm)						
				80以内	100以内	150以内	200以内	300以内	400以内	500以内
单位				副						
名称		单位	单价(元)	消耗量						
材料	石棉橡胶板 低压 δ0.8~6.0	kg	19.35	0.130	0.170	0.280	0.330	0.400	0.690	0.830
	水泥 P·O 42.5	kg	0.41	0.348	0.459	0.680	0.874	1.473	2.028	2.873
	氧气	m^3	2.88	0.036	0.036	0.057	0.093	0.138	0.267	0.324
	乙炔气	kg	14.66	0.012	0.012	0.019	0.031	0.046	0.089	0.108
	油麻	kg	16.48	0.100	0.120	0.170	0.220	0.360	0.490	0.700
	六角螺栓带螺母、垫圈 M16×(65~80)	套	1.38	8.240	—	—	—	—	—	—
	六角螺栓带螺母、垫圈 M16×(85~140)	套	1.64	—	8.240	—	—	—	—	—
	六角螺栓带螺母、垫圈 M20×(85~100)	套	2.14	—	—	8.240	12.360	—	—	—
	六角螺栓带螺母、垫圈 M22×(90~120)	套	2.28	—	—	—	—	12.360	—	—
	六角螺栓带螺母、垫圈 M27×(120~140)	套	3.46	—	—	—	—	—	16.480	—
	六角螺栓带螺母、垫圈 M30×(130~160)	套	5.19	—	—	—	—	—	—	20.600

工作内容：场内搬运、管口除沥青、切管、调制接口材料、制垫、加垫、安装组对、接口养护、紧螺栓、试压检查。

编号				5-146	5-147	5-148	5-149	5-150	5-151	5-152
项目名称				承（插）盘法兰短管安装（膨胀水泥接口）						
				公称直径（mm）						
				80 以内	100 以内	150 以内	200 以内	300 以内	400 以内	500 以内
单位				副						
总价（元）				**84.55**	**99.26**	**124.54**	**153.07**	**199.57**	**288.18**	**398.02**
其中	人工费（元）			66.83	77.63	94.77	111.78	150.66	200.34	251.51
	材料费（元）			17.72	21.63	29.77	41.29	48.91	87.84	146.51
名称		单位	单价（元）	消耗量						
人工	综合工日	工日	135.00	0.495	0.575	0.702	0.828	1.116	1.484	1.863
材料	承（插）盘法兰短管	个	—	（2.000）	（2.000）	（2.000）	（2.000）	（2.000）	（2.000）	（2.000）
	白铅油	kg	8.16	0.070	0.100	0.140	0.170	0.250	0.280	0.350
	硅酸盐膨胀水泥	kg	0.85	0.497	0.656	0.972	1.249	2.104	2.897	4.107
	机油	kg	7.21	0.070	0.098	0.125	0.132	0.160	0.200	0.250
	破布	kg	5.07	0.020	0.028	0.030	0.035	0.050	0.060	0.070

编号			5-146	5-147	5-148	5-149	5-150	5-151	5-152
项目名称			承（插）盘法兰短管安装（膨胀水泥接口）						
			公称直径（mm）						
			80 以内	100 以内	150 以内	200 以内	300 以内	400 以内	500 以内
单位			副						
名称	单位	单价（元）	消耗量						
材料 清油 C01-1	kg	15.06	0.020	0.023	0.030	0.035	0.050	0.055	0.065
石棉橡胶板 低压 δ0.8~6.0	kg	19.35	0.130	0.170	0.280	0.330	0.400	0.690	0.830
氧气	m^3	2.88	0.036	0.036	0.057	0.093	0.138	0.267	0.324
乙炔气	kg	14.66	0.012	0.012	0.019	0.031	0.046	0.089	0.108
油麻	kg	16.48	0.100	0.120	0.170	0.220	0.360	0.490	0.700
六角螺栓带螺母、垫圈 M16×（65~80）	套	1.38	8.240	—	—	—	—	—	—
六角螺栓带螺母、垫圈 M16×（85~140）	套	1.64	—	8.240	—	—	—	—	—
六角螺栓带螺母、垫圈 M20×（85~100）	套	2.14	—	—	8.240	12.360	—	—	—
六角螺栓带螺母、垫圈 M22×（90~120）	套	2.28	—	—	—	—	12.360	—	—
六角螺栓带螺母、垫圈 M27×（120~140）	套	3.46	—	—	—	—	—	16.480	—
六角螺栓带螺母、垫圈 M30×（130~160）	套	5.19	—	—	—	—	—	—	20.600

工作内容：场内搬运、切管、熔接、制垫、加垫、安装组对、紧螺栓、试压检查。

编号				5-153	5-154	5-155	5-156	5-157
项目名称				塑料法兰（带短管）安装（热熔）				
				公称直径（mm）				
				15 以内	20 以内	25 以内	32 以内	40 以内
单位				副				
总价（元）				**22.59**	**24.50**	**28.07**	**35.48**	**40.53**
其中	人工费（元）			18.63	20.25	23.36	27.95	32.67
	材料费（元）			3.96	4.25	4.71	7.53	7.86
名称		单位	单价（元）	消耗量				
人工	综合工日	工日	135.00	0.138	0.150	0.173	0.207	0.242
材料	塑料法兰（带短管）	片	—	（2.000）	（2.000）	（2.000）	（2.000）	（2.000）
	白铅油	kg	8.16	0.020	0.025	0.028	0.030	0.035
	机油	kg	7.21	0.043	0.048	0.050	0.055	0.062
	锯条（各种规格）	根	0.42	0.015	0.019	0.022	0.026	0.031
	破布	kg	5.07	0.008	0.008	0.010	0.012	0.017
	清油 C01-1	kg	15.06	0.004	0.005	0.007	0.009	0.010
	石棉橡胶板 低压 δ0.8~6.0	kg	19.35	0.010	0.020	0.040	0.050	0.060
	铁砂布	张	1.56	0.007	0.008	0.009	0.015	0.019
	六角螺栓带螺母、垫圈 M12×（14~75）	套	0.77	4.120	4.120	4.120	—	—
	六角螺栓带螺母、垫圈 M16×（65~80）	套	1.38	—	—	—	4.120	4.120

工作内容：场内搬运、切管、熔接、制垫、加垫、安装组对、紧螺栓、试压检查。

编号				5-158	5-159	5-160	5-161	5-162	5-163	5-164	5-165
项目名称				塑料法兰（带短管）安装（热熔）							
				公称直径（mm）							
				50 以内	65 以内	80 以内	100 以内	125 以内	150 以内	200 以内	300 以内
单位				副							
总价（元）				**47.11**	**53.86**	**69.98**	**79.56**	**89.89**	**104.93**	**133.50**	**168.88**
其中	人工费（元）			38.88	45.09	54.41	60.62	68.31	77.63	94.77	121.10
	材料费（元）			8.23	8.77	15.57	18.94	20.31	25.82	36.03	40.25
	机械费（元）			—	—	—	—	1.27	1.48	2.70	7.53
名称		单位	单价（元）	消耗量							
人工	综合工日	工日	135.00	0.288	0.334	0.403	0.449	0.506	0.575	0.702	0.897
材料	塑料法兰（带短管）	片	—	（2.000）	（2.000）	（2.000）	（2.000）	（2.000）	（2.000）	（2.000）	（2.000）
	白铅油	kg	8.16	0.040	0.050	0.070	0.100	0.120	0.140	0.170	0.250
	机油	kg	7.21	0.068	0.070	0.081	0.098	0.102	0.125	0.132	0.160
	锯条（各种规格）	根	0.42	0.064	0.076	0.114	0.153	—	—	—	—
	破布	kg	5.07	0.020	0.023	0.026	0.028	0.030	0.034	0.036	0.046
	清油 C01-1	kg	15.06	0.013	0.015	0.020	0.023	0.027	0.030	0.035	0.047
	石棉橡胶板 低压 δ0.8~6.0	kg	19.35	0.070	0.090	0.130	0.170	0.230	0.280	0.330	0.400
	铁砂布	张	1.56	0.033	0.033	0.033	0.042	0.048	0.064	0.094	0.124
	六角螺栓带螺母、垫圈 M16×（65~80）	套	1.38	4.120	4.120	8.240	—	—	—	—	—
	六角螺栓带螺母、垫圈 M16×（85~140）	套	1.64	—	—	—	8.240	8.240	—	—	—
	六角螺栓带螺母、垫圈 M20×（85~100）	套	2.14	—	—	—	—	—	8.240	12.360	—
	六角螺栓带螺母、垫圈 M22×（90~120）	套	2.28	—	—	—	—	—	—	—	12.360
机械	中小型机械费	元	—	—	—	—	—	1.27	1.48	2.70	7.53

工作内容：场内搬运、切管、熔接、制垫、加垫、安装组对、紧螺栓、试压检查。

编号				5-166	5-167	5-168	5-169	5-170	5-171	5-172
项目名称				塑料法兰（带短管）安装（电熔）连接						
				公称直径（mm）						
				15 以内	20 以内	25 以内	32 以内	40 以内	50 以内	65 以内
单位				副						
总价（元）				**23.08**	**25.10**	**28.85**	**36.30**	**41.73**	**48.59**	**57.14**
其中	人工费（元）			18.63	20.25	23.36	27.95	32.67	38.88	46.58
	材料费（元）			3.96	4.25	4.72	7.33	7.86	8.23	8.77
	机械费（元）			0.49	0.60	0.77	1.02	1.20	1.48	1.79
名称		单位	单价（元）	消耗量						
人工	综合工日	工日	135.00	0.138	0.150	0.173	0.207	0.242	0.288	0.345
材料	塑料法兰（带短管）	片	—	（2.000）	（2.000）	（2.000）	（2.000）	（2.000）	（2.000）	（2.000）
	白铅油	kg	8.16	0.020	0.025	0.028	0.030	0.035	0.040	0.050
	机油	kg	7.21	0.043	0.048	0.050	0.055	0.062	0.068	0.070
	锯条（各种规格）	根	0.42	0.015	0.019	0.024	0.026	0.031	0.064	0.076
	破布	kg	5.07	0.008	0.008	0.010	0.012	0.017	0.020	0.023
	清油 C01-1	kg	15.06	0.004	0.005	0.007	0.009	0.010	0.013	0.015
	石棉橡胶板 低压 δ0.8~6.0	kg	19.35	0.010	0.020	0.040	0.040	0.060	0.070	0.090
	铁砂布	张	1.56	0.007	0.008	0.009	0.015	0.019	0.033	0.033
	六角螺栓带螺母、垫圈 M12×（14~75）	套	0.77	4.120	4.120	4.120	—	—	—	—
	六角螺栓带螺母、垫圈 M16×（65~80）	套	1.38	—	—	—	4.120	4.120	4.120	4.120
机械	中小型机械费	元	—	0.49	0.60	0.77	1.02	1.20	1.48	1.79

工作内容：场内搬运、切管、熔接、制垫、加垫、安装组对、紧螺栓、试压检查。

编号				5-173	5-174	5-175	5-176	5-177	5-178
项目名称				塑料法兰（带短管）安装（电熔）连接					
				公称直径（mm）					
				80 以内	100 以内	125 以内	150 以内	200 以内	300 以内
单位				副					
总价（元）				**72.18**	**83.44**	**92.89**	**110.98**	**134.14**	**165.78**
其中	人工费（元）			54.41	62.10	69.93	82.35	94.77	121.10
	材料费（元）			15.59	18.95	20.32	25.82	36.01	40.22
	机械费（元）			2.18	2.39	2.64	2.81	3.36	4.46
名称		单位	单价（元）	消耗量					
人工	综合工日	工日	135.00	0.403	0.460	0.518	0.610	0.702	0.897
材料	塑料法兰（带短管）	片	—	（2.000）	（2.000）	（2.000）	（2.000）	（2.000）	（2.000）
	白铅油	kg	8.16	0.070	0.100	0.120	0.140	0.170	0.250
	机油	kg	7.21	0.081	0.098	0.102	0.125	0.132	0.160
	锯条（各种规格）	根	0.42	0.114	0.153	—	—	—	—
	破布	kg	5.07	0.026	0.028	0.030	0.034	0.036	0.046
	清油 C01-1	kg	15.06	0.020	0.023	0.027	0.030	0.035	0.047
	石棉橡胶板 低压 δ0.8~6.0	kg	19.35	0.130	0.170	0.230	0.280	0.330	0.400
	铁砂布	张	1.56	0.042	0.048	0.056	0.064	0.082	0.108
	六角螺栓带螺母、垫圈 M16×（65~80）	套	1.38	8.240	—	—	—	—	—
	六角螺栓带螺母、垫圈 M16×（85~140）	套	1.64	—	8.240	8.240	—	—	—
	六角螺栓带螺母、垫圈 M20×（85~100）	套	2.14	—	—	—	8.240	12.360	—
	六角螺栓带螺母、垫圈 M22×（90~120）	套	2.28	—	—	—	—	—	12.360
机械	中小型机械费	元	—	2.18	2.39	2.64	2.81	3.36	4.46

工作内容：场内搬运、切管、粘接、制垫、加垫、安装组对、紧螺栓、试压检查。

编号				5–179	5–180	5–181	5–182	5–183
项目名称				塑料法兰（带短管）安装（粘接）				
				公称直径（mm）				
				15 以内	20 以内	25 以内	32 以内	40 以内
单位				副				
总价（元）				**21.24**	**23.02**	**26.65**	**34.03**	**40.82**
其中	人工费（元）			17.15	18.63	21.74	26.46	32.67
	材料费（元）			4.09	4.39	4.91	7.57	8.15
名称		单位	单价（元）	消耗量				
人工	综合工日	工日	135.00	0.127	0.138	0.161	0.196	0.242
材料	塑料法兰（带短管）	片	—	（2.000）	（2.000）	（2.000）	（2.000）	（2.000）
	白铅油	kg	8.16	0.020	0.025	0.028	0.030	0.035
	丙酮	kg	9.89	0.006	0.007	0.010	0.012	0.013
	机油	kg	7.21	0.043	0.048	0.050	0.055	0.062
	锯条（各种规格）	根	0.42	0.015	0.019	0.024	0.024	0.031
	破布	kg	5.07	0.012	0.013	0.014	0.015	0.025
	清油 C01–1	kg	15.06	0.004	0.005	0.007	0.009	0.010
	石棉橡胶板 低压 δ0.8~6.0	kg	19.35	0.010	0.020	0.040	0.040	0.060
	铁砂布	张	1.56	0.007	0.008	0.009	0.015	0.019
	粘接剂	kg	18.17	0.003	0.003	0.004	0.006	0.007
	六角螺栓带螺母、垫圈 M12×（14~75）	套	0.77	4.120	4.120	4.120	—	—
	六角螺栓带螺母、垫圈 M16×（65~80）	套	1.38	—	—	—	4.120	4.120

工作内容：场内搬运、切管、粘接、制垫、加垫、安装组对、紧螺栓、试压检查。

编号				5-184	5-185	5-186	5-187	5-188	5-189	5-190	5-191
项目名称				塑料法兰（带短管）安装（粘接）							
				公称直径（mm）							
				50 以内	65 以内	80 以内	100 以内	125 以内	150 以内	200 以内	300 以内
单位				副							
总价（元）				**45.86**	**52.60**	**67.39**	**78.85**	**88.22**	**103.11**	**126.33**	**159.06**
其中	人工费（元）			37.26	43.47	51.30	59.00	66.83	76.14	88.56	116.51
	材料费（元）			8.60	9.13	16.09	19.85	21.28	26.84	37.61	42.31
	机械费（元）			—	—	—	—	0.11	0.13	0.16	0.24
名称		单位	单价（元）	消耗量							
人工	综合工日	工日	135.00	0.276	0.322	0.380	0.437	0.495	0.564	0.656	0.863
材料	塑料法兰（带短管）	片	—	(2.000)	(2.000)	(2.000)	(2.000)	(2.000)	(2.000)	(2.000)	(2.000)
	白铅油	kg	8.16	0.040	0.050	0.070	0.100	0.120	0.140	0.170	0.250
	丙酮	kg	9.89	0.018	0.015	0.022	0.038	0.041	0.044	0.068	0.090
	机油	kg	7.21	0.068	0.070	0.081	0.098	0.102	0.125	0.132	0.160
	锯条（各种规格）	根	0.42	0.064	0.076	0.114	0.153	—	—	—	—
	破布	kg	5.07	0.027	0.029	0.032	0.043	0.044	0.045	0.054	0.062
	清油 C01-1	kg	15.06	0.013	0.015	0.020	0.023	0.027	0.030	0.035	0.047
	石棉橡胶板 低压 δ0.8~6.0	kg	19.35	0.070	0.090	0.130	0.170	0.230	0.280	0.330	0.400
	铁砂布	张	1.56	0.026	0.033	0.033	0.042	0.048	0.064	0.094	0.124
	粘接剂	kg	18.17	0.009	0.010	0.015	0.025	0.027	0.029	0.045	0.060
	六角螺栓带螺母、垫圈 M16×(65~80)	套	1.38	4.120	4.120	8.240	—	—	—	—	—
	六角螺栓带螺母、垫圈 M16×(85~140)	套	1.64	—	—	—	8.240	8.240	—	—	—
	六角螺栓带螺母、垫圈 M20×(85~100)	套	2.14	—	—	—	—	—	8.240	12.360	—
	六角螺栓带螺母、垫圈 M22×(90~120)	套	2.28	—	—	—	—	—	—	—	12.360
机械	中小型机械费	元	—	—	—	—	—	0.11	0.13	0.16	0.24

工作内容：场内搬运、切管、滚槽、制垫、加垫、安装组对、紧螺栓、试压检查。

编号				5-192	5-193	5-194	5-195	5-196	5-197	5-198	5-199
项目名称				沟槽法兰安装							
				公称直径（mm）							
				65 以内	80 以内	100 以内	125 以内	150 以内	200 以内	300 以内	400 以内
单位				副							
总价（元）				**48.78**	**64.74**	**77.68**	**89.57**	**107.26**	**137.70**	**184.33**	**258.90**
其中	人工费（元）			38.88	48.20	57.51	68.31	80.73	100.98	142.83	200.34
	材料费（元）			8.95	15.43	18.81	19.57	24.50	34.03	37.15	53.02
	机械费（元）			0.95	1.11	1.36	1.69	2.03	2.69	4.35	5.54
名称		单位	单价（元）	消耗量							
人工	综合工日	工日	135.00	0.288	0.357	0.426	0.506	0.598	0.748	1.058	1.484
材料	沟槽法兰	片	—	（2.000）	（2.000）	（2.000）	（2.000）	（2.000）	（2.000）	（2.000）	（2.000）
	卡箍连接件（含胶圈）	套	—	（2.000）	（2.000）	（2.000）	（2.000）	（2.000）	（2.000）	（2.000）	（2.000）
	白铅油	kg	8.16	0.080	0.070	0.110	0.130	0.146	0.156	0.195	0.228
	机油	kg	7.21	0.070	0.070	0.090	0.110	0.130	0.150	0.170	0.200
	破布	kg	5.07	0.020	0.025	0.030	0.033	0.036	0.040	0.051	0.060
	清油 C01-1	kg	15.06	0.015	0.020	0.030	0.033	0.036	0.040	0.050	0.050
	润滑剂	kg	4.04	0.009	0.010	0.012	0.014	0.016	0.020	0.028	0.032
	石棉橡胶板 低压 δ0.8~6.0	kg	19.35	0.090	0.130	0.160	0.180	0.204	0.224	0.260	0.298
	六角螺栓带螺母、垫圈 M16×（65~80）	套	1.38	4.120	8.240	—	—	—	—	—	—
	六角螺栓带螺母、垫圈 M16×（85~140）	套	1.64	—	—	8.240	8.240	—	—	—	—
	六角螺栓带螺母、垫圈 M20×（85~100）	套	2.14	—	—	—	—	8.240	12.360	—	—
	六角螺栓带螺母、垫圈 M22×（90~120）	套	2.28	—	—	—	—	—	—	12.360	—
	六角螺栓带螺母、垫圈 M27×（120~140）	套	3.46	—	—	—	—	—	—	—	12.360
机械	中小型机械费	元	—	0.95	1.11	1.36	1.69	2.03	2.69	4.35	5.54

第三节 减 压 器

工作内容：场内搬运、切管、套丝、组对、安装、旁通管安装、水压试验。

编号				5-200	5-201	5-202	5-203	5-204	5-205	5-206	5-207
项目名称				减压器组成安装（螺纹连接）							
				公称直径（mm）							
				20 以内	25 以内	32 以内	40 以内	50 以内	65 以内	80 以内	100 以内
单位				组							
总价（元）				**559.88**	**652.90**	**764.19**	**880.80**	**1063.53**	**1433.16**	**1807.23**	**2428.63**
其中	人工费（元）			338.18	401.36	476.55	563.63	676.22	896.67	1144.26	1499.45
	材料费（元）			216.99	245.27	280.29	308.69	375.96	522.33	646.56	909.74
	机械费（元）			4.71	6.27	7.35	8.48	11.35	14.16	16.41	19.44
名称		单位	单价（元）	消耗量							
人工	综合工日	工日	135.00	2.505	2.973	3.530	4.175	5.009	6.642	8.476	11.107
材料	螺纹减压阀	个	—	（1.000）	（1.000）	（1.000）	（1.000）	（1.000）	（1.000）	（1.000）	（1.000）
	螺纹 Y 形过滤器	个	—	（1.000）	（1.000）	（1.000）	（1.000）	（1.000）	（1.000）	（1.000）	（1.000）
	螺纹阀门	个	—	（3.030）	（3.030）	（3.030）	（3.030）	（3.030）	（3.030）	（3.030）	（3.030）
	螺纹挠性接头	个	—	（1.010）	（1.010）	（1.010）	（1.010）	（1.010）	（1.010）	（1.010）	（1.010）
	低碳钢焊条 J422 *D*3.2	kg	3.60	0.228	0.248	0.306	0.352	0.395	0.445	0.498	0.549
	弹簧压力表 Y-100 0~1.6MPa	块	48.67	2.030	2.030	2.030	2.030	2.060	2.060	2.060	2.069
	焊接钢管 *DN*20	m	6.32	1.300	—	—	—	—	—	—	—
	焊接钢管 *DN*25	m	9.32	—	1.488	—	—	—	—	—	—

续前

编号			5-200	5-201	5-202	5-203	5-204	5-205	5-206	5-207
项目名称			减压器组成安装（螺纹连接）							
			公称直径（mm）							
			20 以内	25 以内	32 以内	40 以内	50 以内	65 以内	80 以内	100 以内
单位			组							
名称	单位	单价（元）	消耗量							
材料 焊接钢管 *DN*32	m	12.02	—	—	1.756	—	—	—	—	—
焊接钢管 *DN*40	m	14.72	—	—	—	1.911	—	—	—	—
焊接钢管 *DN*50	m	18.68	—	—	—	—	1.995	—	—	—
焊接钢管 *DN*65	m	25.35	—	—	—	—	—	2.441	—	—
焊接钢管 *DN*80	m	31.81	—	—	—	—	—	—	2.663	—
焊接钢管 *DN*100	m	41.28	—	—	—	—	—	—	—	3.033
黑玛钢管箍 *DN*15	个	0.67	2.020	2.020	2.020	2.020	2.020	2.020	2.020	2.020
黑玛钢活接头 *DN*20	个	2.97	2.020	—	—	—	—	—	—	—
黑玛钢活接头 *DN*25	个	4.32	—	2.020	—	—	—	—	—	—
黑玛钢活接头 *DN*32	个	5.63	—	—	2.020	—	—	—	—	—
黑玛钢活接头 *DN*40	个	7.64	—	—	—	2.020	—	—	—	—
黑玛钢活接头 *DN*50	个	11.08	—	—	—	—	2.020	—	—	—
黑玛钢活接头 *DN*65	个	25.69	—	—	—	—	—	2.020	—	—
黑玛钢活接头 *DN*80	个	35.41	—	—	—	—	—	—	2.020	—

续前

编号				5-200	5-201	5-202	5-203	5-204	5-205	5-206	5-207
项目名称				减压器组成安装（螺纹连接）							
				公称直径（mm）							
				20 以内	25 以内	32 以内	40 以内	50 以内	65 以内	80 以内	100 以内
单位				组							
名称		单位	单价（元）	消耗量							
材料	黑玛钢活接头 *DN*100	个	56.87	—	—	—	—	—	—	—	2.020
	黑玛钢六角内接头 *DN*15	个	0.49	2.020	2.020	2.020	2.020	2.020	2.020	2.020	2.020
	黑玛钢六角内接头 *DN*20	个	1.15	10.100	—	—	—	—	—	—	—
	黑玛钢六角内接头 *DN*25	个	1.84	—	10.100	—	—	—	—	—	—
	黑玛钢六角内接头 *DN*32	个	2.64	—	—	10.100	—	—	—	—	—
	黑玛钢六角内接头 *DN*40	个	3.24	—	—	—	10.100	—	—	—	—
	黑玛钢六角内接头 *DN*50	个	5.06	—	—	—	—	10.100	—	—	—
	黑玛钢六角内接头 *DN*65	个	8.82	—	—	—	—	—	10.100	—	—
	黑玛钢六角内接头 *DN*80	个	12.76	—	—	—	—	—	—	10.100	—
	黑玛钢六角内接头 *DN*100	个	21.41	—	—	—	—	—	—	—	10.100
	黑玛钢三通 *DN*20	个	1.49	4.040	—	—	—	—	—	—	—
	黑玛钢三通 *DN*25	个	2.33	—	4.040	—	—	—	—	—	—
	黑玛钢三通 *DN*32	个	3.65	—	—	4.040	—	—	—	—	—
	黑玛钢三通 *DN*40	个	4.41	—	—	—	4.040	—	—	—	—

编号				5-200	5-201	5-202	5-203	5-204	5-205	5-206	5-207
项目名称				减压器组成安装（螺纹连接）							
				公称直径（mm）							
				20 以内	25 以内	32 以内	40 以内	50 以内	65 以内	80 以内	100 以内
单位				组							
名称		单位	单价（元）	消耗量							
材料	黑玛钢三通 *DN*50	个	6.70	—	—	—	—	4.040	—	—	—
	黑玛钢三通 *DN*65	个	13.43	—	—	—	—	—	4.040	—	—
	黑玛钢三通 *DN*80	个	18.08	—	—	—	—	—	—	4.040	—
	黑玛钢三通 *DN*100	个	30.94	—	—	—	—	—	—	—	4.040
	黑玛钢弯头 *DN*20	个	1.07	2.020	—	—	—	—	—	—	—
	黑玛钢弯头 *DN*25	个	1.57	—	2.020	—	—	—	—	—	—
	黑玛钢弯头 *DN*32	个	2.76	—	—	2.020	—	—	—	—	—
	黑玛钢弯头 *DN*40	个	3.45	—	—	—	2.020	—	—	—	—
	黑玛钢弯头 *DN*50	个	5.01	—	—	—	—	2.020	—	—	—
	黑玛钢弯头 *DN*65	个	9.04	—	—	—	—	—	2.020	—	—
	黑玛钢弯头 *DN*80	个	13.43	—	—	—	—	—	—	2.020	—
	黑玛钢弯头 *DN*100	个	15.23	—	—	—	—	—	—	—	2.020
	机油	kg	7.21	0.136	0.145	0.160	0.202	0.222	0.286	0.303	0.367
	聚四氟乙烯生料 带宽 20	m	1.15	23.704	28.680	34.472	39.160	47.712	59.592	69.496	87.352

续前

编号				5-200	5-201	5-202	5-203	5-204	5-205	5-206	5-207
项目名称				减压器组成安装（螺纹连接）							
				公称直径（mm）							
				20 以内	25 以内	32 以内	40 以内	50 以内	65 以内	80 以内	100 以内
单位				组							
名称		单位	单价（元）	消耗量							
材料	锯条（各种规格）	根	0.42	0.290	0.316	0.390	0.446	0.557	—	—	—
	螺纹截止阀 J11T-16 *DN*15	个	12.12	2.050	2.050	2.050	2.050	2.080	2.080	2.080	2.089
	尼龙砂轮片 *D*400	片	15.64	0.025	0.057	0.072	0.084	0.118	0.190	0.225	0.295
	破布	kg	5.07	0.005	0.006	0.011	0.012	0.016	0.025	0.033	0.044
	热轧厚钢板 δ12.0~20.0	kg	5.04	0.120	0.135	0.170	0.190	0.523	0.650	0.755	1.071
	石棉橡胶板 低压 δ0.8~6.0	kg	19.35	0.018	0.021	0.025	0.029	0.036	0.079	0.083	0.093
	输水软管 *D*25	m	6.02	0.030	0.030	0.030	0.030	0.060	0.060	0.060	0.069
	无缝钢管 *D*22×2	m	5.15	0.015	0.015	0.015	0.015	0.030	0.030	0.030	0.035
	压力表弯管 *DN*15	个	11.36	2.030	2.030	2.030	2.030	2.060	2.060	2.060	2.069
	氧气	m^3	2.88	0.213	0.474	0.588	0.648	0.942	1.203	1.359	1.821
	乙炔气	kg	14.66	0.071	0.158	0.196	0.216	0.314	0.401	0.453	0.607
	六角螺栓	kg	8.39	0.174	0.174	0.282	0.291	0.666	0.690	0.714	1.662
机械	中小型机械费	元	—	4.71	6.27	7.35	8.48	11.35	14.16	16.41	19.44

工作内容：场内搬运、切管、套丝、组对、焊接、制垫、加垫、紧螺栓、安装、旁通管安装、水压试验。

编号				5-208	5-209	5-210	5-211	5-212	5-213
项目名称				减压器组成安装（法兰连接）					
				公称直径（mm）					
				32 以内	40 以内	50 以内	65 以内	80 以内	100 以内
单位				组					
总价（元）				**653.47**	**743.46**	**903.18**	**1076.44**	**1280.29**	**1602.83**
其中	人工费（元）			388.13	462.65	563.63	690.93	799.61	1001.43
	材料费（元）			248.24	261.73	303.14	333.27	420.81	520.88
	机械费（元）			17.10	19.08	36.41	52.24	59.87	80.52
名称		单位	单价（元）	消耗量					
人工	综合工日	工日	135.00	2.875	3.427	4.175	5.118	5.923	7.418
材料	法兰减压阀	个	—	（1.000）	（1.000）	（1.000）	（1.000）	（1.000）	（1.000）
	法兰式 Y 形过滤器	个	—	（1.000）	（1.000）	（1.000）	（1.000）	（1.000）	（1.000）
	法兰阀门	个	—	（3.000）	（3.000）	（3.000）	（3.000）	（3.000）	（3.000）
	碳钢平焊法兰	片	—	（4.000）	（4.000）	（4.000）	（4.000）	（4.000）	（4.000）
	法兰挠性接头	个	—	（1.000）	（1.000）	（1.000）	（1.000）	（1.000）	（1.000）
	白铅油	kg	8.16	0.073	0.075	0.080	0.100	0.140	0.200
	低碳钢焊条 J422 *D*3.2	kg	3.60	0.496	0.525	1.205	1.504	1.675	2.414
	弹簧压力表 Y-100 0~1.6MPa	块	48.67	2.030	2.030	2.090	2.060	2.060	2.069
	钢丝 *D*4.0	kg	7.08	0.011	0.012	0.013	0.016	0.017	0.020
	焊接钢管 *DN*32	m	12.02	1.756	—	—	—	—	—

编号				5-208	5-209	5-210	5-211	5-212	5-213
项目名称				减压器组成安装（法兰连接）					
				公称直径（mm）					
				32 以内	40 以内	50 以内	65 以内	80 以内	100 以内
单位				组					
名称		单位	单价（元）	消耗量					
材料	焊接钢管 *DN*40	m	14.72	—	1.911	—	—	—	—
	焊接钢管 *DN*50	m	18.68	—	—	1.995	—	—	—
	焊接钢管 *DN*65	m	25.35	—	—	—	2.440	—	—
	焊接钢管 *DN*80	m	31.81	—	—	—	—	2.660	—
	焊接钢管 *DN*100	m	41.28	—	—	—	—	—	3.030
	黑玛钢管箍 *DN*15	个	0.67	2.020	2.020	2.020	2.020	2.020	2.020
	机油	kg	7.21	0.147	0.165	0.187	0.187	0.216	0.276
	聚四氟乙烯生料 带宽 20	m	1.15	3.344	3.344	3.344	3.344	3.344	3.344
	锯条（各种规格）	根	0.42	0.350	0.372	0.417	0.194	0.194	0.194
	螺纹截止阀 J11T-16 *DN*15	个	12.12	2.050	2.050	2.110	2.080	2.080	2.089
	尼龙砂轮片 *D*100	片	3.92	0.278	0.344	0.412	0.705	0.771	0.942
	尼龙砂轮片 *D*400	片	15.64	0.062	0.075	0.091	0.115	0.134	0.171
	破布	kg	5.07	0.105	0.128	0.139	0.163	0.212	0.262
	清油 C01-1	kg	15.06	0.020	0.022	0.050	0.030	0.036	0.040
	热轧厚钢板 δ12.0~20.0	kg	5.04	0.170	0.190	0.823	0.650	0.755	1.071
	砂纸	张	0.87	0.032	0.032	0.032	0.032	0.058	0.064
	石棉橡胶板 低压 δ0.8~6.0	kg	19.35	0.338	0.498	0.614	0.799	1.119	1.453

编号				5-208	5-209	5-210	5-211	5-212	5-213
项目名称				减压器组成安装（法兰连接）					
				公称直径（mm）					
				32 以内	40 以内	50 以内	65 以内	80 以内	100 以内
单位				组					
名称		单位	单价（元）	消耗量					
材料	输水软管 *D*25	m	6.02	0.030	0.030	0.090	0.060	0.060	0.069
	碳钢气焊条 *D*2 以内	kg	15.58	0.108	0.128	0.142	0.156	0.178	0.193
	无缝钢管 *D*22×2	m	5.15	0.015	0.015	0.045	0.030	0.030	0.035
	压力表弯管 *DN*15	个	11.36	2.030	2.030	2.090	2.060	2.060	2.069
	压制弯头 *DN*32	个	3.00	2.000	—	—	—	—	—
	压制弯头 *DN*40	个	3.20	—	2.000	—	—	—	—
	压制弯头 *DN*50	个	8.36	—	—	2.000	—	—	—
	压制弯头 *DN*65	个	11.05	—	—	—	2.000	—	—
	压制弯头 *DN*80	个	14.48	—	—	—	—	2.000	—
	压制弯头 *DN*100	个	22.53	—	—	—	—	—	2.000
	氧气	m^3	2.88	0.702	0.909	1.101	1.113	1.512	2.055
	乙炔气	kg	14.66	0.234	0.303	0.367	0.371	0.504	0.685
	六角螺栓	kg	8.39	0.282	0.291	1.041	0.690	0.714	1.662
	六角螺栓带螺母、垫圈 M16×（65~80）	套	1.38	32.960	32.960	32.960	32.960	65.920	—
	六角螺栓带螺母、垫圈 M16×（85~140）	套	1.64	—	—	—	—	—	65.920
机械	中小型机械费	元	—	17.10	19.08	36.41	52.24	59.87	80.52

第四节 疏 水 器

工作内容：场内搬运、切管、套丝、组对、安装、旁通管安装、水压试验。

编号				5-214	5-215	5-216	5-217	5-218
项目名称				疏水器组成安装（螺纹连接）				
				公称直径（mm）				
				20 以内	25 以内	32 以内	40 以内	50 以内
单位				组				
总价（元）				**290.68**	**348.75**	**425.58**	**520.85**	**657.60**
其中	人工费（元）			220.46	254.61	294.98	352.49	430.11
	材料费（元）			65.52	88.69	123.58	159.88	217.19
	机械费（元）			4.70	5.45	7.02	8.48	10.30
名称		单位	单价（元）	消耗量				
人工	综合工日	工日	135.00	1.633	1.886	2.185	2.611	3.186
材料	螺纹疏水器	个	—	(1.000)	(1.000)	(1.000)	(1.000)	(1.000)
	螺纹 Y 形过滤器	个	—	(1.000)	(1.000)	(1.000)	(1.000)	(1.000)
	螺纹截止阀 J11T-16 *DN*15	个	—	(3.030)	(2.020)	(1.010)	(1.010)	(1.010)
	螺纹截止阀 J11T-16 *DN*20	个	—	(2.020)	(1.010)	(1.010)	—	—
	螺纹截止阀 J11T-16 *DN*25	个	—	—	(2.020)	(1.010)	—	—
	螺纹截止阀 J11T-16 *DN*32	个	—	—	—	(2.020)	(2.020)	(1.010)
	螺纹截止阀 J11T-16 *DN*40	个	—	—	—	—	(2.020)	(1.010)

编号				5-214	5-215	5-216	5-217	5-218
项目名称				疏水器组成安装（螺纹连接）				
				公称直径（mm）				
				20 以内	25 以内	32 以内	40 以内	50 以内
单位				组				
名称		单位	单价（元）	消耗量				
材料	螺纹截止阀 J11T-16 *DN*50	个	—	—	—	—	—	（2.020）
	低碳钢焊条 J422 *D*3.2	kg	3.60	0.228	0.248	0.306	0.352	0.395
	弹簧压力表 Y-100 0~1.6MPa	块	48.67	0.030	0.030	0.030	0.030	0.050
	焊接钢管 *DN*15	m	4.84	2.350	0.540	0.290	0.320	0.350
	焊接钢管 *DN*20	m	6.32	—	2.050	0.290	—	—
	焊接钢管 *DN*25	m	9.32	—	—	2.300	—	—
	焊接钢管 *DN*32	m	12.02	—	—	—	2.870	0.350
	焊接钢管 *DN*40	m	14.72	—	—	—	—	2.800
	黑玛钢活接头 *DN*15	个	2.23	1.010		—	—	—
	黑玛钢活接头 *DN*20	个	2.97	1.010	1.010	—	—	—
	黑玛钢活接头 *DN*25	个	4.32	—	1.010	1.010	—	—
	黑玛钢活接头 *DN*32	个	5.63	—	—	1.010	1.010	—
	黑玛钢活接头 *DN*40	个	7.64	—	—	—	1.010	1.010
	黑玛钢活接头 *DN*50	个	11.08	—	—	—	—	1.010
	黑玛钢六角内接头 *DN*15	个	0.49	3.030	2.020	1.010	1.010	1.010

续前

编号				5–214	5–215	5–216	5–217	5–218
项目名称				疏水器组成安装（螺纹连接）				
				公称直径（mm）				
				20 以内	25 以内	32 以内	40 以内	50 以内
单位				组				
名称		单位	单价（元）	消耗量				
材料	黑玛钢六角内接头 *DN*20	个	1.15	8.080	1.010	1.010	—	—
	黑玛钢六角内接头 *DN*25	个	1.84	—	8.080	1.010	—	—
	黑玛钢六角内接头 *DN*32	个	2.64	—	—	8.080	2.020	1.010
	黑玛钢六角内接头 *DN*40	个	3.24	—	—	—	8.080	1.010
	黑玛钢六角内接头 *DN*50	个	5.06	—	—	—	—	8.080
	黑玛钢三通 *DN*20	个	1.49	4.040	—	—	—	—
	黑玛钢三通 *DN*25	个	2.33	—	4.040	—	—	—
	黑玛钢三通 *DN*32	个	3.65	—	—	4.040	—	—
	黑玛钢三通 *DN*40	个	4.41	—	—	—	4.040	—
	黑玛钢三通 *DN*50	个	6.70	—	—	—	—	4.040
	黑玛钢弯头 *DN*15	个	0.57	2.020	—	—	—	—
	黑玛钢弯头 *DN*20	个	1.07	—	2.020	—	—	—
	黑玛钢弯头 *DN*25	个	1.57	—	—	2.020	—	—
	黑玛钢弯头 *DN*32	个	2.76	—	—	—	2.020	—
	黑玛钢弯头 *DN*40	个	3.45	—	—	—	—	2.020

编号				5-214	5-215	5-216	5-217	5-218
项目名称				疏水器组成安装(螺纹连接)				
				公称直径(mm)				
				20 以内	25 以内	32 以内	40 以内	50 以内
单位				组				
名称		单位	单价(元)	消耗量				
材料	机油	kg	7.21	0.123	0.132	0.144	0.175	0.202
	聚四氟乙烯生料 带宽 20	m	1.15	19.052	23.144	28.500	34.132	40.560
	锯条(各种规格)	根	0.42	0.693	0.645	0.612	0.576	0.543
	螺纹阀门 *DN*15	个	15.28	0.030	0.030	0.030	0.030	0.050
	尼龙砂轮片 *D*400	片	15.64	0.030	0.039	0.069	0.093	0.109
	破布	kg	5.07	0.005	0.010	0.011	0.018	0.020
	热轧厚钢板 δ12.0~20.0	kg	5.04	0.116	0.130	0.163	0.205	0.433
	石棉橡胶板 低压 δ0.8~6.0	kg	19.35	0.018	0.018	0.018	0.018	0.030
	输水软管 *D*25	m	6.02	0.030	0.030	0.030	0.030	0.050
	无缝钢管 *D*22×2	m	5.15	0.015	0.015	0.015	0.015	0.025
	压力表弯管 *DN*15	个	11.36	0.030	0.030	0.030	0.030	0.050
	氧气	m^3	2.88	0.213	0.360	0.516	0.621	0.828
	乙炔气	kg	14.66	0.071	0.120	0.172	0.207	0.276
	六角螺栓	kg	8.39	0.171	0.174	0.249	0.327	0.580
机械	中小型机械费	元	—	4.70	5.45	7.02	8.48	10.30

工作内容：场内搬运、切管、焊接、安装、旁通管安装、水压试管。

编号				5-219	5-220	5-221
项目名称				疏水器组成安装（焊接连接）		
				公称直径（mm）		
				32 以内	40 以内	50 以内
单位				组		
总价（元）				**330.60**	**413.85**	**751.29**
其中	人工费（元）			108.00	148.50	202.50
	材料费（元）			220.67	263.19	545.84
	机械费（元）			1.93	2.16	2.95
名称		单位	单价（元）	消耗量		
人工	综合工日	工日	135.00	0.800	1.100	1.500
材料	螺纹疏水器 *DN*32	个	—	（1.000）	—	—
	螺纹疏水器 *DN*40	个	—	—	（1.000）	—
	螺纹疏水器 *DN*50	个	—	—	—	（1.000）
	低碳钢焊条 J422 *D*3.2	kg	3.60	—	—	1.380
	弹簧压力表 Y-100 0~1.6MPa	块	48.67	0.030	0.030	0.070
	法兰截止阀 J41T-16 *DN*50	个	108.77	—	—	2.000
	钢板平焊法兰 1.6MPa *DN*50	片	22.98	—	—	4.000
	焊接钢管 *DN*15	m	4.84	0.300	0.300	0.300
	焊接钢管 *DN*25	m	9.32	1.530	—	—
	焊接钢管 *DN*32	m	12.02	1.050	1.710	—
	焊接钢管 *DN*40	m	14.72	—	1.190	2.100
	焊接钢管 *DN*50	m	18.68	—	—	1.500

编　　号				5-219	5-220	5-221
项目名称				疏水器组成安装（焊接连接）		
				公称直径（mm）		
				32 以内	40 以内	50 以内
单　　位				组		
名　　称		单位	单价（元）	消　耗　量		
材料	黑玛钢活接头 *DN*32	个	5.63	1.000	—	—
	黑玛钢活接头 *DN*40	个	7.64	—	1.000	—
	黑玛钢活接头 *DN*50	个	11.08	—	—	1.000
	螺纹截止阀 J11T-16 *DN*25	个	20.30	1.010	—	—
	螺纹截止阀 J11T-16 *DN*32	个	26.66	2.020	1.010	—
	螺纹截止阀 J11T-16 *DN*40	个	37.11	—	2.020	1.010
	热轧厚钢板 δ12.0~20.0	kg	5.04	0.168	0.198	0.638
	石棉橡胶板 δ3.0	kg	15.68	—	—	0.280
	输水软管 *D*25	m	6.02	0.030	0.030	0.070
	碳钢气焊条	kg	15.58	0.150	0.170	0.190
	碳钢气焊条 *D*2 以内	kg	15.58	0.088	0.128	—
	无缝钢管 *D*22×2	m	5.15	0.015	0.015	0.035
	旋塞阀 *DN*15	个	50.19	2.020	2.020	2.020
	压力表弯管 *DN*15	个	11.36	0.030	0.030	0.060
	氧气	m^3	2.88	0.560	0.650	0.750
	乙炔气	kg	14.66	0.187	0.217	0.250
机械	中小型机械费	元	—	1.93	2.16	2.95

工作内容：场内搬运、切管、组对、焊接、制垫、加垫、安装、紧螺栓、旁通管安装、水压试验。

编号				5-222	5-223	5-224	5-225	5-226
项目名称				疏水器组成安装（法兰连接）				
				公称直径（mm）				
				20 以内	25 以内	32 以内	40 以内	50 以内
单位				组				
总价（元）				**427.54**	**456.99**	**524.47**	**603.42**	**736.64**
其中	人工费（元）			324.54	341.55	377.33	430.11	504.63
	材料费（元）			77.63	87.19	116.48	138.68	180.61
	机械费（元）			25.37	28.25	30.66	34.63	51.40
名称		单位	单价（元）	消耗量				
人工	综合工日	工日	135.00	2.404	2.530	2.795	3.186	3.738
材料	法兰疏水器	个	—	（1.000）	（1.000）	（1.000）	（1.000）	（1.000）
	法兰式 Y 形过滤器	个	—	（1.000）	（1.000）	（1.000）	（1.000）	（1.000）
	法兰截止阀 J41T-16 *DN*15	个	—	（3.000）	—	—	—	—
	法兰截止阀 J41T-16 *DN*20	个	—	（2.000）	（3.000）	（2.000）	（1.000）	（1.000）
	法兰截止阀 J41T-16 *DN*25	个	—	—	（2.000）	（1.000）	（1.000）	—
	法兰截止阀 J41T-16 *DN*32	个	—	—	—	（2.000）	（1.000）	（1.000）

编　号				5-222	5-223	5-224	5-225	5-226
项目名称				疏水器组成安装（法兰连接）				
				公称直径（mm）				
				20 以内	25 以内	32 以内	40 以内	50 以内
单　位				组				
名　称		单位	单价（元）	消　耗　量				
材料	法兰截止阀 J41T-16 *DN*40	个	—	—	—	—	（2.000）	（1.000）
	法兰截止阀 J41T-16 *DN*50	个	—	—	—	—	—	（2.000）
	碳钢平焊法兰 1.6MPa *DN*15	片	—	（6.000）	—	—	—	—
	碳钢平焊法兰 1.6MPa *DN*20	片	—	（4.000）	（6.000）	（4.000）	（2.000）	（2.000）
	碳钢平焊法兰 1.6MPa *DN*25	片	—	—	（4.000）	（2.000）	（2.000）	—
	碳钢平焊法兰 1.6MPa *DN*32	片	—	—	—	（4.000）	（2.000）	（2.000）
	碳钢平焊法兰 1.6MPa *DN*40	片	—	—	—	—	（4.000）	（2.000）
	碳钢平焊法兰 1.6MPa *DN*50	片	—	—	—	—	—	（4.000）
	白铅油	kg	8.16	0.120	0.150	0.170	0.200	0.220
	低碳钢焊条 J422 *D*3.2	kg	3.60	0.664	0.721	0.766	0.825	1.380
	弹簧压力表 Y-100 0~1.6MPa	块	48.67	0.030	0.030	0.030	0.030	0.070
	钢丝 *D*4.0	kg	7.08	0.019	0.019	0.021	0.023	0.025
	焊接钢管 *DN*15	m	4.84	2.450	—	—	—	—
	焊接钢管 *DN*20	m	6.32	—	2.580	0.660	0.350	0.380

编号				5-222	5-223	5-224	5-225	5-226
项目名称				疏水器组成安装（法兰连接）				
				公称直径（mm）				
				20 以内	25 以内	32 以内	40 以内	50 以内
单位				组				
名称		单位	单价（元）	消耗量				
材料	焊接钢管 *DN*25	m	9.32	—	—	2.220	0.350	—
	焊接钢管 *DN*32	m	12.02	—	—	—	2.310	0.380
	焊接钢管 *DN*40	m	14.72	—	—	—	—	2.584
	机油	kg	7.21	0.235	0.265	0.293	0.333	0.353
	锯条（各种规格）	根	0.42	0.708	0.612	0.502	0.444	0.429
	螺纹阀门 *DN*15	个	15.28	0.030	0.030	0.030	0.030	0.070
	尼龙砂轮片 *D*100	片	3.92	0.413	0.485	0.562	0.684	0.749
	尼龙砂轮片 *D*400	片	15.64	0.041	0.058	0.075	0.098	0.119
	破布	kg	5.07	0.135	0.139	0.174	0.209	0.229
	清油 C01-1	kg	15.06	0.035	0.038	0.042	0.045	0.050
	热轧厚钢板 δ12.0~20.0	kg	5.04	0.129	0.139	0.168	0.198	0.638
	砂纸	张	0.87	0.041	0.043	0.045	0.048	0.051
	石棉橡胶板 低压 δ0.8~6.0	kg	19.35	0.258	0.378	0.418	0.578	0.702
	输水软管 *D*25	m	6.02	0.030	0.030	0.030	0.030	0.070
	碳钢气焊条 *D*2 以内	kg	15.58	0.060	0.072	0.088	0.128	—

续前

编号				5-222	5-223	5-224	5-225	5-226
项目名称				疏水器组成安装（法兰连接）				
				公称直径（mm）				
				20 以内	25 以内	32 以内	40 以内	50 以内
单位				组				
名称		单位	单价（元）	消耗量				
材料	无缝钢管 $D22\times2$	m	5.15	0.015	0.015	0.015	0.015	0.035
	压力表弯管 $DN15$	个	11.36	0.030	0.030	0.030	0.030	0.060
	压制弯头 $DN20$	个	2.10	2.000	—	—	—	—
	压制弯头 $DN25$	个	2.50	—	2.000	—	—	—
	压制弯头 $DN32$	个	3.00	—	—	2.000	—	—
	压制弯头 $DN40$	个	3.20	—	—	—	2.000	—
	压制弯头 $DN50$	个	8.36	—	—	—	—	2.000
	氧气	m^3	2.88	0.501	0.567	0.771	1.077	1.251
	乙炔气	kg	14.66	0.167	0.189	0.257	0.359	0.417
	六角螺栓	kg	8.39	0.180	0.180	0.252	0.294	0.833
	六角螺栓带螺母、垫圈 M12×（14~75）	套	0.77	49.440	49.440	24.720	16.480	8.240
	六角螺栓带螺母、垫圈 M16×（65~80）	套	1.38	—	—	24.720	32.960	41.200
机械	中小型机械费	元	—	25.37	28.25	30.66	34.63	51.40

第五节　水　　表

工作内容：场内搬运、切管、套丝、制垫、加垫、水表安装、试压检查。

编　　号				5-227	5-228	5-229	5-230	5-231	5-232
项目名称				普通水表安装（螺纹连接）					
				公称直径（mm）					
				15 以内	20 以内	25 以内	32 以内	40 以内	50 以内
单　　位				组					
总价（元）				**62.50**	**74.92**	**92.17**	**110.58**	**137.40**	**171.94**
其中	人工费（元）			50.49	59.40	71.28	83.16	100.98	118.80
	材料费（元）			12.01	15.52	20.89	27.42	36.42	53.14
名　　称		单位	单价（元）	消　耗　量					
人工	综合工日	工日	135.00	0.374	0.440	0.528	0.616	0.748	0.880
材料	螺纹水表	个	—	（1.000）	（1.000）	（1.000）	（1.000）	（1.000）	（1.000）
	螺纹闸阀 Z15T-10K *DN*15	个	11.09	1.010	—	—	—	—	—
	螺纹闸阀 Z15T-10K *DN*20	个	14.56	—	1.010	—	—	—	—
	螺纹闸阀 Z15T-10K *DN*25	个	19.54	—	—	1.010	—	—	—
	螺纹闸阀 Z15T-10K *DN*32	个	25.83	—	—	—	1.010	—	—
	螺纹闸阀 Z15T-10K *DN*40	个	34.17	—	—	—	—	1.010	—
	螺纹闸阀 Z15T-10K *DN*50	个	50.24	—	—	—	—	—	1.010
	橡胶板 δ1.0~3.0	kg	11.26	0.050	0.050	0.080	0.090	0.130	0.160
	铅油	kg	11.17	0.010	0.010	0.010	0.014	0.020	0.030
	机油	kg	7.21	0.010	0.010	0.010	0.010	0.012	0.012
	线麻	kg	11.36	0.001	0.001	0.001	0.002	0.002	0.003
	锯条	根	0.42	0.110	0.130	0.140	0.170	0.260	0.340

工作内容：场内搬运、切管、套丝、制垫、加垫、水表安装、试压检查。

编号				5-233	5-234	5-235	5-236
项目名称				普通水表安装（螺纹连接）			
				公称直径（mm）			
				80 以内	100 以内	125 以内	150 以内
单位				组			
总价（元）				**291.15**	**370.80**	**196.61**	**235.47**
其中	人工费（元）			155.93	173.75	191.57	230.04
	材料费（元）			135.22	197.05	5.04	5.43
名称		单位	单价（元）	消耗量			
人工	综合工日	工日	135.00	1.155	1.287	1.419	1.704
材料	螺纹水表	个	—	（1.000）	（1.000）	（1.000）	（1.000）
	螺纹闸板阀	个	—	—	—	（1.010）	（1.010）
	螺纹闸阀 Z15T-10K *DN*80	个	130.88	1.010	—	—	—
	螺纹闸阀 Z15T-10K *DN*100	个	191.17	—	1.010	—	—
	橡胶板 δ1.0~3.0	kg	11.26	0.190	0.240	0.290	0.290
	铅油	kg	11.17	0.050	0.080	0.120	0.150
	机油	kg	7.21	0.015	0.015	0.020	0.020
	线麻	kg	11.36	0.005	0.005	0.007	0.007
	锯条	根	0.42	0.410	0.500	0.500	0.620

工作内容：切管、焊接、制垫、加垫、水表、止回阀、阀门安装、上螺栓、水压试验。

编号				5-237	5-238	5-239	5-240	5-241	5-242	5-243
项目名称				焊接法兰水表安装（带旁通管及止回阀）						
				公称直径（mm）						
				50 以内	80 以内	100 以内	150 以内	200 以内	250 以内	300 以内
单位				组						
总价（元）				**1460.49**	**2281.41**	**2861.82**	**4854.07**	**8522.77**	**13394.49**	**17357.44**
其中	人工费（元）			424.71	635.58	718.74	980.10	1692.90	2249.78	2760.62
	材料费（元）			952.46	1515.98	1990.71	3705.08	6458.32	10588.92	13928.44
	机械费（元）			83.32	129.85	152.37	168.89	371.55	555.79	668.38
名称		单位	单价（元）	消耗量						
人工	综合工日	工日	135.00	3.146	4.708	5.324	7.260	12.540	16.665	20.449
材料	法兰水表	个	—	（1.000）	（1.000）	（1.000）	（1.000）	（1.000）	（1.000）	（1.000）
	法兰闸阀 Z45T-10 *DN*50	个	120.42	3.000	—	—	—	—	—	—
	法兰闸阀 Z45T-10 *DN*80	个	195.82	—	3.000	—	—	—	—	—
	法兰闸阀 Z45T-10 *DN*100	个	240.73	—	—	3.000	—	—	—	—
	法兰闸阀 Z45T-10 *DN*150	个	490.86	—	—	—	3.030	—	—	—
	法兰闸阀 Z45T-10 *DN*200	个	765.63	—	—	—	—	3.030	—	—

续前

编号				5-237	5-238	5-239	5-240	5-241	5-242	5-243
项目名称				焊接法兰水表安装（带旁通管及止回阀）						
				公称直径（mm）						
				50 以内	80 以内	100 以内	150 以内	200 以内	250 以内	300 以内
单位				组						
名称		单位	单价（元）	消耗量						
材料	法兰闸阀 Z45T-10 *DN*250	个	1168.32	—	—	—	—	—	3.030	—
	法兰闸阀 Z45T-10 *DN*300	个	1339.39	—	—	—	—	—	—	3.030
	法兰止回阀 H44T-10 *DN*50	个	85.43	1.000	—	—	—	—	—	—
	法兰止回阀 H44T-10 *DN*80	个	151.80	—	1.000	—	—	—	—	—
	法兰止回阀 H44T-10 *DN*100	个	175.40	—	—	1.000	—	—	—	—
	法兰止回阀 H44T-10 *DN*150	个	352.81	—	—	—	1.010	—	—	—
	法兰止回阀 H44T-10 *DN*200	个	992.48	—	—	—	—	1.010	—	—
	法兰止回阀 H44T-10 *DN*250	个	1210.34	—	—	—	—	—	1.010	—
	法兰止回阀 H44T-10 *DN*300	个	1694.78	—	—	—	—	—	—	1.010
	石棉橡胶板 低压 δ0.8~6.0	kg	19.35	0.830	1.570	2.080	3.310	3.970	4.390	4.800
	电焊条 E4303 *D*3.2	kg	7.59	1.590	3.810	4.770	7.060	18.150	36.270	41.360
	氧气	m^3	2.88	0.420	0.660	0.780	1.240	1.810	2.580	3.040
	乙炔气	kg	14.66	0.140	0.220	0.260	0.410	0.600	0.860	1.010
	铅油	kg	11.17	0.480	0.720	0.900	1.680	2.040	2.400	3.260
	清油	kg	15.06	0.060	0.090	0.120	0.180	0.180	0.240	0.330

续前

编号				5-237	5-238	5-239	5-240	5-241	5-242	5-243
项目名称				焊接法兰水表安装（带旁通管及止回阀）						
				公称直径（mm）						
				50 以内	80 以内	100 以内	150 以内	200 以内	250 以内	300 以内
单位				组						
名称		单位	单价（元）	消耗量						
材料	机油	kg	7.21	0.900	0.900	1.200	1.500	1.800	1.800	2.450
	棉纱	kg	16.11	0.240	0.300	0.360	0.420	0.480	0.590	0.700
	砂纸	张	0.87	2.400	3.000	3.000	4.200	4.800	6.000	7.200
	钢板平焊法兰 1.6MPa *DN*50	个	22.98	14.000	—	—	—	—	—	—
	钢板平焊法兰 1.6MPa *DN*80	个	36.56	—	14.000	—	—	—	—	—
	钢板平焊法兰 1.6MPa *DN*100	个	48.19	—	—	14.000	—	—	—	—
	钢板平焊法兰 1.6MPa *DN*150	个	79.27	—	—	—	14.000	—	—	—
	钢板平焊法兰 1.6MPa *DN*200	个	119.54	—	—	—	—	14.000	—	—
	钢板平焊法兰 1.6MPa *DN*250	个	246.34	—	—	—	—	—	14.000	—
	钢板平焊法兰 1.6MPa *DN*300	个	365.92	—	—	—	—	—	—	14.000
	焊接钢管 *DN*50	m	18.68	1.750	—	—	—	—	—	—
	焊接钢管 *DN*80	m	31.81	—	2.000	—	—	—	—	—
	焊接钢管 *DN*100	m	41.28	—	—	2.250	—	—	—	—
	焊接钢管 *DN*150	m	68.51	—	—	—	2.500	—	—	—
	压制弯头 *D*57×5	个	8.36	2.000	—	—	—	—	—	—

续前

编号				5-237	5-238	5-239	5-240	5-241	5-242	5-243
项目名称				焊接法兰水表安装（带旁通管及止回阀）						
				公称直径（mm）						
				50以内	80以内	100以内	150以内	200以内	250以内	300以内
单位				组						
名称		单位	单价（元）	消耗量						
材料	压制弯头 $D89\times6$	个	14.48	—	2.000	—	—	—	—	—
	压制弯头 $D108\times7$	个	22.53	—	—	2.000	—	—	—	—
	压制弯头 $D159\times8$	个	60.86	—	—	—	2.000	—	—	—
	压制弯头 $D219\times9$	个	130.76	—	—	—	—	2.000	—	—
	压制弯头 $D273\times8$	个	295.35	—	—	—	—	—	2.000	—
	压制弯头 $D325\times8$	个	435.81	—	—	—	—	—	—	2.000
	热轧一般无缝钢管 $D219\times7$	m	162.97	—	—	—	—	3.000	—	—
	热轧一般无缝钢管 $D273\times7$	m	213.24	—	—	—	—	—	3.250	—
	热轧一般无缝钢管 $D325\times8$	m	290.24	—	—	—	—	—	—	3.450
	六角带帽螺栓 M16×（65~80）	套	1.71	49.440	49.440	98.880	—	—	—	—
	六角带帽螺栓 M20×（85~100）	套	2.92	—	—	—	98.880	148.320	—	—
	六角带帽螺栓 M22×（90~120）	套	4.42	—	—	—	—	—	148.320	148.320
机械	中小型机械费	元	—	83.32	129.85	152.37	168.89	371.55	555.79	668.38

第六节 热 量 表

工作内容：场内搬运，切管，套丝，组对，制垫，加垫，成套热量表、过滤器、阀门、压力表、温度计等附件安装，循环管安装及其压力试验，水冲洗。

编 号				5-244	5-245
项目名称				热水采暖入口热量表组成安装（螺纹连接）	
				入口管道公称直径（mm）	
				32 以内	40 以内
单 位				组	
总价（元）				**698.95**	**754.50**
其中	人工费（元）			463.46	503.96
	材料费（元）			206.69	220.08
	机械费（元）			28.80	30.46
名 称		单位	单价（元）	消 耗 量	
人工	综合工日	工日	135.00	3.433	3.733
材料	螺纹热量表	套	—	（1.000）	（1.000）
	过滤器	个	—	（2.000）	（2.000）
	螺纹闸阀	个	—	（4.040）	（4.040）
	螺纹截止阀 J11T-16 *DN*25	个	—	（1.010）	（1.010）
	螺纹截止阀 *DN*15	个	—	（5.050）	（5.050）
	低碳钢焊条 J422 *D*3.2	kg	3.60	0.412	0.412
	弹簧压力表 Y-100 0~1.6MPa	块	48.67	0.024	0.024
	焊接钢管 *DN*15	m	4.84	0.900	0.900

编　号				5-244	5-245
项目名称				热水采暖入口热量表组成安装(螺纹连接)	
				入口管道公称直径(mm)	
				32 以内	40 以内
单　位				组	
名　称		单位	单价(元)	消　耗　量	
材料	焊接钢管 *DN*25	m	9.32	1.250	1.270
	黑玛钢管箍 *DN*15	个	0.67	4.040	4.040
	黑玛钢管箍 *DN*32	个	1.78	2.020	—
	黑玛钢管箍 *DN*40	个	2.26	—	2.020
	黑玛钢活接头 *DN*25	个	4.32	2.020	1.010
	黑玛钢活接头 *DN*32	个	5.63	1.010	1.010
	黑玛钢活接头 *DN*40	个	7.64	—	1.010
	黑玛钢六角内接头 *DN*25	个	1.84	1.010	1.010
	黑玛钢六角内接头 *DN*32	个	2.64	2.020	1.010
	黑玛钢六角内接头 *DN*40	个	3.24	—	2.020
	黑玛钢弯头 *DN*25	个	1.57	2.020	2.020
	黑玛钢三通 *DN*32	个	3.65	2.020	—
	黑玛钢三通 *DN*40	个	4.41	—	2.020
	机油	kg	7.21	0.221	0.264
	聚四氟乙烯生料 带宽 20	m	1.15	7.235	9.043

编　号				5-244	5-245
项目名称				热水采暖入口热量表组成安装(螺纹连接)	
				入口管道公称直径(mm)	
				32 以内	40 以内
单　位				组	
名　称		单位	单价(元)	消　耗　量	
材料	螺纹阀门 *DN*15	个	15.28	0.024	0.024
	尼龙砂轮片 *D*100	片	3.92	0.704	0.704
	尼龙砂轮片 *D*400	片	15.64	0.128	0.147
	铅油(厚漆)	kg	11.17	0.156	0.175
	热轧厚钢板 δ12.0~20.0	kg	5.04	0.170	0.197
	石棉橡胶板 低压 δ0.8~6.0	kg	19.35	0.025	0.029
	输水软管 *D*25	m	6.02	0.024	0.024
	温度计 0~120℃	块	18.18	2.020	2.020
	无缝钢管 *D*22×2	m	5.15	0.012	0.012
	压力表 0~2.5MPa *D*50(带表弯)	套	21.63	4.040	4.040
	压力表弯管 *DN*15	个	11.36	0.024	0.024
	氧气	m^3	2.88	0.573	0.606
	乙炔气	kg	14.66	0.191	0.202
	六角螺栓	kg	8.39	0.288	0.300
机械	中小型机械费	元	—	28.80	30.46

工作内容：场内搬运，切管，焊接，制垫，加垫，组对，成套热量表、过滤器、阀门、压力表、温度计等附件安装，循环管安装及其压力试验，水冲洗。

编号				5-246	5-247	5-248	5-249
项目名称				热水采暖入口热量表组成安装（法兰连接）			
				入口管道公称直径（mm）			
				50 以内	65 以内	80 以内	100 以内
单位				组			
总价（元）				**1139.22**	**1319.81**	**1584.81**	**1851.05**
其中	人工费（元）			740.34	881.55	1041.12	1239.57
	材料费（元）			329.06	349.21	447.03	500.17
	机械费（元）			69.82	89.05	96.66	111.31
名称		单位	单价（元）	消耗量			
人工	综合工日	工日	135.00	5.484	6.530	7.712	9.182
材料	法兰热量表	套	—	（1.000）	（1.000）	（1.000）	（1.000）
	过滤器	个	—	（2.000）	（2.000）	（2.000）	（2.000）
	法兰闸阀	个	—	（4.000）	（4.000）	（4.000）	（4.000）
	螺纹截止阀 *DN*15	个	—	（5.050）	（5.050）	（5.050）	（5.050）
	法兰截止阀 J41H-6 *DN*25	个	—	（1.000）	（1.000）	（1.000）	（1.000）
	碳钢平焊法兰 1.6MPa *DN*25	片	—	（2.000）	（2.000）	（2.000）	（2.000）

编号				5-246	5-247	5-248	5-249
项目名称				热水采暖入口热量表组成安装（法兰连接）			
				入口管道公称直径（mm）			
				50 以内	65 以内	80 以内	100 以内
单位				组			
名称		单位	单价（元）	消耗量			
材料	碳钢平焊法兰 1.6MPa *DN*40	片	—	（4.000）	—	—	—
	碳钢平焊法兰 1.6MPa *DN*50	片	—	（12.000）	（4.000）	（4.000）	（4.000）
	碳钢平焊法兰 1.6MPa *DN*65	片	—	—	（12.000）	—	—
	碳钢平焊法兰 1.6MPa *DN*80	片	—	—	—	（12.000）	—
	碳钢平焊法兰 1.6MPa *DN*100	片	—	—	—	—	（12.000）
	白铅油	kg	8.16	0.320	0.440	0.560	0.500
	低碳钢焊条 J422 *D*3.2	kg	3.60	0.937	1.705	2.906	3.304
	弹簧压力表 Y-100 0~1.6MPa	块	48.67	0.064	0.064	0.064	0.076
	焊接钢管 *DN*15	m	4.84	0.900	0.900	0.900	0.900
	焊接钢管 *DN*25	m	9.32	1.300	1.360	1.380	1.420
	黑玛钢管箍 *DN*15	个	0.67	4.040	4.040	4.040	4.040
	机油	kg	7.21	0.772	0.772	0.801	0.981
	聚四氟乙烯生料 带宽 20	m	1.15	11.303	14.693	18.083	22.603
	锯条（各种规格）	根	0.42	0.715	0.715	0.715	0.715

编　号				5-246	5-247	5-248	5-249
项目名称				热水采暖入口热量表组成安装（法兰连接）			
				入口管道公称直径（mm）			
				50 以内	65 以内	80 以内	100 以内
单　位				组			
名　称		单位	单价（元）	消　耗　量			
材料	螺纹阀门 *DN*15	个	15.28	0.064	0.064	0.064	0.076
	尼龙砂轮片 *D*100	片	3.92	0.559	0.772	0.858	0.993
	尼龙砂轮片 *D*400	片	15.64	0.248	0.252	0.282	0.341
	破布	kg	5.07	0.218	0.278	0.326	0.326
	铅油（厚漆）	kg	11.17	0.112	0.112	0.112	0.112
	清油 C01-1	kg	15.06	0.080	0.080	0.140	0.140
	热轧厚钢板 δ12.0~20.0	kg	5.04	0.640	0.810	0.950	1.372
	砂纸	张	0.87	1.568	1.968	2.316	2.616
	石棉橡胶板 低压 δ0.8~6.0	kg	19.35	0.886	1.195	1.674	2.177
	输水软管 *D*25	m	6.02	0.064	0.064	0.064	0.076
	碳钢气焊条 *D*2 以内	kg	15.58	0.252	0.252	0.252	0.252
	温度计 0~120℃	块	18.18	2.020	2.020	2.020	2.020
	无缝钢管 *D*22×2	m	5.15	0.032	0.032	0.032	0.038
	压力表 0~2.5MPa *D*50（带表弯）	套	21.63	4.040	4.040	4.040	4.040

续前

编号				5-246	5-247	5-248	5-249
项目名称				热水采暖入口热量表组成安装(法兰连接)			
				入口管道公称直径(mm)			
				50 以内	65 以内	80 以内	100 以内
单位				组			
名称		单位	单价(元)	消耗量			
材料	压力表弯管 *DN*15	个	11.36	0.064	0.064	0.064	0.076
	压制异径管 *DN*50	个	3.33	2.000	—	—	—
	压制异径管 *DN*65	个	4.44	—	2.000	—	—
	压制异径管 *DN*80	个	4.44	—	—	2.000	—
	压制异径管 *DN*100	个	5.55	—	—	—	2.000
	氧气	m^3	2.88	1.233	1.371	2.337	2.631
	乙炔气	kg	14.66	0.411	0.457	0.779	0.877
	六角螺栓	kg	8.39	0.800	0.832	0.864	0.928
	六角螺栓带螺母、垫圈 M12×(14~75)	套	0.77	8.240	8.240	8.240	8.240
	六角螺栓带螺母、垫圈 M16×(65~80)	套	1.38	65.920	65.920	115.360	16.480
	六角螺栓带螺母、垫圈 M16×(85~140)	套	1.64	—	—	—	98.880
机械	中小型机械费	元	—	69.82	89.05	96.66	111.31

工作内容：场内搬运，切管，套丝，制垫，加垫，阀门、成套热量表安装，配合调试，水压试验。

编　　号				5-250	5-251	5-252	5-253	5-254
项目名称				户用热量表组成安装（螺纹连接）				
				公称直径（mm）				
				15 以内	20 以内	25 以内	32 以内	40 以内
单　　位				组				
总价（元）				**122.44**	**139.10**	**174.63**	**220.93**	**271.73**
其中	人工费（元）			100.98	108.68	132.03	163.08	200.34
	材料费（元）			18.73	27.11	37.81	51.83	64.24
	机械费（元）			2.73	3.31	4.79	6.02	7.15
名　　称		单位	单价（元）	消　耗　量				
人工	综合工日	工日	135.00	0.748	0.805	0.978	1.208	1.484
材料	螺纹热量表	套	—	（1.000）	（1.000）	（1.000）	（1.000）	（1.000）
	螺纹阀门	个	—	（3.030）	（3.030）	（3.030）	（3.030）	（3.030）
	Y 形过滤器	个	—	（1.000）	（1.000）	（1.000）	（1.000）	（1.000）
	低碳钢焊条 J422 *D*3.2	kg	3.60	0.115	0.139	0.158	0.208	0.237
	弹簧压力表 Y-100 0~1.6MPa	块	48.67	0.018	0.018	0.018	0.018	0.018
	黑玛钢管箍 *DN*15	个	0.67	2.020	—	—	—	—
	黑玛钢管箍 *DN*20	个	0.89	—	2.020	—	—	—
	黑玛钢管箍 *DN*25	个	1.23	—	—	2.020	—	—
	黑玛钢管箍 *DN*32	个	1.78	—	—	—	2.020	—

编号				5-250	5-251	5-252	5-253	5-254
项目名称				户用热量表组成安装（螺纹连接）				
				公称直径（mm）				
				15 以内	20 以内	25 以内	32 以内	40 以内
单位				组				
	名称	单位	单价（元）	消耗量				
材料	黑玛钢管箍 *DN*40	个	2.26	—	—	—	—	2.020
	黑玛钢活接头 *DN*15	个	2.23	2.020	—	—	—	—
	黑玛钢活接头 *DN*20	个	2.97	—	2.020	—	—	—
	黑玛钢活接头 *DN*25	个	4.32	—	—	2.020	—	—
	黑玛钢活接头 *DN*32	个	5.63	—	—	—	2.020	—
	黑玛钢活接头 *DN*40	个	7.64	—	—	—	—	2.020
	黑玛钢六角内接头 *DN*15	个	0.49	5.050	—	—	—	—
	黑玛钢六角内接头 *DN*20	个	1.15	—	5.050	—	—	—
	黑玛钢六角内接头 *DN*25	个	1.84	—	—	5.050	—	—
	黑玛钢六角内接头 *DN*32	个	2.64	—	—	—	5.050	—
	黑玛钢六角内接头 *DN*40	个	3.24	—	—	—	—	5.050
	黑玛钢三通 *DN*15	个	0.83	2.020	—	—	—	—
	黑玛钢三通 *DN*20	个	1.49	—	2.020	—	—	—
	黑玛钢三通 *DN*25	个	2.33	—	—	2.020	—	—
	黑玛钢三通 *DN*32	个	3.65	—	—	—	2.020	—

续前

编号				5-250	5-251	5-252	5-253	5-254
项目名称				户用热量表组成安装（螺纹连接）				
				公称直径（mm）				
				15 以内	20 以内	25 以内	32 以内	40 以内
单位				组				
名称		单位	单价（元）	消耗量				
材料	黑玛钢三通 *DN*40	个	4.41	—	—	—	—	2.020
	机油	kg	7.21	0.033	0.043	0.052	0.067	0.084
	聚四氟乙烯生料 带宽 20	m	1.15	3.391	4.522	5.652	7.235	9.043
	锯条（各种规格）	根	0.42	0.379	0.384	0.396	0.418	0.446
	螺纹阀门 *DN*15	个	15.28	0.018	0.018	0.018	0.018	0.018
	尼龙砂轮片 *D*400	片	15.64	0.021	0.025	0.057	0.072	0.084
	热轧厚钢板 δ12.0~20.0	kg	5.04	0.064	0.077	0.093	0.128	0.148
	石棉橡胶板 低压 δ0.8~6.0	kg	19.35	0.008	0.010	0.012	0.015	0.018
	输水软管 *D*25	m	6.02	0.018	0.018	0.018	0.018	0.018
	无缝钢管 $D22 \times 2$	m	5.15	0.009	0.009	0.009	0.009	0.009
	压力表弯管 *DN*15	个	11.36	0.018	0.018	0.018	0.018	0.018
	氧气	m^3	2.88	0.111	0.120	0.126	0.135	0.144
	乙炔气	kg	14.66	0.037	0.040	0.042	0.045	0.048
	六角螺栓	kg	8.39	0.099	0.108	0.108	0.216	0.225
机械	中小型机械费	元	—	2.73	3.31	4.79	6.02	7.15

第七节 倒流防止器

工作内容：场内搬运、切管、套丝、制垫、加垫、倒流防止器及阀门安装、水压试验。

编号				5-255	5-256	5-257	5-258	5-259	5-260
项目名称				倒流防止器组成安装（螺纹连接不带水表）					
				公称直径（mm）					
				15 以内	20 以内	25 以内	32 以内	40 以内	50 以内
单位				组					
总价（元）				**98.90**	**117.44**	**139.32**	**170.53**	**232.87**	**272.56**
其中	人工费（元）			69.93	82.35	96.26	116.51	170.78	192.51
	材料费（元）			23.05	28.53	35.81	46.00	53.36	70.41
	机械费（元）			5.92	6.56	7.25	8.02	8.73	9.64
名称		单位	单价（元）	消耗量					
人工	综合工日	工日	135.00	0.518	0.610	0.713	0.863	1.265	1.426
材料	倒流防止器	个	—	(1.000)	(1.000)	(1.000)	(1.000)	(1.000)	(1.000)
	螺纹阀门	个	—	(2.020)	(2.020)	(2.020)	(2.020)	(2.020)	(2.020)
	Y 形过滤器	个	—	(1.000)	(1.000)	(1.000)	(1.000)	(1.000)	(1.000)
	低碳钢焊条 J422 *D*3.2	kg	3.60	0.383	0.464	0.525	0.601	0.712	0.805
	弹簧压力表 Y-100 0~1.6MPa	块	48.67	0.060	0.060	0.060	0.060	0.060	0.060
	焊接钢管 *DN*15	m	4.84	0.300	0.300	—	—	—	—

编号				5-255	5-256	5-257	5-258	5-259	5-260
项目名称				倒流防止器组成安装（螺纹连接不带水表）					
				公称直径（mm）					
				15 以内	20 以内	25 以内	32 以内	40 以内	50 以内
单位				组					
名称		单位	单价（元）	消耗量					
材料	焊接钢管 *DN*25	m	9.32	—	—	0.300	0.300	0.300	—
	焊接钢管 *DN*50	m	18.68	—	—	—	—	—	0.300
	黑玛钢活接头 *DN*15	个	2.23	1.010	—	—	—	—	—
	黑玛钢活接头 *DN*20	个	2.97	—	1.010	—	—	—	—
	黑玛钢活接头 *DN*25	个	4.32	—	—	1.010	—	—	—
	黑玛钢活接头 *DN*32	个	5.63	—	—	—	1.010	—	—
	黑玛钢活接头 *DN*40	个	7.64	—	—	—	—	1.010	—
	黑玛钢活接头 *DN*50	个	11.08	—	—	—	—	—	1.010
	黑玛钢六角内接头 *DN*15	个	0.49	4.040	—	—	—	—	—
	黑玛钢六角内接头 *DN*20	个	1.15	—	4.040	—	—	—	—
	黑玛钢六角内接头 *DN*25	个	1.84	—	—	4.040	—	—	—
	黑玛钢六角内接头 *DN*32	个	2.64	—	—	—	4.040	—	—
	黑玛钢六角内接头 *DN*40	个	3.24	—	—	—	—	4.040	—
	黑玛钢六角内接头 *DN*50	个	5.06	—	—	—	—	—	4.040

编号				5-255	5-256	5-257	5-258	5-259	5-260
项目名称				倒流防止器组成安装（螺纹连接不带水表）					
				公称直径（mm）					
				15 以内	20 以内	25 以内	32 以内	40 以内	50 以内
单位				组					
名称		单位	单价（元）	消耗量					
材料	机油	kg	7.21	0.013	0.015	0.016	0.019	0.025	0.029
	聚四氟乙烯生料 带宽 20	m	1.15	2.826	3.768	4.710	6.029	7.536	9.420
	锯条（各种规格）	根	0.42	0.080	0.111	0.124	0.135	0.149	0.158
	螺纹阀门 *DN*15	个	15.28	0.060	0.060	0.060	0.060	0.060	0.060
	尼龙砂轮片 *D*400	片	15.64	0.004	0.004	0.005	0.008	0.009	0.021
	热轧厚钢板 δ12.0~20.0	kg	5.04	0.213	0.258	0.309	0.426	0.492	0.600
	石棉橡胶板 低压 δ0.8~6.0	kg	19.35	0.021	0.027	0.031	0.036	0.040	0.045
	输水软管 *D*25	m	6.02	0.060	0.060	0.060	0.060	0.060	0.060
	无缝钢管 *D*22×2	m	5.15	0.030	0.030	0.030	0.030	0.030	0.030
	压力表弯管 *DN*15	个	11.36	0.060	0.060	0.060	0.060	0.060	0.060
	氧气	m^3	2.88	0.420	0.429	0.444	0.453	0.459	0.465
	乙炔气	kg	14.66	0.140	0.143	0.148	0.151	0.153	0.155
	六角螺栓	kg	8.39	0.330	0.360	0.360	0.720	0.750	0.750
机械	中小型机械费	元	—	5.92	6.56	7.25	8.02	8.73	9.64

工作内容：场内搬运，切管，套丝，制垫，加垫，倒流防止器、阀门及水表安装，水压试验。

编号				5-261	5-262	5-263	5-264	5-265	5-266
项目名称				倒流防止器组成安装（螺纹连接带水表）					
				公称直径（mm）					
				15 以内	20 以内	25 以内	32 以内	40 以内	50 以内
单位				组					
总价（元）				**115.57**	**138.10**	**163.99**	**197.80**	**245.71**	**307.78**
其中	人工费（元）			85.46	100.98	117.99	139.73	178.61	220.46
	材料费（元）			24.19	30.56	38.75	50.05	58.37	77.68
	机械费（元）			5.92	6.56	7.25	8.02	8.73	9.64
名称		单位	单价（元）	消耗量					
人工	综合工日	工日	135.00	0.633	0.748	0.874	1.035	1.323	1.633
材料	倒流防止器	个	—	（1.000）	（1.000）	（1.000）	（1.000）	（1.000）	（1.000）
	螺纹阀门	个	—	（2.020）	（2.020）	（2.020）	（2.020）	（2.020）	（2.020）
	Y 形过滤器	个	—	（1.000）	（1.000）	（1.000）	（1.000）	（1.000）	（1.000）
	螺纹水表	个	—	（1.000）	（1.000）	（1.000）	（1.000）	（1.000）	（1.000）
	低碳钢焊条 J422 *D*3.2	kg	3.60	0.383	0.464	0.525	0.601	0.712	0.805
	弹簧压力表 Y-100 0~1.6MPa	块	48.67	0.060	0.060	0.060	0.060	0.060	0.060

编　号				5-261	5-262	5-263	5-264	5-265	5-266
项目名称				倒流防止器组成安装（螺纹连接带水表）					
				公称直径（mm）					
				15 以内	20 以内	25 以内	32 以内	40 以内	50 以内
单　位				组					
名　称		单位	单价（元）	消　耗　量					
材料	焊接钢管 *DN*15	m	4.84	0.300	0.300	—	—	—	—
	焊接钢管 *DN*25	m	9.32	—	—	0.300	0.300	0.300	—
	焊接钢管 *DN*50	m	18.68	—	—	—	—	—	0.300
	黑玛钢活接头 *DN*15	个	2.23	1.010	—	—	—	—	—
	黑玛钢活接头 *DN*20	个	2.97	—	1.010	—	—	—	—
	黑玛钢活接头 *DN*25	个	4.32	—	—	1.010	—	—	—
	黑玛钢活接头 *DN*32	个	5.63	—	—	—	1.010	—	—
	黑玛钢活接头 *DN*40	个	7.64	—	—	—	—	1.010	—
	黑玛钢活接头 *DN*50	个	11.08	—	—	—	—	—	1.010
	黑玛钢六角内接头 *DN*15	个	0.49	5.050	—	—	—	—	—
	黑玛钢六角内接头 *DN*20	个	1.15	—	5.050	—	—	—	—
	黑玛钢六角内接头 *DN*25	个	1.84	—	—	5.050	—	—	—
	黑玛钢六角内接头 *DN*32	个	2.64	—	—	—	5.050	—	—
	黑玛钢六角内接头 *DN*40	个	3.24	—	—	—	—	5.050	—
	黑玛钢六角内接头 *DN*50	个	5.06	—	—	—	—	—	5.050

续前

编号				5-261	5-262	5-263	5-264	5-265	5-266
项目名称				倒流防止器组成安装（螺纹连接带水表）					
				公称直径（mm）					
				15 以内	20 以内	25 以内	32 以内	40 以内	50 以内
单位				组					
名称		单位	单价（元）	消耗量					
材料	机油	kg	7.21	0.013	0.015	0.016	0.019	0.025	0.029
	聚四氟乙烯生料 带宽 20	m	1.15	3.391	4.522	5.652	7.235	9.043	11.304
	锯条（各种规格）	根	0.42	0.080	0.111	0.124	0.135	0.149	0.158
	螺纹阀门 *DN*15	个	15.28	0.060	0.060	0.060	0.060	0.060	0.060
	尼龙砂轮片 *D*400	片	15.64	0.004	0.004	0.005	0.008	0.009	0.021
	热轧厚钢板 δ12.0~20.0	kg	5.04	0.213	0.258	0.309	0.426	0.492	0.600
	石棉橡胶板 低压 δ0.8~6.0	kg	19.35	0.021	0.027	0.031	0.036	0.040	0.045
	输水软管 *D*25	m	6.02	0.060	0.060	0.060	0.060	0.060	0.060
	无缝钢管 *D*22×2	m	5.15	0.030	0.030	0.030	0.030	0.030	0.030
	压力表弯管 *DN*15	个	11.36	0.060	0.060	0.060	0.060	0.060	0.060
	氧气	m^3	2.88	0.420	0.429	0.444	0.453	0.459	0.465
	乙炔气	kg	14.66	0.140	0.143	0.148	0.151	0.153	0.155
	六角螺栓	kg	8.39	0.330	0.360	0.360	0.720	0.750	0.750
机械	中小型机械费	元	—	5.92	6.56	7.25	8.02	8.73	9.64

工作内容：场内搬运、切管、制垫、加垫、倒流防止器及阀门安装、紧螺栓、水压试验。

编号				5-267	5-268	5-269	5-270	5-271	5-272	5-273	5-274
项目名称				倒流防止器组成安装（法兰连接不带水表）							
				公称直径（mm）							
				50 以内	65 以内	80 以内	100 以内	150 以内	200 以内	300 以内	400 以内
单位				组							
总价（元）				**321.23**	**387.07**	**523.44**	**660.96**	**865.73**	**1114.11**	**1665.29**	**2416.94**
其中	人工费（元）			239.09	298.08	392.85	509.22	638.15	801.09	1257.53	1731.11
	材料费（元）			69.50	74.65	115.24	134.08	204.13	273.99	347.09	614.86
	机械费（元）			12.64	14.34	15.35	17.66	23.45	39.03	60.67	70.97
名称		单位	单价（元）	消耗量							
人工	综合工日	工日	135.00	1.771	2.208	2.910	3.772	4.727	5.934	9.315	12.823
材料	倒流防止器	个	—	（1.000）	（1.000）	（1.000）	（1.000）	（1.000）	（1.000）	（1.000）	（1.000）
	法兰闸阀	个	—	（2.000）	（2.000）	（2.000）	（2.000）	（2.000）	（2.000）	（2.000）	（2.000）
	Y 形过滤器	个	—	（1.000）	（1.000）	（1.000）	（1.000）	（1.000）	（1.000）	（1.000）	（1.000）
	法兰挠性接头	个	—	（1.000）	（1.000）	（1.000）	（1.000）	（1.000）	（1.000）	（1.000）	（1.000）
	碳钢平焊法兰 1.6MPa *DN*50	片	—	（2.000）	—	—	—	—	—	—	—
	碳钢平焊法兰 1.6MPa *DN*65	片	—	—	（2.000）	—	—	—	—	—	—
	碳钢平焊法兰 1.6MPa *DN*80	片	—	—	—	（2.000）	—	—	—	—	—
	碳钢平焊法兰 1.6MPa *DN*100	片	—	—	—	—	（2.000）	—	—	—	—

编　号				5-267	5-268	5-269	5-270	5-271	5-272	5-273	5-274
项目名称				倒流防止器组成安装（法兰连接不带水表）							
				公称直径（mm）							
				50 以内	65 以内	80 以内	100 以内	150 以内	200 以内	300 以内	400 以内
单　位				组							
名　称		单位	单价（元）	消　耗　量							
材料	碳钢平焊法兰 1.6MPa *DN*150	片	—	—	—	—	—	（2.000）	—	—	—
	碳钢平焊法兰 1.6MPa *DN*200	片	—	—	—	—	—	—	（2.000）	—	—
	碳钢平焊法兰 1.6MPa *DN*300	片	—	—	—	—	—	—	—	（2.000）	—
	碳钢平焊法兰 1.6MPa *DN*400	片	—	—	—	—	—	—	—	—	（2.000）
	白铅油	kg	8.16	0.040	0.050	0.070	0.100	0.140	0.170	0.250	0.300
	低碳钢焊条 J422 *D*3.2	kg	3.60	0.609	0.706	0.741	0.820	0.989	1.606	3.350	5.309
	弹簧压力表 Y-100 0~1.6MPa	块	48.67	0.060	0.060	0.060	0.060	0.060	0.060	0.060	0.060
	焊接钢管 *DN*50	m	18.68	0.300	0.300	0.300	—	—	—	—	—
	焊接钢管 *DN*80	m	31.81	—	—	—	0.300	0.300	0.300	—	—
	焊接钢管 *DN*150	m	68.51	—	—	—	—	—	—	0.300	0.300
	锯条（各种规格）	根	0.42	0.106	—	—	—	—	—	—	—
	螺纹阀门 *DN*15	个	15.28	0.060	0.060	0.060	0.060	0.060	0.060	0.060	0.060
	尼龙砂轮片 *D*100	片	3.92	0.045	0.060	0.069	0.100	0.146	0.199	0.310	0.426
	尼龙砂轮片 *D*400	片	15.64	0.021	0.027	0.032	0.041	—	—	—	—
	破布	kg	5.07	0.020	0.020	0.020	0.030	0.030	0.030	0.050	0.060

续前

编号				5-267	5-268	5-269	5-270	5-271	5-272	5-273	5-274
项目名称				倒流防止器组成安装(法兰连接不带水表)							
				公称直径(mm)							
				50 以内	65 以内	80 以内	100 以内	150 以内	200 以内	300 以内	400 以内
单位				组							
名称		单位	单价(元)	消耗量							
材料	清油 C01-1	kg	15.06	0.010	0.015	0.020	0.025	0.030	0.030	0.050	0.060
	热轧厚钢板 δ12.0~20.0	kg	5.04	0.600	0.759	0.891	1.083	1.836	2.625	4.953	7.872
	石棉橡胶板 低压 δ0.8~6.0	kg	9.35	0.456	0.630	0.870	1.110	1.824	2.153	2.609	4.500
	输水软管 *D*25	m	6.02	0.060	0.060	0.060	0.060	0.060	0.060	0.060	0.060
	无缝钢管 *D*22×2	m	5.15	0.030	0.030	0.030	0.030	0.030	0.030	0.030	0.030
	压力表弯管 *DN*15	个	11.36	0.060	0.060	0.060	0.060	0.060	0.060	0.060	0.060
	氧气	m^3	2.88	0.423	0.438	0.495	0.633	1.050	1.557	2.526	3.102
	乙炔气	kg	14.66	0.141	0.146	0.165	0.211	0.350	0.519	0.842	1.034
	六角螺栓	kg	8.39	0.750	0.780	0.810	1.680	3.000	3.000	4.890	8.520
	六角螺栓带螺母、垫圈 M16×(65~80)	套	1.38	24.720	24.720	49.440	49.440	—	—	—	—
	六角螺栓带螺母、垫圈 M20×(85~100)	套	2.14	—	—	—	—	49.440	74.160	—	—
	六角螺栓带螺母、垫圈 M22×(90~120)	套	2.28	—	—	—	—	—	—	74.160	—
	六角螺栓带螺母、垫圈 M27×(120~140)	套	3.46	—	—	—	—	—	—	—	98.990
机械	中小型机械费	元	—	12.64	14.34	15.35	17.66	23.45	39.03	60.67	70.97

工作内容：场内搬运，切管，制垫，加垫，倒流防止器、水表及阀门安装，紧螺栓，水压试验。

编　号				5-275	5-276	5-277	5-278	5-279	5-280	5-281	5-282
项目名称				倒流防止器组成安装（法兰连接带水表）							
				公称直径（mm）							
				50 以内	65 以内	80 以内	100 以内	150 以内	200 以内	300 以内	400 以内
单　位				组							
总价（元）				**430.73**	**563.07**	**735.25**	**961.54**	**1308.90**	**1801.27**	**2989.72**	**5050.56**
其中	人工费（元）			322.92	406.76	524.75	680.00	877.23	1105.38	1707.75	2375.33
	材料费（元）			90.44	126.61	178.82	241.03	377.59	603.91	1091.64	2446.15
	机械费（元）			17.37	29.70	31.68	40.51	54.08	91.98	190.33	229.08
名　称		单位	单价（元）	消　耗　量							
人工	综合工日	工日	135.00	2.392	3.013	3.887	5.037	6.498	8.188	12.650	17.595
材料	倒流防止器	个	—	（1.000）	（1.000）	（1.000）	（1.000）	（1.000）	（1.000）	（1.000）	（1.000）
	法兰闸阀	个	—	（2.000）	（2.000）	（2.000）	（2.000）	（2.000）	（2.000）	（2.000）	（2.000）
	Y 形过滤器	个	—	（1.000）	（1.000）	（1.000）	（1.000）	（1.000）	（1.000）	（1.000）	（1.000）
	法兰挠性接头	个	—	（1.000）	（1.000）	（1.000）	（1.000）	（1.000）	（1.000）	（1.000）	（1.000）
	法兰水表	个	—	（1.000）	（1.000）	（1.000）	（1.000）	（1.000）	（1.000）	（1.000）	（1.000）
	碳钢平焊法兰 1.6MPa *DN*50	片	—	（4.000）	（4.000）	（4.000）	—	—	—	—	—
	碳钢平焊法兰 1.6MPa *DN*65	片	—	—	（4.000）	—	—	—	—	—	—

编号				5-275	5-276	5-277	5-278	5-279	5-280	5-281	5-282
项目名称				倒流防止器组成安装（法兰连接带水表）							
				公称直径（mm）							
				50 以内	65 以内	80 以内	100 以内	150 以内	200 以内	300 以内	400 以内
单位				组							
名称		单位	单价（元）	消耗量							
材料	碳钢平焊法兰 1.6MPa *DN*80	片	—	—	—	（4.000）	（4.000）	—	—	—	—
	碳钢平焊法兰 1.6MPa *DN*100	片	—	—	—	—	（4.000）	（4.000）	—	—	—
	碳钢平焊法兰 1.6MPa *DN*150	片	—	—	—	—	—	（4.000）	（4.000）	—	—
	碳钢平焊法兰 1.6MPa *DN*200	片	—	—	—	—	—	—	（4.000）	—	—
	碳钢平焊法兰 1.6MPa *DN*250	片	—	—	—	—	—	—	—	（4.000）	—
	碳钢平焊法兰 1.6MPa *DN*300	片	—	—	—	—	—	—	—	（4.000）	（4.000）
	碳钢平焊法兰 1.6MPa *DN*400	片	—	—	—	—	—	—	—	—	（4.000）
	白铅油	kg	8.16	0.080	0.180	0.220	0.340	0.480	0.620	0.900	1.100
	低碳钢焊条 J422 *D*3.2	kg	3.60	0.724	1.145	1.216	1.637	2.132	3.704	10.805	15.834
	弹簧压力表 Y-100 0~1.6MPa	块	48.67	0.060	0.060	0.060	0.060	0.060	0.060	0.060	0.060
	焊接钢管 *DN*50	m	18.68	0.300	0.300	0.300	—	—	—	—	—
	焊接钢管 *DN*80	m	31.81	—	—	—	0.300	0.300	0.300	—	—
	焊接钢管 *DN*150	m	68.51	—	—	—	—	—	—	0.300	0.300

编号				5-275	5-276	5-277	5-278	5-279	5-280	5-281	5-282
项目名称				倒流防止器组成安装(法兰连接带水表)							
				公称直径(mm)							
				50 以内	65 以内	80 以内	100 以内	150 以内	200 以内	300 以内	400 以内
单位				组							
名称		单位	单价(元)	消耗量							
材料	锯条(各种规格)	根	0.42	0.106	—	—	—	—	—	—	—
	螺纹阀门 *DN*15	个	15.28	0.060	0.060	0.060	0.060	0.060	0.060	0.060	0.060
	尼龙砂轮片 *D*100	片	3.92	0.091	0.210	0.229	0.338	0.493	0.691	1.145	1.473
	尼龙砂轮片 *D*400	片	15.64	0.021	0.027	0.032	0.041	—	—	—	—
	破布	kg	5.07	0.040	0.080	0.080	0.100	0.120	0.120	0.180	0.220
	清油 C01-1	kg	15.06	0.020	0.040	0.060	0.080	0.100	0.120	0.180	0.220
	热轧厚钢板 δ12.0~20.0	kg	5.04	0.600	0.759	0.891	1.083	1.836	2.625	4.953	7.872
	石棉橡胶板 低压 δ0.8~6.0	kg	19.35	0.596	0.950	1.270	1.710	2.724	3.373	4.149	6.680
	输水软管 *D*25	m	6.02	0.060	0.060	0.060	0.060	0.060	0.060	0.060	0.060
	无缝钢管 *D*22×2	m	5.15	0.030	0.030	0.030	0.030	0.030	0.030	0.030	0.030
	压力表弯管 *DN*15	个	11.36	0.060	0.060	0.060	0.060	0.060	0.060	0.060	0.060
	氧气	m^3	2.88	0.423	0.438	0.495	0.633	1.050	1.557	2.526	3.102
	乙炔气	kg	14.66	0.141	0.146	0.165	0.211	0.350	0.519	0.842	1.034

编号				5-275	5-276	5-277	5-278	5-279	5-280	5-281	5-282
项目名称				倒流防止器组成安装（法兰连接带水表）							
				公称直径（mm）							
				50 以内	65 以内	80 以内	100 以内	150 以内	200 以内	300 以内	400 以内
单位				组							
名称		单位	单价（元）	消耗量							
材料	异径管 $DN65\times50$	个	9.56	—	2.000	—	—	—	—	—	—
	异径管 $DN80\times50$	个	11.47	—	—	2.000	—	—	—	—	—
	异径管 $DN100\times80$	个	21.42	—	—	—	2.000	—	—	—	—
	异径管 $DN150\times100$	个	47.27	—	—	—	—	2.000	—	—	—
	异径管 $DN200\times150$	个	106.00	—	—	—	—	—	2.000	—	—
	异径管 $DN300\times250$	个	282.00	—	—	—	—	—	—	2.000	—
	异径管 $DN400\times300$	个	784.00	—	—	—	—	—	—	—	2.000
	六角螺栓	kg	8.39	0.750	0.780	0.810	1.680	3.000	3.000	4.890	8.520
	六角螺栓带螺母、垫圈 M16×（65~80）	套	1.38	37.080	41.200	70.040	82.400	24.720	—	—	—
	六角螺栓带螺母、垫圈 M20×（85~100）	套	2.14	—	—	—	—	57.680	111.240	—	—
	六角螺栓带螺母、垫圈 M22×（90~120）	套	2.28	—	—	—	—	—	—	123.600	49.440
	六角螺栓带螺母、垫圈 M27×（120~140）	套	3.46	—	—	—	—	—	—	—	115.360
机械	中小型机械费	元	—	17.37	29.70	31.68	40.51	54.08	91.98	190.33	229.08

第八节　水锤消除器

工作内容：场内搬运、安装、试压检查。

编　　号				5-283	5-284	5-285	5-286	5-287	5-288
项目名称				水锤消除器安装（螺纹连接）					
				公称直径（mm）					
				15 以内	20 以内	25 以内	32 以内	40 以内	50 以内
单　　位				个					
总价（元）				**10.47**	**12.97**	**16.98**	**21.21**	**28.36**	**36.85**
其中	人工费（元）			9.32	10.94	14.04	17.15	23.36	29.57
	材料费（元）			1.15	2.03	2.94	4.06	5.00	7.28
名　　称		单位	单价（元）	消　耗　量					
人工	综合工日	工日	135.00	0.069	0.081	0.104	0.127	0.173	0.219
材料	水锤消除器	个	—	（1.000）	（1.000）	（1.000）	（1.000）	（1.000）	（1.000）
	黑玛钢六角内接头 *DN*15	个	0.49	1.010	—	—	—	—	—
	黑玛钢六角内接头 *DN*20	个	1.15	—	1.010	—	—	—	—
	黑玛钢六角内接头 *DN*25	个	1.84	—	—	1.010	—	—	—
	黑玛钢六角内接头 *DN*32	个	2.64	—	—	—	1.010	—	—
	黑玛钢六角内接头 *DN*40	个	3.24	—	—	—	—	1.010	—
	黑玛钢六角内接头 *DN*50	个	5.06	—	—	—	—	—	1.010
	聚四氟乙烯生料 带宽 20	m	1.15	0.568	0.752	0.944	1.208	1.504	1.888

工作内容：场内搬运、制垫、加垫、就位、紧螺栓、试压检查。

编　　号				5-289	5-290	5-291	5-292
项目名称				水锤消除器安装（法兰连接）			
				公称直径（mm）			
				50 以内	65 以内	80 以内	100 以内
单　　位				个			
总价（元）				**36.34**	**49.08**	**59.88**	**74.43**
其中	人工费（元）			29.57	41.99	46.58	60.62
	材料费（元）			6.77	7.09	13.30	13.81
名　　称		单位	单价（元）	消　耗　量			
人工	综合工日	工日	135.00	0.219	0.311	0.345	0.449
材料	水锤消除器	个	—	（1.000）	（1.000）	（1.000）	（1.000）
	白铅油	kg	8.16	0.025	0.030	0.035	0.040
	机油	kg	7.21	0.004	0.004	0.007	0.007
	破布	kg	5.07	0.004	0.005	0.006	0.007
	清油 C01-1	kg	15.06	0.010	0.015	0.020	0.025
	砂纸	张	0.87	0.004	0.005	0.006	0.007
	石棉橡胶板 低压 δ0.8~6.0	kg	19.35	0.035	0.045	0.065	0.085
	六角螺栓带螺母、垫圈 M16×（65~80）	套	1.38	4.120	4.120	8.240	8.240

工作内容：场内搬运、制垫、加垫、就位、紧螺栓、试压检查。

编号				5-293	5-294	5-295	5-296
项目名称				水锤消除器安装（法兰连接）			
				公称直径（mm）			
				125 以内	150 以内	200 以内	300 以内
单位				个			
总价（元）				**84.44**	**99.16**	**130.43**	**186.26**
其中	人工费（元）			69.93	77.63	99.36	147.56
	材料费（元）			14.51	21.53	31.07	38.70
名称		单位	单价（元）	消耗量			
人工	综合工日	工日	135.00	0.518	0.575	0.736	1.093
材料	水锤消除器	个	—	（1.000）	（1.000）	（1.000）	（1.000）
	白铅油	kg	8.16	0.050	0.070	0.080	0.200
	机油	kg	7.21	0.007	0.010	0.016	0.018
	破布	kg	5.07	0.008	0.016	0.022	0.049
	清油 C01-1	kg	15.06	0.027	0.030	0.035	0.050
	砂纸	张	0.87	0.008	0.016	0.024	0.024
	石棉橡胶板 低压 δ0.8~6.0	kg	19.35	0.115	0.140	0.165	0.400
	六角螺栓带螺母、垫圈 M16×（65~80）	套	1.38	8.240	—	—	—
	六角螺栓带螺母、垫圈 M20×（85~100）	套	2.14	—	8.240	12.360	—
	六角螺栓带螺母、垫圈 M22×（90~120）	套	2.28	—	—	—	12.360

第九节　补　偿　器

工作内容：场内搬运、切口、坡口、组成、焊接。

编　号				5-297	5-298	5-299	5-300	5-301
项目名称				方形补偿器制作（弯头组成）				
				公称直径（mm）				
				32 以内	40 以内	50 以内	65 以内	80 以内
单　位				个				
总价（元）				**83.34**	**100.75**	**140.37**	**184.56**	**232.01**
其中	人工费（元）			59.00	73.04	90.05	116.51	147.56
	材料费（元）			20.51	23.34	28.62	35.06	44.84
	机械费（元）			3.83	4.37	21.70	32.99	39.61
名　称		单位	单价（元）	消　耗　量				
人工	综合工日	工日	135.00	0.437	0.541	0.667	0.863	1.093
材料	压制弯头	个	—	（4.000）	（4.000）	（4.000）	（4.000）	（4.000）
	低碳钢焊条 J422 *D*3.2	kg	3.60	0.133	0.152	0.509	0.778	0.948
	锯条（各种规格）	根	0.42	0.212	0.251	0.318	—	—
	尼龙砂轮片 *D*100	片	3.92	0.020	0.032	0.400	0.628	0.648
	尼龙砂轮片 *D*400	片	15.64	0.043	0.050	0.062	0.080	0.095
	破布	kg	5.07	0.018	0.018	0.022	0.030	0.036
	碳钢气焊条 *D*2 以内	kg	15.58	0.120	0.150	—	—	—
	型钢（综合）	kg	3.79	3.710	4.240	5.300	6.360	8.480
	氧气	m^3	2.88	0.408	0.423	0.504	0.552	0.654
	乙炔气	kg	14.66	0.136	0.141	0.168	0.184	0.218
机械	中小型机械费	元	—	3.83	4.37	21.70	32.99	39.61

工作内容：场内搬运、切口、坡口、组成、焊接。

编　　号				5-302	5-303	5-304	5-305	5-306
项目名称				方形补偿器制作（弯头组成）				
				公称直径（mm）				
				100 以内	150 以内	200 以内	300 以内	400 以内
单　　位				个				
总价（元）				**311.16**	**476.85**	**633.39**	**990.79**	**1321.09**
其中	人工费（元）			186.30	298.08	392.85	621.00	825.93
	材料费（元）			67.26	95.19	126.24	207.26	266.19
	机械费（元）			57.60	83.58	114.30	162.53	228.97
名　　称		单位	单价（元）	消　耗　量				
人工	综合工日	工日	135.00	1.380	2.208	2.910	4.600	6.118
材料	压制弯头	个	—	（4.000）	（4.000）	（4.000）	（4.000）	（4.000）
	低碳钢焊条 J422 *D*3.2	kg	3.60	1.614	2.806	3.824	8.316	14.151
	尼龙砂轮片 *D*100	片	3.92	0.793	1.627	2.335	4.602	7.382
	尼龙砂轮片 *D*400	片	15.64	0.120	—	—	—	—
	破布	kg	5.07	0.042	0.062	0.084	0.120	0.162
	型钢（综合）	kg	3.79	13.144	17.278	22.716	34.520	38.760
	氧气	m^3	2.88	0.828	1.662	2.163	3.585	4.943
	乙炔气	kg	14.66	0.276	0.554	0.721	1.195	1.661
机械	中小型机械费	元	—	57.60	83.58	114.30	162.53	228.97

工作内容：场内搬运，下料，胎具拆除、安装，弯管成型，焊接，检查。

编号					5-307	5-308	5-309	5-310	5-311	5-312
项目名称					方形补偿器制作（机械揻制）					
					公称直径（mm）					
					32 以内	40 以内	50 以内	65 以内	80 以内	100 以内
单位					个					
总价（元）					**73.27**	**92.27**	**141.80**	**193.63**	**240.34**	**332.97**
其中	人工费（元）				55.89	71.42	104.09	139.73	180.09	235.98
	材料费（元）				13.01	15.58	19.98	26.82	28.94	50.82
	机械费（元）				4.37	5.27	17.73	27.08	31.31	46.17
名称		单位	单价（元）		消耗量					
人工	综合工日	工日	135.00		0.414	0.529	0.771	1.035	1.334	1.748
材料	低碳钢焊条 J422 *D*3.2	kg	3.60		0.083	0.099	0.345	0.549	0.623	1.130
	锯条（各种规格）	根	0.42		0.141	0.167	0.212	—	—	—
	尼龙砂轮片 *D*100	片	3.92		0.014	0.021	0.267	0.419	0.432	0.529
	尼龙砂轮片 *D*400	片	15.64		0.029	0.034	0.042	0.053	0.063	0.080
	破布	kg	5.07		0.012	0.012	0.015	0.020	0.024	0.028
	碳钢气焊条 *D*2 以内	kg	15.58		0.080	0.100	—	—	—	—
	型钢（综合）	kg	3.79		2.332	2.756	3.710	5.088	5.406	10.282
	氧气	m^3	2.88		0.234	0.291	0.330	0.351	0.400	0.507
	乙炔气	kg	14.66		0.090	0.112	0.127	0.135	0.154	0.195
机械	中小型机械费	元	—		4.37	5.27	17.73	27.08	31.31	46.17

工作内容：场内搬运、组成、焊接、张拉、安装。

编号				5-313	5-314	5-315	5-316	5-317
项目名称				方形补偿器安装				
				公称直径（mm）				
				32 以内	40 以内	50 以内	65 以内	80 以内
单位				个				
总价（元）				**29.32**	**35.47**	**49.53**	**64.97**	**78.14**
其中	人工费（元）			20.25	24.84	35.78	43.47	51.30
	材料费（元）			4.46	5.21	6.79	10.04	12.93
	机械费（元）			4.61	5.42	6.96	11.46	13.91
名称		单位	单价（元）	消耗量				
人工	综合工日	工日	135.00	0.150	0.184	0.265	0.322	0.380
材料	方形补偿器	个	—	（1.000）	（1.000）	（1.000）	（1.000）	（1.000）
	低碳钢焊条 J422 *D*3.2	kg	3.60	0.102	0.121	0.144	0.244	0.298
	锯条（各种规格）	根	0.42	0.071	0.084	0.106	—	—
	尼龙砂轮片 *D*100	片	3.92	0.007	0.011	0.133	0.209	0.216
	尼龙砂轮片 *D*400	片	15.64	0.014	0.017	0.021	0.027	0.032
	破布	kg	5.07	0.006	0.006	0.007	0.010	0.012
	型钢（综合）	kg	3.79	0.742	0.848	1.060	1.696	2.332
	氧气	m^3	2.88	0.126	0.153	0.171	0.186	0.207
	乙炔气	kg	14.66	0.042	0.051	0.057	0.062	0.069
机械	中小型机械费	元	—	4.61	5.42	6.96	11.46	13.91

工作内容：场内搬运、组成、焊接、张拉、安装。

编号				5-318	5-319	5-320	5-321	5-322
项目名称				方形补偿器安装				
				公称直径（mm）				
				100 以内	125 以内	150 以内	200 以内	250 以内
单位				个				
总价（元）				**102.05**	**120.05**	**148.25**	**201.34**	**265.85**
其中	人工费（元）			62.10	74.52	96.26	130.41	181.71
	材料费（元）			18.37	19.75	23.33	31.24	43.27
	机械费（元）			21.58	25.78	28.66	39.69	40.87
名称		单位	单价（元）	消耗量				
人工	综合工日	工日	135.00	0.460	0.552	0.713	0.966	1.346
材料	方形补偿器	个	—	（1.000）	（1.000）	（1.000）	（1.000）	（1.000）
	低碳钢焊条 J422 *D*3.2	kg	3.60	0.502	0.585	0.862	1.180	2.197
	尼龙砂轮片 *D*100	片	3.92	0.264	0.363	0.542	0.778	1.275
	尼龙砂轮片 *D*400	片	15.64	0.040	0.044	—	—	—
	破布	kg	5.07	0.014	0.017	0.021	0.028	—
	型钢（综合）	kg	3.79	3.392	3.392	3.710	4.922	6.088
	氧气	m^3	2.88	0.255	0.333	0.507	0.663	0.939
	乙炔气	kg	14.66	0.085	0.111	0.169	0.221	0.313
机械	中小型机械费	元	—	21.58	25.78	28.66	39.69	40.87

工作内容： 场内搬运、组成、焊接、张拉、安装。

编号				5-323	5-324	5-325
项目名称				方形补偿器安装		
				公称直径（mm）		
				300 以内	350 以内	400 以内
单位				个		
总价（元）				**329.43**	**352.38**	**450.88**
其中	人工费（元）			206.55	234.50	274.86
	材料费（元）			52.32	61.21	73.59
	机械费（元）			70.56	56.67	102.43
名称		单位	单价（元）	消耗量		
人工	综合工日	工日	135.00	1.530	1.737	2.036
材料	方形补偿器	个	—	（1.000）	（1.000）	（1.000）
	低碳钢焊条 J422 *D*3.2	kg	3.60	2.625	3.039	4.584
	尼龙砂轮片 *D*100	片	3.92	1.534	2.150	2.461
	破布	kg	5.07	0.040	—	0.054
	型钢（综合）	kg	3.79	7.408	8.256	9.210
	氧气	m^3	2.88	1.104	1.359	1.578
	乙炔气	kg	14.66	0.368	0.453	0.526
机械	中小型机械费	元	—	70.56	56.67	102.43

工作内容：场内搬运、切口、坡口、焊接、试压检查。

编号				5-326	5-327	5-328	5-329	5-330	5-331
项目名称				焊接式成品补偿器安装					
				公称直径(mm)					
				50以内	65以内	80以内	100以内	125以内	150以内
单位				个					
总价(元)				**56.72**	**70.18**	**84.04**	**105.14**	**126.88**	**157.12**
其中	人工费(元)			49.68	59.00	69.93	85.46	102.47	125.82
	材料费(元)			1.41	2.07	3.39	4.48	5.85	8.16
	机械费(元)			5.63	9.11	10.72	15.20	18.56	23.14
名称		单位	单价(元)	消耗量					
人工	综合工日	工日	135.00	0.368	0.437	0.518	0.633	0.759	0.932
材料	焊接式补偿器	个	—	(1.000)	(1.000)	(1.000)	(1.000)	(1.000)	(1.000)
	低碳钢焊条 J422 *D*3.2	kg	3.60	0.132	0.183	0.215	0.381	0.464	0.729
	锯条(各种规格)	根	0.42	0.106	—	—	—	—	—
	尼龙砂轮片 *D*100	片	3.92	0.133	0.209	0.216	0.264	0.363	0.542
	尼龙砂轮片 *D*400	片	15.64	0.021	0.027	0.032	0.040	0.044	—
	破布	kg	5.07	0.007	0.010	0.012	0.014	0.017	0.021
	氧气	m^3	2.88	—	0.015	0.156	0.177	0.255	0.426
	乙炔气	kg	14.66	—	0.005	0.052	0.059	0.085	0.142
机械	中小型机械费	元	—	5.63	9.11	10.72	15.20	18.56	23.14

工作内容：场内搬运、切口、坡口、焊接、试压检查。

编号				5-332	5-333	5-334	5-335
项目名称				焊接式成品补偿器安装			
				公称直径（mm）			
				200 以内	300 以内	400 以内	500 以内
单位				个			
总价（元）				**211.36**	**322.37**	**440.72**	**562.06**
其中	人工费（元）			167.67	245.30	327.65	419.18
	材料费（元）			11.71	22.84	36.74	47.68
	机械费（元）			31.98	54.23	76.33	95.20
名称		单位	单价（元）	消耗量			
人工	综合工日	工日	135.00	1.242	1.817	2.427	3.105
材料	焊接式补偿器	个	—	（1.000）	（1.000）	（1.000）	（1.000）
	低碳钢焊条 J422 *D*3.2	kg	3.60	1.009	2.368	4.262	5.315
	尼龙砂轮片 *D*100	片	3.92	0.778	1.534	2.461	3.503
	破布	kg	5.07	0.028	0.040	0.054	0.066
	型钢（综合）	kg	3.79	0.152	0.200	0.200	0.200
	氧气	m^3	2.88	0.555	0.945	1.380	1.767
	乙炔气	kg	14.66	0.185	0.315	0.460	0.589
机械	中小型机械费	元	—	31.98	54.23	76.33	95.20

工作内容：场内搬运、制垫、加垫、安装、紧螺栓、试压检查。

编号				5-336	5-337	5-338	5-339	5-340	5-341
项目名称				法兰式成品补偿器安装					
				公称直径（mm）					
				25 以内	32 以内	40 以内	50 以内	65 以内	80 以内
单位				个					
总价（元）				**32.18**	**36.52**	**39.85**	**46.30**	**68.51**	**92.84**
其中	人工费（元）			27.95	29.57	32.67	38.88	60.62	76.14
	材料费（元）			4.23	6.95	7.18	7.42	7.89	16.70
名称		单位	单价（元）	消耗量					
人工	综合工日	工日	135.00	0.207	0.219	0.242	0.288	0.449	0.564
材料	法兰式补偿器	个	—	（1.000）	（1.000）	（1.000）	（1.000）	（1.000）	（1.000）
	白铅油	kg	8.16	0.028	0.030	0.035	0.040	0.050	0.070
	机油	kg	7.21	0.004	0.004	0.004	0.004	0.004	0.007
	破布	kg	5.07	0.004	0.004	0.004	0.004	0.004	0.008
	砂纸	张	0.87	0.004	0.004	0.004	0.004	0.004	0.008
	石棉橡胶板 低压 δ0.8~6.0	kg	19.35	0.040	0.050	0.060	0.070	0.090	0.130
	六角螺栓带螺母、垫圈 M12×（14~75）	套	0.77	4.120	—	—	—	—	—
	六角螺栓带螺母、垫圈 M16×（65~80）	套	1.38	—	4.120	4.120	4.120	4.120	—
	六角螺栓带螺母、垫圈 M16×（85~140）	套	1.64	—	—	—	—	—	8.240

工作内容：场内搬运、制垫、加垫、安装、紧螺栓、试压检查。

编号				5-342	5-343	5-344	5-345	5-346	5-347	5-348
项目名称				法兰式成品补偿器安装						
				公称直径（mm）						
				100 以内	125 以内	150 以内	200 以内	300 以内	400 以内	500 以内
单位				个						
总价（元）				**109.39**	**115.30**	**126.83**	**168.00**	**224.45**	**321.68**	**441.70**
其中	人工费（元）			91.67	96.26	102.47	133.52	186.30	248.40	315.23
	材料费（元）			17.72	19.04	24.36	34.48	38.15	73.28	126.47
名称		单位	单价（元）	消耗量						
人工	综合工日	工日	135.00	0.679	0.713	0.759	0.989	1.380	1.840	2.335
材料	法兰式补偿器	个	—	（1.000）	（1.000）	（1.000）	（1.000）	（1.000）	（1.000）	（1.000）
	白铅油	kg	8.16	0.100	0.120	0.140	0.170	0.240	0.300	0.350
	机油	kg	7.21	0.007	0.007	0.010	0.016	0.018	0.037	0.056
	破布	kg	5.07	0.008	0.008	0.016	0.024	0.024	0.032	0.040
	砂纸	张	0.87	0.008	0.008	0.016	0.024	0.024	0.032	0.040
	石棉橡胶板 低压 δ0.8~6.0	kg	19.35	0.170	0.230	0.280	0.330	0.400	0.690	0.830
	六角螺栓带螺母、垫圈 M16×（85~140）	套	1.64	8.240	8.240	—	—	—	—	—
	六角螺栓带螺母、垫圈 M20×（85~100）	套	2.14	—	—	8.240	12.360	—	—	—
	六角螺栓带螺母、垫圈 M22×（90~120）	套	2.28	—	—	—	—	12.360	—	—
	六角螺栓带螺母、垫圈 M27×（120~140）	套	3.46	—	—	—	—	—	16.480	—
	六角螺栓带螺母、垫圈 M30×（130~160）	套	5.19	—	—	—	—	—	—	20.600

第十节　软接头（软管）

工作内容：场内搬运、制垫、加垫、安装、紧螺栓、试压检查。

编　　号				5–349	5–350	5–351	5–352	5–353	5–354
项目名称				法兰式软接头安装					
				公称直径（mm）					
				50 以内	65 以内	80 以内	100 以内	125 以内	150 以内
单　　位				个					
总价（元）				**41.95**	**62.74**	**74.01**	**97.54**	**109.70**	**118.16**
其中	人工费（元）			34.16	54.41	59.00	79.25	90.05	93.15
	材料费（元）			7.79	8.33	15.01	18.29	19.65	25.01
名　　称		单位	单价（元）	消　耗　量					
人工	综合工日	工日	135.00	0.253	0.403	0.437	0.587	0.667	0.690
材料	法兰式软接头	个	—	（1.000）	（1.000）	（1.000）	（1.000）	（1.000）	（1.000）
	白铅油	kg	8.16	0.040	0.050	0.070	0.100	0.120	0.140
	机油	kg	7.21	0.056	0.065	0.070	0.086	0.092	0.100
	破布	kg	5.07	0.004	0.004	0.008	0.008	0.008	0.016
	砂纸	张	0.87	0.004	0.004	0.008	0.008	0.008	0.016
	石棉橡胶板 低压 δ0.8~6.0	kg	19.35	0.070	0.090	0.130	0.170	0.230	0.280
	六角螺栓带螺母、垫圈 M16×（65~80）	套	1.38	4.120	4.120	8.240	—	—	—
	六角螺栓带螺母、垫圈 M16×（85~140）	套	1.64	—	—	—	8.240	8.240	—
	六角螺栓带螺母、垫圈 M20×（85~100）	套	2.14	—	—	—	—	—	8.240

工作内容：场内搬运、制垫、加垫、安装、紧螺栓、试压检查。

编号				5-355	5-356	5-357	5-358
项目名称				法兰式软接头安装			
				公称直径（mm）			
				200以内	250以内	300以内	400以内
单位				个			
总价（元）				**151.85**	**184.09**	**212.98**	**324.90**
其中	人工费（元）			116.51	145.94	173.88	235.98
	材料费（元）			35.34	38.15	39.10	88.92
名称		单位	单价（元）	消耗量			
人工	综合工日	工日	135.00	0.863	1.081	1.288	1.748
材料	法兰式软接头	个	—	（1.000）	（1.000）	（1.000）	（1.000）
	白铅油	kg	8.16	0.170	0.200	0.240	0.300
	机油	kg	7.21	0.135	0.143	0.150	0.230
	破布	kg	5.07	0.024	0.024	0.024	0.032
	砂纸	张	0.87	0.024	0.024	0.024	0.032
	石棉橡胶板 低压 δ0.8~6.0	kg	19.35	0.330	0.370	0.400	0.690
	六角螺栓带螺母、垫圈 M20×（85~100）	套	2.14	12.360	—	—	—
	六角螺栓带螺母、垫圈 M22×（90~120）	套	2.28	—	12.360	12.360	—
	六角螺栓带螺母、垫圈 M27×（120~140）	套	3.46	—	—	—	20.600

工作内容：场内搬运、切管、套丝、加垫、安装、试压检查。

编号				5-359	5-360	5-361	5-362	5-363	5-364
项目名称				螺纹式软接头安装					
				公称直径(mm)					
				15 以内	20 以内	25 以内	32 以内	40 以内	50 以内
单位				个					
总价(元)				**21.24**	**24.65**	**28.51**	**32.21**	**40.49**	**49.24**
其中	人工费(元)			20.25	23.36	26.46	29.57	37.26	45.09
	材料费(元)			0.83	1.08	1.57	2.01	2.49	3.08
	机械费(元)			0.16	0.21	0.48	0.63	0.74	1.07
名称		单位	单价(元)	消耗量					
人工	综合工日	工日	135.00	0.150	0.173	0.196	0.219	0.276	0.334
材料	螺纹式软接头	个	—	(1.000)	(1.000)	(1.000)	(1.000)	(1.000)	(1.000)
	机油	kg	7.21	0.013	0.015	0.016	0.019	0.025	0.029
	聚四氟乙烯生料 带宽 20	m	1.15	0.568	0.752	0.944	1.208	1.504	1.888
	锯条(各种规格)	根	0.42	0.057	0.065	0.070	0.078	0.089	0.106
	尼龙砂轮片 *D*400	片	15.64	0.004	0.005	0.011	0.014	0.017	0.021
	氧气	m^3	2.88	—	—	0.021	0.030	0.036	0.042
	乙炔气	kg	14.66	—	—	0.007	0.010	0.012	0.014
机械	中小型机械费	元	—	0.16	0.21	0.48	0.63	0.74	1.07

工作内容： 场内搬运、切管、连接、紧固。

编　号				5-365	5-366	5-367	5-368
项目名称				卡紧式软管安装			
				公称直径（mm）			
				10 以内	15 以内	20 以内	25 以内
单　位				根			
总价（元）				**4.36**	**5.99**	**7.47**	**9.09**
其中	人工费（元）			3.11	4.73	6.21	7.83
	材料费（元）			1.25	1.26	1.26	1.26
名　称		单位	单价（元）	消　耗　量			
人工	综合工日	工日	135.00	0.023	0.035	0.046	0.058
材料	软管	根	—	（1.000）	（1.000）	（1.000）	（1.000）
	破布	kg	5.07	0.004	0.005	0.005	0.006
	软管夹	个	0.61	2.020	2.020	2.020	2.020

第十一节　塑料排水管消声器

工作内容：场内搬运、切管、安装、灌水试验。

编　号				5-369	5-370	5-371	5-372	5-373	5-374
项目名称				塑料排水管消声器					
				公称直径(mm)					
				50 以内	70 以内	100 以内	150 以内	200 以内	250 以内
单　位				10 个					
总价(元)				**17.49**	**20.71**	**28.84**	**35.21**	**53.00**	**78.79**
其中	人工费(元)			17.15	20.25	27.95	34.16	51.30	76.14
	材料费(元)			0.34	0.46	0.89	1.05	1.70	2.65
名　称		单位	单价(元)	消　耗　量					
人工	综合工日	工日	135.00	0.127	0.150	0.207	0.253	0.380	0.564
材料	塑料排水管消声器	个	—	(1.000)	(1.000)	(1.000)	(1.000)	(1.000)	(1.000)
	丙酮	kg	9.89	0.015	0.025	0.038	0.044	0.068	0.106
	锯条(各种规格)	根	0.42	0.031	0.076	0.153	0.202	0.504	1.009
	粘接剂	kg	18.17	0.010	0.010	0.025	0.029	0.045	0.065

第十二节　浮标液面计

工作内容：场内搬运、液面计安装、支架制作和安装、除锈刷漆。

编　　号				5-375
项目名称				浮标液面计 FQ- Ⅱ型
单　　位				组
总价（元）				**56.96**
其中	人工费（元）			48.20
	材料费（元）			5.05
	机械费（元）			3.71
名　　称		单位	单价（元）	消　耗　量
人工	综合工日	工日	135.00	0.357
材料	浮标液面计 FQ-Ⅱ	组	—	（1.000）
	低碳钢焊条 J422 *D*3.2	kg	3.60	0.100
	酚醛调和漆（各色）	kg	10.67	0.012
	酚醛防锈漆（各色）	kg	17.27	0.017
	角钢 60	kg	3.47	0.800
	锯条（各种规格）	根	0.42	0.500
	汽油 70#~90#	kg	8.08	0.006
	六角螺栓带螺母、垫圈 M8×（14~75）	套	0.30	4.120
机械	中小型机械费	元	—	3.71

第十三节　压力计、水位计、温度计

工作内容：管道开口、焊管箍、零部件检查、擦洗及安装、找正、试水等。

编　号				5-376	5-377	5-378	5-379	5-380
项目名称				压力计	水位计		温度计	
					玻璃管	板式	玻璃	压力计式
单　位				套				
总价（元）				**131.40**	**77.08**	**178.18**	**41.23**	**92.66**
其中	人工费（元）			70.20	29.70	151.20	14.85	72.90
	材料费（元）			61.20	47.38	26.98	26.38	19.76
名　称		单位	单价（元）	消　耗　量				
人工	综合工日	工日	135.00	0.520	0.220	1.120	0.110	0.540
材料	表管阀	个	—	（1.000）	—	—	—	—
	螺纹截止阀	个	—	—	（2.000）	—	—	—
	法兰（各种材质带螺栓）	套	—	—	—	（1.000）	—	—
	温度计套管	个	—	—	—	—	（1.000）	—
	玻璃管温度计 0~200℃ WNG-11	支	25.21	—	—	—	1.000	—
	弹簧压力表 0~16kg/cm^2	个	48.67	1.000	—	—	—	—
	熟铁管箍 *DN*15	个	1.17	1.000	—	—	1.000	—
	熟铁管箍 *DN*20	个	1.58	—	—	—	—	1.000
	水位计 *DN*15（带玻璃管）	套	47.38	—	1.000	—	—	—
	水位计玻璃板	块	26.98	—	—	1.000	—	—
	温度计 0~120℃	块	18.18	—	—	—	—	1.000
	压力表弯管 *DN*15	个	11.36	1.000	—	—	—	—

第六章　支架、管卡、套管制作、安装

说　　明

一、本章包括设备支架、管道支架制作、安装，成品管卡安装，套管制作、安装 3 节，共 47 条基价子目。

二、工程计价时应注意的问题：

1. 管道支架制作、安装项目适用于室内外管道的管架制作与安装。如单件质量大于 100kg 时，应执行本章设备支架制作、安装相应项目。

2. 管道支架采用木垫式、弹簧式管架时，均执行本章管道支架安装项目，支架中的弹簧减震器、滚珠、木垫等成品件重量应计入安装工程量，其材料数量按实计入。

3. 成品管卡安装项目适用于与各类管道配套的立、支管成品管卡的安装。

工程量计算规则

一、设备支架、管道支架制作、安装按设计重量计算，以“kg”为计量单位。

二、成品管卡安装按设计数量计算，以“个”为计量单位。

三、套管按数量计算，以“个”为计量单位。

第一节　设备支架、管道支架制作、安装

工作内容：场内搬运、切断、调直、揻制、钻孔、组对、焊接、安装。

编号				6-001	6-002	6-003	6-004
项目名称				设备支架		管道支架	
				制作	安装	制作	安装
单位				100kg			
总价（元）				**579.81**	**293.87**	**814.50**	**500.46**
其中	人工费（元）			478.04	204.80	637.47	343.17
	材料费（元）			17.14	35.96	38.94	67.69
	机械费（元）			84.63	53.11	138.09	89.60
名称		单位	单价（元）	消耗量			
人工	综合工日	工日	135.00	3.541	1.517	4.722	2.542
材料	型钢（综合）	kg	—	（105.000）	—	（105.000）	—
	低碳钢焊条 J422 *D*3.2	kg	3.60	1.539	1.197	2.570	2.020
	尼龙砂轮片 *D*400	片	15.64	0.500	—	1.080	—
	氧气	m^3	2.88	0.486	0.162	1.622	0.894
	乙炔气	kg	14.66	0.162	0.054	0.554	0.298
	机油	kg	7.21	—	0.321	—	0.459
	六角螺栓带螺母、垫圈（综合）	kg	8.31	—	3.379	—	3.230
	膨胀螺栓（综合）	kg	7.00	—	—	—	2.153
	冲击钻头 *D*10~20	个	7.94	—	—	—	1.039
机械	中小型机械费	元	—	84.63	53.11	138.09	89.60

第二节　成品管卡安装

工作内容：定位、打眼、固定管卡。

编　号				6-005	6-006	6-007	6-008	6-009
项目名称				成品管卡安装				
				公称直径(mm)				
				20 以内	32 以内	40 以内	50 以内	80 以内
单　位				个				
总价(元)				**2.56**	**2.69**	**2.83**	**4.23**	**4.66**
其中	人工费(元)			1.76	1.89	2.03	2.30	2.70
	材料费(元)			0.80	0.80	0.80	1.93	1.96
名　称		单位	单价(元)	消　耗　量				
人工	综合工日	工日	135.00	0.013	0.014	0.015	0.017	0.020
材料	成品管卡	套	—	(1.050)	(1.050)	(1.050)	(1.050)	(1.050)
	冲击钻头 $D12$	个	8.00	0.015	0.015	0.015	—	—
	冲击钻头 $D14$	个	8.58	—	—	—	0.015	0.018
	金属膨胀螺栓 M8	套	0.66	1.030	1.030	1.030	—	—
	膨胀螺栓 M10	套	1.75	—	—	—	1.030	1.030

工作内容：定位、打眼、固定管卡。

编　　号				6-010	6-011	6-012
项目名称				成品管卡安装		
				公称直径（mm）		
				100 以内	125 以内	150 以内
单　　位				个		
总价（元）				**4.94**	**5.21**	**5.75**
其中	人工费（元）			2.97	3.24	3.78
	材料费（元）			1.97	1.97	1.97
名　　称		单位	单价（元）	消　耗　量		
人工	综合工日	工日	135.00	0.022	0.024	0.028
材料	成品管卡	套	—	（1.050）	（1.050）	（1.050）
	冲击钻头 *D*16	个	9.52	0.018	0.018	0.018
	膨胀螺栓 M12	套	1.75	1.030	1.030	1.030

第三节　套管制作、安装

工作内容：场内搬运、下料、制作、安装等。

编　号				6–013	6–014	6–015	6–016	6–017	6–018
项目名称				一般钢套管制作					
				公称直径（mm）					
				20	32	40	50	65	80
单　位				个					
总价（元）				**18.12**	**23.12**	**26.60**	**31.29**	**40.43**	**51.50**
其中	人工费（元）			11.07	13.37	14.18	16.20	21.33	26.19
	材料费（元）			6.46	9.08	11.75	14.42	18.42	24.49
	机械费（元）			0.59	0.67	0.67	0.67	0.68	0.82
名　称		单位	单价（元）	消　耗　量					
人工	综合工日	工日	135.00	0.082	0.099	0.105	0.120	0.158	0.194
材料	焊接钢管 *DN*32	m	12.02	0.300	—	—	—	—	—
	焊接钢管 *DN*50	m	18.68	—	0.300	—	—	—	—
	焊接钢管 *DN*65	m	25.35	—	—	0.300	—	—	—
	焊接钢管 *DN*80	m	31.81	—	—	—	0.300	—	—
	焊接钢管 *DN*100	m	41.28	—	—	—	—	0.300	—
	焊接钢管 *DN*125	m	57.70	—	—	—	—	—	0.300
	圆钢 *D*10	kg	3.92	0.158	0.158	0.158	0.158	0.158	0.158
	电焊条	kg	7.59	0.020	0.020	0.025	0.025	0.025	0.028
	氧气	m^3	2.88	0.252	0.327	0.412	0.493	0.632	0.770
	乙炔气	m^3	16.13	0.084	0.109	0.133	0.164	0.211	0.256
机械	中小型机械费	元	—	0.59	0.67	0.67	0.67	0.68	0.82

工作内容：场内搬运、下料、制作、安装等。

编号				6-019	6-020	6-021	6-022	6-023
项目名称				一般钢套管制作				
				公称直径（mm）				
				100	125	150	200	250
单位				个				
总价（元）				**65.59**	**75.29**	**94.02**	**122.21**	**152.74**
其中	人工费（元）			35.24	42.80	50.49	56.97	67.10
	材料费（元）			29.39	31.45	42.12	63.61	83.86
	机械费（元）			0.96	1.04	1.41	1.63	1.78
名称		单位	单价（元）	消耗量				
人工	综合工日	工日	135.00	0.261	0.317	0.374	0.422	0.497
材料	焊接钢管 *DN*150	m	68.51	0.300	0.300	—	—	—
	焊接钢管 *DN*200	m	89.60	—	—	0.300	—	—
	无缝钢管 *D*273×6	m	152.84	—	—	—	0.300	—
	无缝钢管 *D*325×8	m	213.84	—	—	—	—	0.300
	圆钢 *D*10	kg	3.92	0.158	0.158	0.158	0.316	0.316
	电焊条	kg	7.59	0.028	0.030	0.030	0.032	0.032
	氧气	m^3	2.88	0.969	1.217	1.743	1.972	2.208
	乙炔气	m^3	16.13	0.323	0.406	0.581	0.657	0.736
机械	中小型机械费	元	—	0.96	1.04	1.41	1.63	1.78

工作内容：下料、切割、组对、焊接、刷防锈漆等。

编号				6-024	6-025	6-026	6-027	6-028	6-029
项目名称				刚性套管制作					
				公称直径（mm）					
				50	80	100	125	150	200
单位				个					
总价（元）				**169.90**	**209.48**	**271.32**	**340.08**	**381.75**	**459.89**
其中	人工费（元）			93.15	112.05	147.15	176.85	189.00	233.55
	材料费（元）			73.78	93.72	118.24	157.30	186.07	218.92
	机械费（元）			2.97	3.71	5.93	5.93	6.68	7.42
名称		单位	单价（元）	消耗量					
人工	综合工日	工日	135.00	0.690	0.830	1.090	1.310	1.400	1.730
材料	焊接钢管（综合）	kg	2.72	5.960	7.320	9.890	15.220	17.190	25.000
	钢板 δ8.0~20.0	kg	4.03	9.670	12.550	16.140	21.410	26.140	26.500
	扁钢（59 以内）×4	kg	2.75	0.950	1.110	1.330	1.480	1.700	2.120
	电焊条 E4303 D3.2	kg	7.59	0.420	0.530	0.620	0.760	1.040	1.890
	氧气	m^3	2.88	1.180	1.480	1.650	1.770	1.890	2.010
	乙炔气	m^3	16.13	0.530	0.670	0.740	0.800	0.850	0.900
	防锈漆	kg	15.51	0.050	0.060	0.070	0.100	0.130	0.210
	汽油	kg	7.74	0.010	0.020	0.020	0.030	0.030	0.050
机械	中小型机械费	元	—	2.97	3.71	5.93	5.93	6.68	7.42

工作内容：场内搬运、找标高、找平、找正、就位安装、加填料。

编号				6-030	6-031	6-032	6-033	6-034	6-035
项目名称				刚性套管安装					
				公称直径（mm）					
				50	80	100	125	150	200
单位				个					
总价（元）				**159.62**	**184.30**	**184.30**	**217.03**	**217.03**	**279.50**
其中	人工费（元）			94.50	94.50	94.50	105.30	105.30	145.80
	材料费（元）			65.12	89.80	89.80	111.73	111.73	133.70
名称		单位	单价（元）	消耗量					
人工	综合工日	工日	135.00	0.700	0.700	0.700	0.780	0.780	1.080
材料	水泥	kg	0.39	6.500	8.900	8.900	11.200	11.200	13.330
	石棉绒	kg	12.32	2.840	3.790	3.790	4.910	4.910	5.880
	油麻绳	kg	21.90	1.260	1.810	1.810	2.140	2.140	2.560

工作内容：下料、切割、组对、焊接、刷防锈漆等。

编号				6-036	6-037	6-038	6-039	6-040	6-041
项目名称				柔性套管制作					
				公称直径（mm）					
				50	80	100	125	150	200
单位				个					
总价（元）				**344.16**	**443.03**	**538.12**	**659.87**	**782.93**	**1018.20**
其中	人工费（元）			221.40	264.60	336.15	383.40	441.45	490.05
	材料费（元）			116.85	171.04	190.89	264.65	328.18	513.38
	机械费（元）			5.91	7.39	11.08	11.82	13.30	14.77
名称		单位	单价（元）	消耗量					
人工	综合工日	工日	135.00	1.640	1.960	2.490	2.840	3.270	3.630
材料	焊接钢管（综合）	kg	2.72	5.860	7.330	8.260	11.010	17.060	25.950
	钢板 δ4.5~7.0	kg	3.79	14.310	22.680	25.330	37.520	46.530	79.820
	方钢	kg	3.90	0.530	0.690	0.740	0.900	1.060	1.330
	电焊条 E4303 D3.2	kg	7.59	1.050	1.310	1.540	1.890	2.600	4.790
	双头螺栓（综合）	kg	14.75	0.440	0.820	0.820	1.650	1.720	1.720
	氧气	m^3	2.88	2.360	3.190	3.540	3.780	4.130	5.310
	乙炔气	m^3	16.13	1.060	1.430	1.590	1.700	1.860	2.390
	防锈漆	kg	15.51	0.110	0.130	0.150	0.210	0.260	0.420
	汽油	kg	7.74	0.030	0.050	0.050	0.060	0.070	0.100
	石棉油浸盘根（编制）D11~25	kg	35.99	0.120	0.160	0.200	0.230	0.270	0.340
机械	中小型机械费	元	—	5.91	7.39	11.08	11.82	13.30	14.77

工作内容：找标高、找平、找正、就位、安装、加填料、紧螺栓。

编号				6-042	6-043	6-044	6-045	6-046	6-047
项目名称				柔性套管安装					
				公称直径（mm）					
				50	80	100	125	150	200
单位				个					
总价（元）				**59.44**	**59.83**	**59.83**	**67.20**	**67.20**	**91.73**
其中	人工费（元）			58.05	58.05	58.05	64.80	64.80	89.10
	材料费（元）			1.39	1.78	1.78	2.40	2.40	2.63
名称		单位	单价（元）	消耗量					
人工	综合工日	工日	135.00	0.430	0.430	0.430	0.480	0.480	0.660
材料	黄干油	kg	15.77	0.070	0.090	0.090	0.120	0.120	0.130
	机油	kg	7.21	0.040	0.050	0.050	0.070	0.070	0.080

第七章　卫生器具制作、安装

说　明

一、本章包括卫生器具安装，成套淋浴器安装，整体淋浴房安装，桑拿浴房安装，大、小便槽自动冲洗整体水箱安装，给水、排水附件安装，小便槽冲洗管制作、安装，太阳能热水器安装，蒸汽水加热器、电热开水器，冷热水混合器，净水器，隔油器 12 节，共 91 条基价子目。

二、工程计价时应注意的问题：

1. 各类卫生器具安装项目包括卫生器具本体、配套附件、成品支托架安装。各类卫生器具配套附件是指给水附件（水龙头、金属软管、阀门、冲洗管、喷头等）和排水附件（下水口、排水栓、存水弯、与地面或墙面排水口间的排水连接管等）。

2. 各类卫生器具所用附件已列出消耗量，如随设备或器具配套供应时，其消耗量不得重复计算。各类卫生器具支托架如现场制作时，执行相应项目。

3. 小便冲洗管制作、安装不包括阀门，其阀门执行阀门安装定额。

4. 大、小便器冲洗（弯）管均按成品考虑。大便器安装已包括了柔性连接头或胶皮碗。

5. 带水箱的大便器安装，单独安装大便器其用工按 40% 计算，单独安装水箱（包括铜活）其用工按 60% 计算，所用材料及零附件按材料栏内所列计算。

6. 大、小便槽自动冲洗水箱安装中已包括水箱和冲洗管的成品支托架、管卡安装，水箱支托架及管卡的制作及刷漆应按相应定额项目另行计算。

工程量计算规则

一、各种卫生器具均按设计数量计算，以“组”“套”为计量单位。

二、湿蒸房依据使用人数计算，以“座”为计量单位。

三、大、小便槽自动冲洗水箱安装分容积按设计数量计算，以“套”为计量单位。大、小便槽自动冲洗水箱制作不分规格，以“kg”为计量单位。

四、小便槽冲洗管制作与安装按设计长度计算，以“m”为计量单位，不扣除阀门的长度。

五、太阳能热水器安装按面积计算，以“m^2”为计量单位。

六、电热开水器安装按设计数量计算，以“台”为计量单位。

七、隔油器区分安装方式和进水管径，以“套”为计量单位。

第一节　卫生器具安装

工作内容：场内搬运、打螺栓孔，大便器、水箱及附件安装，与上下水管连接，试水。

编　　号				7-001	7-002	7-003	7-004	7-005
项目名称				蹲式大便器安装				
				瓷高水箱	瓷低水箱	手动开关	脚踏开关	埋入式感应开关
单　　位				10套				
总价（元）				**1516.37**	**1509.83**	**999.71**	**999.71**	**1046.28**
其中	人工费（元）			1234.31	1234.31	756.14	756.14	802.71
	材料费（元）			282.06	275.52	243.57	243.57	243.57
名　　称		单位	单价（元）	消　耗　量				
人工	综合工日	工日	135.00	9.143	9.143	5.601	5.601	5.946
材料	瓷蹲式大便器	个	—	（10.100）	（10.100）	（10.100）	（10.100）	（10.100）
	瓷蹲式大便器高水箱及配件	套	—	（10.100）	—	—	—	—
	瓷蹲式大便器低水箱及配件	套	—	—	（10.100）	—	—	—
	螺纹管件 *DN*15	个	—	（10.100）	（10.100）	—	—	—
	金属软管 *D*15	m	—	（10.100）	（10.100）	—	—	—
	角型阀（带铜活）*DN*15	个	—	（10.100）	（10.100）	—	—	—
	螺纹截止阀 J11T-16 *DN*25	个	—	—	—	（10.100）	—	—
	大便器脚踏阀	个	—	—	—	—	（10.100）	—

续前

编号				7-001	7-002	7-003	7-004	7-005
项目名称				蹲式大便器安装				
				瓷高水箱	瓷低水箱	手动开关	脚踏开关	埋入式感应开关
单位				10套				
名称		单位	单价（元）	消耗量				
材料	埋入式感应控制器	个	—	—	—	—	—	（10.100）
	防污器 *DN*32	个	—	—	—	（10.100）	（10.100）	（10.100）
	冲洗管 *DN*32	根	—	（10.100）	（10.100）	（10.100）	（10.100）	（10.100）
	大便器存水弯 *DN*100	个	—	（10.100）	（10.100）	（10.100）	（10.100）	（10.100）
	大便器排水接头	个	—	（10.100）	（10.100）	（10.100）	（10.100）	（10.100）
	大便器胶皮碗（配喉箍）	套	2.88	10.500	10.500	10.500	10.500	10.500
	冲击钻头 *D*8~16	个	6.92	0.500	0.420	—	—	—
	防水密封胶	支	12.98	5.000	5.000	5.000	5.000	5.000
	聚四氟乙烯生料 带宽 20	m	1.15	16.000	16.000	16.000	16.000	16.000
	锯条（各种规格）	根	0.42	1.500	1.500	1.500	1.500	1.500
	砂子	m^3	87.03	0.090	0.090	0.090	0.090	0.090
	烧结粉煤灰砖 240×115×53	千块	550.00	0.160	0.160	0.160	0.160	0.160
	石灰膏	m^3	181.42	0.185	0.185	0.185	0.185	0.185
	管卡（带膨胀螺栓）*DN*32	套	0.57	10.500	—	—	—	—
	膨胀螺栓 M（6~12）×（50~120）	套	0.94	30.900	30.900	—	—	—

工作内容：场内搬运，预留洞眼，安装大便器、水箱及附件，切管，套丝，连接上下水管，试水等。

编　　号				7-006	7-007	7-008	7-009	7-010
项目名称				坐式大便器安装				
				挂墙水箱	分体水箱	连体水箱	隐蔽水箱	自闭阀
单　　位				10 套				
总价（元）				**1198.92**	**1018.03**	**1018.03**	**1123.73**	**1106.02**
其中	人工费（元）			1052.60	912.87	912.87	1023.17	984.29
	材料费（元）			146.32	105.16	105.16	100.56	121.73
名　　称		单位	单价（元）	消　耗　量				
人工	综合工日	工日	135.00	7.797	6.762	6.762	7.579	7.291
材料	落地式坐便器	个	—	（10.100）	（10.100）	—	—	（10.100）
	连体坐便器	个	—	—	—	（10.100）	—	—
	壁挂式坐便器	个	—	—	—	—	（10.100）	—
	挂墙式低水箱及水箱配件（带冲洗弯管）	套	—	（10.100）	—	—	—	—
	分体式低水箱及水箱配件	套	—	—	（10.100）	—	—	—
	连体坐便器进水阀配件	套	—	—	—	（10.100）	—	—
	墙体隐蔽水箱及支架（带冲洗弯管）	套	—	—	—	—	（10.100）	—

编号				7-006	7-007	7-008	7-009	7-010
项目名称				坐式大便器安装				
				挂墙水箱	分体水箱	连体水箱	隐蔽水箱	自闭阀
单位				10套				
名称		单位	单价（元）	消耗量				
材料	自闭式冲洗阀 *DN*25	个	—	—	—	—	—	（10.100）
	冲水连接管（含防污器）*DN*32	套	—	—	—	—	—	（10.100）
	坐便器桶盖	套	—	（10.100）	（10.100）	（10.100）	（10.100）	（10.100）
	螺纹管件 *DN*15	个	—	（10.100）	（10.100）	（10.100）	（10.100）	—
	角型阀（带铜活）*DN*15	个	—	（10.100）	（10.100）	（10.100）	—	—
	金属软管 *D*15	m	—	（10.100）	（10.100）	（10.100）	—	—
	大便器存水弯 *DN*100	个	—	（10.100）	（10.100）	（10.100）	（10.100）	（10.100）
	大便器排水接头	个	—	（10.100）	（10.100）	（10.100）	（10.100）	（10.100）
	冲击钻头 *D*8~16	个	6.92	0.660	0.240	0.240	0.240	0.500
	防水密封胶	支	12.98	5.000	5.000	5.000	5.000	5.000
	聚四氟乙烯生料 带宽20	m	1.15	24.000	16.000	16.000	12.000	12.000
	锯条（各种规格）	根	0.42	2.000	2.000	2.000	2.000	2.000
	膨胀螺栓 M（6~12）×（50~120）	套	0.94	51.500	20.600	20.600	20.600	41.200

工作内容：场内搬运，切管，套丝，安装小便器及附件，冲水管制作，连接上下水管，试水等。

编号				7-011	7-012	7-013	7-014	7-015	7-016
项目名称				壁挂式小便器安装			落地式小便器安装		
				手动开关	脚踏阀开关	埋入式感应开关	手动开关	脚踏阀开关	埋入式感应开关
单位				10套					
总价（元）				**516.50**	**563.85**	**594.94**	**587.08**	**708.71**	**636.76**
其中	人工费（元）			428.49	454.95	504.63	513.95	600.89	563.63
	材料费（元）			88.01	108.90	90.31	73.13	107.82	73.13
名称		单位	单价（元）	消耗量					
人工	综合工日	工日	135.00	3.174	3.370	3.738	3.807	4.451	4.175
材料	挂式小便器	个	—	（10.100）	（10.100）	（10.100）	—	—	—
	小便器排水附件	套	—	（10.100）	（10.100）	（10.100）	—	—	—
	小便器冲水连接管 *DN*15	根	—	（10.100）	—	（10.100）	（10.100）	—	（10.100）
	螺纹管件 *DN*15	个	—	（10.100）	（10.100）	—	（10.100）	（10.100）	—
	角式长柄截止阀 *DN*15	个	—	（10.100）	—	—	（10.100）	—	—
	角型阀（带铜活）*DN*15	个	—	—	（10.100）	—	—	（10.100）	—
	金属软管 *D*15	m	—	—	（20.200）	—	—	（20.200）	—

编号				7-011	7-012	7-013	7-014	7-015	7-016
项目名称				壁挂式小便器安装			落地式小便器安装		
				手动开关	脚踏阀开关	埋入式感应开关	手动开关	脚踏阀开关	埋入式感应开关
单位				10套					
名称		单位	单价（元）	消耗量					
材料	脚踏式开关阀门	套	—	—	（10.100）	—	—	（10.100）	—
	埋入式感应控制器	个	—	—	—	（10.100）	—	—	（10.100）
	立式小便器	个	—	—	—	—	（10.100）	（10.100）	（10.100）
	存水弯 *DN*50	个	—	—	—	—	（10.100）	（10.100）	（10.100）
	排水栓 *DN*50	套	—	—	—	—	（10.100）	（10.100）	（10.100）
	排水接头 *DN*50	个	—	—	—	—	（10.100）	（10.100）	（10.100）
	冲击钻头 *D*8~16	个	6.92	0.660	0.880	0.660	0.220	0.440	0.220
	防水密封胶	支	12.98	0.700	0.700	0.700	1.000	1.000	1.000
	聚四氟乙烯生料 带宽 20	m	1.15	14.000	14.000	16.000	34.000	46.000	34.000
	锯条（各种规格）	根	0.42	0.400	0.400	0.400	0.400	0.400	0.400
	膨胀螺栓 M（6~12）×（50~120）	套	0.94	61.800	82.400	61.800	20.600	41.200	20.600

工作内容：场内搬运，切管，套丝，打墙眼，栽塑料胀管，安装附件及托架，连接上下水管，试水等。

编号				7-017	7-018	7-019	7-020
项目名称				挂墙式成套洗脸盆安装			
				冷水			冷热水
				手动开关	脚踏阀开关	感应开关	
单位				10组			
总价（元）				**800.05**	**917.08**	**958.20**	**866.75**
其中	人工费（元）			681.62	768.56	793.40	743.72
	材料费（元）			118.43	148.52	164.80	123.03
名称		单位	单价（元）	消耗量			
人工	综合工日	工日	135.00	5.049	5.693	5.877	5.509
材料	洗脸盆	个	—	（10.100）	（10.100）	（10.100）	（10.100）
	洗脸盆托架	副	—	（10.100）	（10.100）	（10.100）	（10.100）
	洗脸盆排水附件	套	—	（10.100）	（10.100）	（10.100）	（10.100）
	立式水嘴 *DN*15	个	—	（10.100）	—	—	—
	洗手喷头（带弯管）	套	—	—	（10.100）	—	—
	红外感应龙头及配件 15	套	—	—	—	（10.100）	—

编号				7-017	7-018	7-019	7-020
项目名称				挂墙式成套洗脸盆安装			
				冷水			冷热水
				手动开关	脚踏阀开关	感应开关	
单位				10组			
名称		单位	单价（元）	消耗量			
材料	混合冷热水龙头	个	—	—	—	—	（10.100）
	脚踏式开关阀门	套	—	—	（10.100）	—	—
	角型阀（带铜活）*DN*15	个	—	（10.100）	（10.100）	（10.100）	（20.200）
	螺纹管件 *DN*15	个	—	（10.100）	（10.100）	（10.100）	（20.200）
	金属软管 *D*15	m	—	（10.100）	（20.200）	（20.200）	（20.200）
	冲击钻头 *D*8~16	个	6.92	0.660	0.880	1.100	0.660
	防水密封胶	支	12.98	1.500	1.500	1.500	1.500
	聚四氟乙烯生料 带宽 20	m	1.15	31.200	39.200	35.200	35.200
	锯条（各种规格）	根	0.42	1.000	1.000	1.000	1.000
	膨胀螺栓 M（6~12）×（50~120）	套	0.94	61.800	82.400	103.000	61.800

工作内容：场内搬运，切管，套丝，打墙眼，栽塑料胀管，安装附件及托架，连接上下水管，试水等。

编号					7-021	7-022	7-023	7-024	7-025
项目名称					立柱式洗脸盆安装		台上式洗脸盆安装	台下式洗脸盆安装	洗发盆
					冷水	冷热水			
单位					10组				
总价（元）					**685.54**	**997.28**	**872.39**	**1087.08**	**1642.63**
其中	人工费（元）				590.22	892.76	808.92	951.75	1498.23
	材料费（元）				95.32	104.52	63.47	135.33	144.40
名称			单位	单价（元）	消耗量				
人工	综合工日		工日	135.00	4.372	6.613	5.992	7.050	11.098
材料	洗脸盆		个	—	（10.100）	（10.100）	（10.100）	（10.100）	—
	洗脸盆排水附件		套	—	（10.100）	（10.100）	（10.100）	（10.100）	—
	洗发盆		套	—	—	—	—	—	（10.100）
	洗发盆水嘴和排水附件		套	—	—	—	—	—	（10.100）
	洗脸盆托架		副	—	—	—	—	（10.100）	—
	立式水嘴 *DN*15		个	—	（10.100）	—	—	—	—

续前

编号				7-021	7-022	7-023	7-024	7-025
项目名称				立柱式洗脸盆安装		台上式洗脸盆安装	台下式洗脸盆安装	洗发盆
				冷水	冷热水			
单位				10组				
名称		单位	单价（元）	消耗量				
材料	混合冷热水龙头	个	—	—	（10.100）	（10.100）	（10.100）	—
	角型阀（带铜活）*DN*15	个	—	（10.100）	（20.200）	（20.200）	（20.200）	（20.200）
	螺纹管件 *DN*15	个	—	（10.100）	（20.200）	（20.200）	（20.200）	（20.200）
	金属软管 *D*15	m	—	（10.100）	（20.200）	（20.200）	（20.200）	（20.200）
	白水泥砂浆 1:2	m^3	496.52	0.009	0.009	—	—	0.009
	冲击钻头 *D*8~16	个	6.92	0.220	0.220	—	0.660	0.660
	防水密封胶	支	12.98	2.500	2.500	2.000	2.000	2.000
	聚四氟乙烯生料 带宽 20	m	1.15	31.200	39.200	31.200	39.200	43.200
	锯条（各种规格）	根	0.42	0.400	0.400	0.400	0.400	0.400
	橡胶板 δ1.0~3.0	kg	11.26	0.130	0.130	0.130	0.130	0.130
	膨胀螺栓 M（6~12）×（50~120）	套	0.94	20.600	20.600	—	61.800	61.800

工作内容：场内搬运，切管，套丝，剔墙眼，安装托架、瓷活及附件，安装下水口、存水弯，试水等。

编号				7–026
项目名称				成品洗面柜安装
单位				10套
总价（元）				**1252.43**
其中	人工费（元）			675.00
	材料费（元）			577.43
名称		单位	单价（元）	消耗量
人工	综合工日	工日	135.00	5.000
材料	成品洗面柜	个	—	（10.100）
	洗脸盆托架	副	—	（10.000）
	存水弯塑料S形 *DN*50	个	15.11	10.000
	镀锌活接头 *DN*50	个	12.00	10.000
	钢制丝堵 *DN*50	个	2.61	20.000
	焊接钢管 *DN*50	m	18.68	4.200
	黑玛钢管箍 *DN*50	个	3.32	10.000
	机油	kg	7.21	0.200
	排水栓带链堵	套	13.43	10.000
	铅油（厚漆）	kg	11.17	0.300
	橡胶板 δ1.0~3.0	kg	11.26	0.300

工作内容:场内搬运,切管,套丝,打墙眼,栽塑料胀管,安装盆及附件,连接上下水管,试水等。

编号				7-027	7-028	7-029	7-030
项目名称				搪瓷浴盆	玻璃钢浴盆	塑料浴盆	按摩浴盆
单位				10组			
总价(元)				**1303.03**	**1063.95**	**1003.34**	**2114.17**
其中	人工费(元)			1214.06	970.38	909.77	1991.93
	材料费(元)			88.97	93.57	93.57	122.24
名称		单位	单价(元)	消耗量			
人工	综合工日	工日	135.00	8.993	7.188	6.739	14.755
材料	搪瓷浴盆	个	—	(10.100)	—	—	—
	浴盆排水附件	套	—	(10.100)	(10.100)	(10.100)	(10.100)
	长颈水嘴 *DN*15	个	—	(10.100)	—	—	—
	混合冷热水龙头	个	—	—	(10.100)	(10.100)	—
	浴盆混合水嘴带喷头	套	—	—	—	—	(10.100)
	螺纹管件 *DN*15	个	—	(10.100)	(20.200)	(20.200)	(20.200)
	玻璃钢浴盆	个	—	—	(10.000)	—	—
	塑料浴盆	个	—	—	—	(10.000)	—
	按摩浴盆	个	—	—	—	—	(10.000)
	角型阀(带铜活)*DN*15	个	—	—	—	—	(20.200)
	金属软管 *D*15	m	—	—	—	—	(20.200)
	冲击钻头 *D*8~16	个	6.92	—	—	—	0.220
	防水密封胶	支	12.98	3.900	3.900	3.900	4.500
	聚四氟乙烯生料 带宽 20	m	1.15	33.200	37.200	37.200	37.200
	锯条(各种规格)	根	0.42	0.400	0.400	0.400	0.400
	膨胀螺栓 M(6~12)×(50~120)	套	0.94	—	—	—	20.600

工作内容：场内搬运，切管，套丝，安装金属框架，安装净身盆及附件，连接上下水管，试水等。

编　号				7-031	7-032
项目名称				落地式净身盆安装	壁挂式净身盆安装
单　位				10组	
总价（元）				**895.97**	**631.48**
其中	人工费（元）			816.62	532.58
	材料费（元）			79.35	98.90
名　称		单位	单价（元）	消耗量	
人工	综合工日	工日	135.00	6.049	3.945
材料	净身盆	个	—	（10.100）	（10.100）
	壁挂式净身盆金属框架	副	—	—	（10.100）
	净身盆水嘴和排水附件	套	—	（10.100）	（10.100）
	角型阀（带铜活）*DN*15	个	—	（20.200）	（20.200）
	金属软管 *D*15	m	—	（20.200）	（20.200）
	螺纹管件 *DN*15	个	—	（20.200）	（20.200）
	冲击钻头 *D*8~16	个	6.92	0.024	0.050
	防水密封胶	支	12.98	1.300	1.300
	聚四氟乙烯生料 带宽 20	m	1.15	37.200	37.200
	锯条（各种规格）	根	0.42	0.400	0.400
	膨胀螺栓 M（6~12）×（50~120）	套	0.94	20.600	41.200

工作内容:场内搬运,切管,套丝,安装托架,安装洗涤盆及附件,连接上下水管,试水等。

编号				7-033	7-034	7-035	7-036	7-037
项目名称				单嘴洗涤盆安装	双嘴洗涤盆安装	肘式开关洗涤盆安装		脚踏阀开关洗涤盆安装
						冷水	冷热水	冷水
单位				10组				
总价(元)				**564.21**	**639.89**	**683.82**	**784.21**	**782.34**
其中	人工费(元)			496.80	566.73	616.41	711.05	694.04
	材料费(元)			67.41	73.16	67.41	73.16	88.30
名称		单位	单价(元)	消耗量				
人工	综合工日	工日	135.00	3.680	4.198	4.566	5.267	5.141
材料	洗涤盆	个	—	(10.100)	(10.100)	(10.100)	(10.100)	(10.100)
	洗涤盆排水附件	套	—	(10.100)	(10.100)	(10.100)	(10.100)	(10.100)
	洗涤盆托架 -40×5	副	—	(10.100)	(10.100)	(10.100)	(10.100)	(10.100)
	长颈水嘴 *DN*15	个	—	(10.100)	(20.200)	—	—	—
	立式肘开关水嘴 *DN*15	个	—	—	—	(10.100)	(10.100)	—
	洗手喷头(带弯管)	套	—	—	—	—	—	(10.100)
	脚踏式开关阀门	套	—	—	—	—	—	(10.100)
	螺纹管件 *DN*15	个	—	(10.100)	(20.200)	(10.100)	(20.200)	(10.100)
	角型阀(带铜活) *DN*15	个	—	—	—	(10.100)	(20.200)	(10.100)
	金属软管 *D*15	m	—	—	—	(10.100)	(20.200)	(20.200)
	冲击钻头 *D*8~16	个	6.92	0.440	0.440	0.440	0.440	0.660
	防水密封胶	支	12.98	1.500	1.500	1.500	1.500	1.500
	聚四氟乙烯生料 带宽 20	m	1.15	5.000	10.000	5.000	10.000	5.000
	锯条(各种规格)	根	0.42	1.000	1.000	1.000	1.000	1.000
	膨胀螺栓 M(6~12)×(50~120)	套	0.94	41.200	41.200	41.200	41.200	61.800

工作内容：场内搬运，切管，套丝，安装支架，安装化验盆及附件，连接上下水管，试水等。

编　号				7-038	7-039	7-040	7-041	7-042
项目名称				单联化验盆安装	双联化验盆安装	三联化验盆安装	鹅颈水嘴化验盆安装	
							肘式开关	脚踏阀开关
单　位				10组				
总价（元）				**564.01**	**612.08**	**650.84**	**679.58**	**758.70**
其中	人工费（元）			523.26	566.73	600.89	636.53	711.05
	材料费（元）			40.75	45.35	49.95	43.05	47.65
名　称		单位	单价（元）	消　耗　量				
人工	综合工日	工日	135.00	3.876	4.198	4.451	4.715	5.267
材料	化验盆	个	—	（10.100）	（10.100）	（10.100）	（10.100）	（10.100）
	化验盆排水附件	套	—	（10.100）	（10.100）	（10.100）	（10.100）	（10.100）
	化验盆支架 *DN*15	个	—	（10.100）	（10.100）	（10.100）	（10.100）	（10.100）
	单联化验水嘴 *DN*15（铜）	套	—	（10.100）	—	—	—	—
	二联化验水嘴 *DN*15（铜）	套	—	—	（10.100）	—	—	—
	三联化验水嘴 *DN*15（铜）	套	—	—	—	（10.100）	—	—
	鹅颈水嘴	个	—	—	—	—	（10.100）	—
	洗手喷头（带弯管）	套	—	—	—	—	—	（10.100）
	脚踏式开关阀门	套	—	—	—	—	—	（10.100）
	螺纹管件 *DN*15	个	—	（10.100）	（10.100）	（10.100）	（10.100）	（10.100）
	角型阀（带铜活）*DN*15	个	—	—	—	—	（10.100）	（10.100）
	金属软管 *D*15	m	—	—	—	—	（10.100）	（20.200）
	防水密封胶	支	12.98	1.000	1.000	1.000	1.000	1.000
	聚四氟乙烯生料 带宽 20	m	1.15	24.000	28.000	32.000	26.000	30.000
	锯条（各种规格）	根	0.42	0.400	0.400	0.400	0.400	0.400

工作内容：场内搬运，切管，套丝，安装支架，安装成品拖布池及附件，连接上下水管，试水等。

编号				7-043
项目名称				成品拖布池安装
单位				10套
总价（元）				**553.35**
其中	人工费（元）			496.80
	材料费（元）			56.55
名称		单位	单价（元）	消耗量
人工	综合工日	工日	135.00	3.680
材料	成品拖布池	套	—	（10.100）
	存水弯 *DN*50	个	—	（10.100）
	螺纹管件 *DN*15	个	—	（10.100）
	长颈水嘴 *DN*15	个	—	（10.100）
	排水接头 *DN*50	个	—	（10.500）
	排水栓带链堵	套	—	（10.100）
	冲击钻头 *D*8~16	个	6.92	0.330
	防水密封胶	支	12.98	1.500
	聚四氟乙烯生料 带宽20	m	1.15	5.000
	膨胀螺栓 M（6~12）×（50~120）	套	0.94	30.900

第二节　成套淋浴器安装

工作内容：场内搬运、打螺栓孔、成套淋浴器安装、接管、试水。

编　号				7-044	7-045	7-046	7-047	7-048
项目名称				手动开关成套淋浴器安装		脚踏开关成套淋浴器安装		感应开关成套淋浴器安装
				冷水	冷热水	冷水	冷热水	
单　位				10套				
总价（元）				**175.91**	**278.26**	**835.79**	**945.83**	**404.19**
其中	人工费（元）			152.15	245.30	812.03	912.87	380.43
	材料费（元）			23.76	32.96	23.76	32.96	23.76
	名　称	单位	单价（元）	消　耗　量				
人工	综合工日	工日	135.00	1.127	1.817	6.015	6.762	2.818
材料	单管成品淋浴器（含固定件）	套	—	（10.000）	—	—	—	—
	双管成品淋浴器（含固定件）	套	—	—	（10.000）	—	—	—
	莲蓬喷头（含混合水管及固定支座）	套	—	—	—	（10.000）	（10.000）	（10.000）
	淋浴器脚踏阀及脚踏板	套	—	—	—	（10.100）	（10.100）	—
	螺纹管件 *DN*15	个	—	（10.100）	（20.200）	（10.100）	（20.200）	—
	电子感应装置	套	—	—	—	—	—	（10.000）
	冲击钻头 *D*8~16	个	6.92	0.110	0.110	0.110	0.110	0.110
	聚四氟乙烯生料 带宽20	m	1.15	20.000	28.000	20.000	28.000	20.000

第三节 整体淋浴房安装

工作内容: 场内搬运,开箱检查,本体及附件安装,连接上下水管,找平找正,试水。

编号				7-049
项目名称				整体淋浴房安装
				冷热水
单位				10 套
总价(元)				**2779.35**
其中	人工费(元)			2437.43
	材料费(元)			341.92
名称		单位	单价(元)	消耗量
人工	综合工日	工日	135.00	18.055
材料	整体淋浴室	套	—	(10.000)
	螺纹管件 *DN*15	个	—	(20.200)
	角型阀(带铜活)*DN*15	个	—	(20.200)
	金属软管 *D*15	m	—	(20.200)
	存水弯 *DN*50	个	—	(10.100)
	排水接头 *DN*50	个	18.74	10.500
	白水泥砂浆 1∶2	m^3	496.52	0.020
	防水密封胶	支	12.98	9.000
	聚四氟乙烯生料 带宽 20	m	1.15	16.000

第四节　桑拿浴房安装

工作内容： 场内搬运，膨胀螺栓固定木方，组装湿装蒸房，连接上下水管，配合电气安装。

编　号				7-050	7-051	7-052	7-053	7-054
项目名称				桑拿浴房湿蒸安装（人）				
				2 以内	6 以内	8 以内	10 以内	10 以上
单　位				座				
总价（元）				**1350.21**	**1893.08**	**2277.79**	**2696.29**	**3127.37**
其中	人工费（元）			1041.80	1433.03	1695.33	2010.56	2383.16
	材料费（元）			308.41	460.05	582.46	685.73	744.21
名　称		单位	单价（元）	消　耗　量				
人工	综合工日	工日	135.00	7.717	10.615	12.558	14.893	17.653
材料	湿蒸房	座	—	（1.000）	（1.000）	（1.000）	（1.000）	（1.000）
	螺纹管件 *DN*15	个	—	（2.020）	（2.020）	（2.020）	（2.020）	（2.020）
	冲击钻头 *D*8~16	个	6.92	19.200	22.400	25.600	28.800	32.000
	防水密封胶	支	12.98	2.000	3.000	3.000	4.000	4.000
	聚四氟乙烯生料 带宽 20	m	1.15	3.000	3.000	3.000	3.000	3.000
	杉木枋 30×40	m^3	2650.00	0.046	0.088	0.124	0.148	0.160
	圆钉	kg	6.68	0.150	0.350	0.500	0.600	0.700
	膨胀螺栓 M（6~12）×（50~120）	套	0.94	24.720	28.840	32.960	37.080	41.200

第五节　大、小便槽自动冲洗整体水箱安装

工作内容：场内搬运、打螺栓孔、托架安装、水箱安装、接管、试水。

编　号				7-055
项目名称				大、小便槽自动冲洗整体水箱安装
单　位				10套
总价（元）				**826.77**
其中	人工费（元）			742.10
	材料费（元）			84.67
名　称		单位	单价（元）	消　耗　量
人工	综合工日	工日	135.00	5.497
材料	大便槽自动冲洗水箱	个	—	（10.000）
	大便自动冲洗水箱托架	副	—	（10.000）
	水箱进水嘴 *DN*15	个	—	（10.100）
	水箱自动冲洗阀 *DN*40	个	—	（10.100）
	螺纹管件 *DN*15	个	—	（10.100）
	塑料弯头 45° *DN*50	个	—	（20.200）
	转换接头 *DN*40	个	—	（10.100）
	塑料管 *DN*50	m	—	（22.000）
	冲击钻头 *D*8~16	个	6.92	0.840
	聚四氟乙烯生料 带宽20	m	1.15	8.000
	锯条（各种规格）	根	0.42	2.200
	塑料管卡子 40	个	0.54	10.050
	橡胶板 δ1.0~3.0	kg	11.26	0.350
	粘接剂	kg	18.17	0.070
	膨胀螺栓 M（6~12）×（50~120）	套	0.94	61.800

工作内容：场内搬运、下料、坡口、平直、开孔、接管、组队、装配零件、焊接、注水试验。

编号				7-056	7-057
项目名称				大便槽自动冲洗水箱制作	小便槽自动冲洗水箱制作
单位				100kg	
总价（元）				**1125.99**	**1435.62**
其中	人工费（元）			572.94	597.78
	材料费（元）			504.14	788.93
	机械费（元）			48.91	48.91
名称		单位	单价（元）	消耗量	
人工	综合工日	工日	135.00	4.244	4.428
材料	钢材	kg	—	（105.000）	（105.000）
	道木	m^3	3660.04	0.120	0.200
	低碳钢焊条 J422 *D*3.2	kg	3.60	3.220	3.220
	尼龙砂轮片 *D*100	片	3.92	2.130	2.130
	尼龙砂轮片 *D*400	片	15.64	0.170	0.170
	氧气	m^3	2.88	5.450	4.420
	乙炔气	kg	14.66	1.817	1.473
机械	中小型机械费	元	—	48.91	48.91

第六节　给水、排水附件安装

工作内容：场内搬运、外观检查、安装、试水。

编　号				7-058	7-059	7-060
项目名称				水龙头安装公称直径（mm）		
				15 以内	20 以内	25 以内
单　位				10 个		
总价（元）				**44.97**	**47.74**	**58.20**
其中	人工费（元）			40.37	41.99	51.30
	材料费（元）			4.60	5.75	6.90
名　称		单位	单价（元）	消　耗　量		
人工	综合工日	工日	135.00	0.299	0.311	0.380
材料	水嘴	个	—	（10.100）	（10.100）	（10.100）
	聚四氟乙烯生料 带宽 20	m	1.15	4.000	5.000	6.000

工作内容：场内搬运、上零件、安装、与下水管连接、试水。

编号				7-061	7-062	7-063	7-064	7-065	7-066
项目名称				排水栓安装公称直径（mm）					
				带存水弯			不带存水弯		
				32 以内	40 以内	50 以内	32 以内	40 以内	50 以内
单位				10 组					
总价（元）				**450.14**	**492.19**	**537.13**	**244.59**	**251.86**	**302.09**
其中	人工费（元）			263.93	270.14	276.35	186.30	189.41	194.13
	材料费（元）			186.21	222.05	260.78	58.29	62.45	107.96
名称		单位	单价（元）	消耗量					
人工	综合工日	工日	135.00	1.955	2.001	2.047	1.380	1.403	1.438
材料	排水栓带链堵	套	—	（10.100）	（10.100）	（10.100）	（10.100）	（10.100）	（10.100）
	承插塑料排水管 *DN*40	m	4.94	4.000	—	—	5.000	—	—
	承插塑料排水管 *DN*50	m	5.34	—	4.000	—	—	5.000	—
	承插塑料排水管 *DN*63	m	13.91	—	—	4.000	—	—	5.000
	存水弯塑料 *DN*40	个	12.02	10.100	—	—	—	—	—
	存水弯塑料 S 形 *DN*50	个	15.11	—	10.100	—	—	—	—
	存水弯塑料 S 形 *DN*63	个	15.11	—	—	10.100	—	—	—
	防水密封胶	支	12.98	2.000	2.000	2.000	1.500	1.500	1.500
	聚四氟乙烯生料 带宽 20	m	1.15	12.000	13.600	17.000	8.000	9.000	11.000
	锯条（各种规格）	根	0.42	0.600	0.800	0.800	0.600	0.800	0.800
	橡胶板 δ1.0~3.0	kg	11.26	0.350	0.400	0.400	0.350	0.400	0.400
	粘接剂	kg	18.17	0.060	0.090	0.120	0.040	0.060	0.080

工作内容：场内搬运、切管、套丝、捻口、安装地漏、找平、找正、排水试验。

编号					7-067	7-068	7-069	7-070
项目名称					地漏安装公称直径（mm）			
					50 以内	80 以内	100 以内	150 以内
单位					10 个			
总价（元）					**236.50**	**456.78**	**534.59**	**844.89**
其中	人工费（元）				234.50	453.33	530.96	838.35
	材料费（元）				2.00	3.45	3.63	6.54
名称		单位	单价（元）		消耗量			
人工	综合工日	工日	135.00		1.737	3.358	3.933	6.210
材料	地漏	个	—		（10.100）	（10.100）	（10.100）	（10.100）
	粘接剂	kg	18.17		0.110	0.190	0.200	0.360

工作内容：场内搬运、安装、与下水管连接、试水。

编号				7-071	7-072	7-073	7-074	7-075
项目名称				地面扫除口安装公称直径（mm）				
				50 以内	80 以内	100 以内	125 以内	150 以内
单位				10 个				
总价（元）				**109.19**	**138.59**	**141.87**	**175.87**	**183.53**
其中	人工费（元）			107.19	135.14	138.24	170.78	176.99
	材料费（元）			2.00	3.45	3.63	5.09	6.54
名称		单位	单价（元）	消耗量				
人工	综合工日	工日	135.00	0.794	1.001	1.024	1.265	1.311
材料	地面扫除口	个	—	（10.100）	（10.100）	（10.100）	（10.100）	（10.100）
	粘接剂	kg	18.17	0.110	0.190	0.200	0.280	0.360

第七节　小便槽冲洗管制作、安装

工作内容：场内搬运、切管、套丝、钻眼、连接、管卡固定、试水。

编号				7-076	7-077
项目名称				镀锌钢管（螺纹连接）公称直径（mm）	
				20 以内	25 以内
单位				10m	
总价（元）				**967.91**	**1090.96**
其中	人工费（元）			919.08	1029.38
	材料费（元）			45.44	57.51
	机械费（元）			3.39	4.07
名称		单位	单价（元）	消耗量	
人工	综合工日	工日	135.00	6.808	7.625
材料	镀锌钢管	m	—	（10.200）	（10.200）
	冲击钻头 *D*8~16	个	6.92	0.066	0.066
	镀锌钢管卡子 *DN*20	个	1.70	6.300	—
	镀锌钢管卡子 *DN*25	个	1.83	—	6.300
	镀锌管箍 *DN*20	个	1.12	6.060	—
	镀锌管箍 *DN*25	个	1.67	—	6.060
	镀锌三通 *DN*20	个	2.05	3.030	—
	镀锌三通 *DN*25	个	3.05	—	3.030
	镀锌丝堵 *DN*20（堵头）	个	0.81	6.060	—
	镀锌丝堵 *DN*25（堵头）	个	1.16	—	6.060
	聚四氟乙烯生料 带宽 20	m	1.15	9.000	11.400
	锯条（各种规格）	根	0.42	0.500	0.500
	膨胀螺栓 M（6~12）×（50~120）	套	0.94	6.180	6.180
机械	中小型机械费	元	—	3.39	4.07

工作内容：场内搬运、切管、钻眼、连接、管卡固定、试水。

				7-078	7-079
编号				7-078	7-079
项目名称				塑料管（粘接）公称外径（mm）	
				25 以内	32 以内
单位				10m	
总价（元）				**650.04**	**744.18**
其中	人工费（元）			610.20	703.35
	材料费（元）			36.45	37.44
	机械费（元）			3.39	3.39
名称		单位	单价（元）	消耗量	
人工	综合工日	工日	135.00	4.520	5.210
材料	塑料管 *DN*25	m	—	（10.200）	—
	塑料管 *DN*32	m	—	—	（10.200）
	冲击钻头 *D*8~16	个	6.92	0.066	0.066
	锯条（各种规格）	根	0.42	0.300	0.300
	塑料管卡子 25	个	0.37	6.300	—
	塑料管卡子 32	个	0.46	—	6.300
	塑料内螺纹三通 *DN*25	个	2.59	3.030	—
	塑料内螺纹三通 *DN*32	个	2.89	—	3.030
	塑料内螺纹直接头 *DN*25	个	2.89	6.060	—
	塑料内螺纹直接头 *DN*32	个	2.67	—	6.060
	塑料丝堵 *DN*20	个	0.27	6.060	—
	塑料丝堵 *DN*25	个	0.35	—	6.060
	粘接剂	kg	18.17	0.040	0.060
	膨胀螺栓 M（6~12）×（50~120）	套	0.94	6.180	6.180
机械	中小型机械费	元	—	3.39	3.39

第八节　太阳能热水器安装

工作内容：场内搬运、安装器具及附件、找平、找正、找坡度、连接管道、试水。

编　　号				7-080
项目名称				太阳能热水器安装
单　　位				m^2
总价（元）				**243.14**
其中	人工费（元）			188.60
	材料费（元）			43.71
	机械费（元）			10.83
名　　称		单位	单价（元）	消　耗　量
人工	综合工日	工日	135.00	1.397
材料	低碳钢焊条 J422 *D*3.2	kg	3.60	0.380
	镀锌活接头 *DN*32	个	6.40	0.147
	机油	kg	7.21	0.006
	聚四氟乙烯生料 带宽 20	m	1.15	0.148
	汽油（综合）	kg	7.74	1.189
	氧气	m^3	2.88	0.090
	乙炔气	kg	14.66	0.030
	预拌混凝土 C20	m^3	450.56	0.017
	预埋铁件	kg	9.49	2.295
	六角螺栓带螺母 M12×50	套	0.77	2.403
机械	中小型机械费	元	—	10.83

第九节　蒸汽水加热器、电热开水器

工作内容：场内搬运、安装、接水管、试水。

编　　号				7-081	7-082
项目名称				蒸汽水加热器安装	电热开水器安装
单　　位				10套	台
总价（元）				**552.03**	**129.13**
其中	人工费（元）			499.91	125.42
	材料费（元）			52.12	3.71
名　　称		单位	单价（元）	消　耗　量	
人工	综合工日	工日	135.00	3.703	0.929
材料	蒸汽式水加热器	套	—	（10.000）	—
	电开水炉	台	—	—	（1.000）
	冲击钻头 *D*8~16	个	6.92	0.440	—
	镀锌管箍 *DN*15	个	0.81	—	2.020
	钢锯条	条	4.33	—	0.200
	聚四氟乙烯生料 带宽20	m	1.15	9.000	0.565
	铅油（厚漆）	kg	11.17	—	0.050
	膨胀螺栓 M（6~12）×（50~120）	套	0.94	41.200	—

第十节　冷热水混合器

工作内容：场内搬运、切管、套丝、冷热水混合器安装、接管、试水。

编号				7-083	7-084
项目名称				小型冷热水混合器	大型冷热水混合器
单位				10套	
总价（元）				**455.86**	**849.84**
其中	人工费（元）			395.96	785.57
	材料费（元）			59.90	64.27
名称		单位	单价（元）	消耗量	
人工	综合工日	工日	135.00	2.933	5.819
材料	小型冷热水混合器	个	—	（10.000）	—
	大型冷热水混合器	个	—	—	（10.000）
	冲击钻头 *D*8~16	个	6.92	0.440	0.440
	聚四氟乙烯生料 带宽 20	m	1.15	15.400	19.200
	锯条（各种规格）	根	0.42	1.000	1.000
	膨胀螺栓 M（6~12）×（50~120）	套	0.94	41.200	41.200

第十一节 净 水 器

工作内容：场内搬运、净水器和附件安装、接管、试水。

编号				7-085
项目名称				净水器安装
单位				10套
总价（元）				**809.98**
其中	人工费（元）			791.78
	材料费（元）			18.20
名称		单位	单价（元）	消耗量
人工	综合工日	工日	135.00	5.865
材料	饮水器	套	—	（10.000）
	聚四氟乙烯生料 带宽20	m	1.15	4.000
	锯条（各种规格）	根	0.42	0.200
	橡胶板 δ1.0~3.0	kg	11.26	1.200

第十二节　隔　油　器

工作内容：场内搬运、隔油器和附件安装、接管、试水。

编　　号				7-086	7-087	7-088	7-089	7-090	7-091
项目名称				地上式隔油器			悬挂式隔油器		
				*DN*50	*DN*75	*DN*100	*DN*75	*DN*100	*DN*150
单　　位				套					
总价(元)				**34.16**	**54.41**	**62.10**	**96.95**	**135.50**	**204.89**
其中	人工费(元)			34.16	54.41	62.10	74.52	111.78	176.99
	材料费(元)			—	—	—	22.43	23.72	27.90
名　　称		单位	单价(元)	消　耗　量					
人工	综合工日	工日	135.00	0.253	0.403	0.460	0.552	0.828	1.311
材料	隔油器	套	—	(1.000)	(1.000)	(1.000)	(1.000)	(1.000)	(1.000)
	卡箍件	套	—	(2.020)	(2.020)	(2.020)	(2.020)	(2.020)	(2.020)
	防水密封胶	支	12.98	—	—	—	0.600	0.700	0.900
	橡胶板 δ1.0~3.0	kg	11.26	—	—	—	1.300	1.300	1.440

第八章　采暖器具安装

说　　明

一、本章包括铸铁散热器，钢制闭式散热器，钢制壁板式散热器，光排管散热器，高频焊翅片管散热器，地面辐射供暖，暖风机，散热器勾卡、整组散热器试压 8 节，共 49 条基价子目。

二、工程计价时应注意的问题：

1. 各型散热器安装不分明装或暗装，均按类型分别执行相应子目，散热器挂墙或落地安装均不包括托钩、固定卡制作、安装，其制作安装执行相应子目。

2. 光排管散热器制作、安装基价中，计量单位“m”指光排管长度，联管作为材料已列入基价中，不得重复计算。

3. 暖风机安装基价中不包括支架制作、安装，发生时按设计要求执行相应基价。

工程量计算规则

一、散热器对配成组按不同型号、规格数量以“片”或“根”计算。

二、散热器安装及打泵试水按数量以“组”计算。

三、散热器固定卡制作按数量以“10 个”计算。

四、散热器挂钩及固定卡安装按数量以“个”计算。

五、地面辐射采暖中加热管敷设按不同管道间距、规格，按管道中心线长度以“m”计算，分集水器按数量以“台”计算。

六、光排管散热器制作、安装按其规格以“m”为单位计算。

七、高频焊翅片管散热器安装以“组”为单位计算。

八、暖风机安装按设备重量以“台”为单位计算。

第一节　铸铁散热器

工作内容：场内搬运、除口锈、制加垫、套丝配管、上零件、对配成组、水压试验。

<table>
<tr><td colspan="4">编　　号</td><td>8-001</td><td>8-002</td><td>8-003</td><td>8-004</td><td>8-005</td><td>8-006</td><td>8-007</td></tr>
<tr><td colspan="4" rowspan="3">项目名称</td><td colspan="7">铸铁散热器对配成组</td></tr>
<tr><td colspan="2">长翼形散热器</td><td colspan="2">四柱 813 型散热器</td><td colspan="2">M132 型散热器</td><td rowspan="2">圆翼形散热器</td></tr>
<tr><td>新</td><td>旧</td><td>新</td><td>旧</td><td>新</td><td>旧</td></tr>
<tr><td colspan="4">单　　位</td><td colspan="6">片</td><td>根</td></tr>
<tr><td colspan="4">总价（元）</td><td>21.84</td><td>31.29</td><td>15.89</td><td>18.59</td><td>15.89</td><td>18.59</td><td>55.95</td></tr>
<tr><td rowspan="2">其中</td><td colspan="3">人工费（元）</td><td>10.80</td><td>20.25</td><td>6.75</td><td>9.45</td><td>6.75</td><td>9.45</td><td>10.80</td></tr>
<tr><td colspan="3">材料费（元）</td><td>11.04</td><td>11.04</td><td>9.14</td><td>9.14</td><td>9.14</td><td>9.14</td><td>45.15</td></tr>
<tr><td colspan="2">名　　称</td><td>单位</td><td>单价（元）</td><td colspan="7">消　耗　量</td></tr>
<tr><td>人工</td><td>综合工日</td><td>工日</td><td>135.00</td><td>0.080</td><td>0.150</td><td>0.050</td><td>0.070</td><td>0.050</td><td>0.070</td><td>0.080</td></tr>
<tr><td rowspan="11">材料</td><td>散热器</td><td>片</td><td>—</td><td>（1.010）</td><td>（1.010）</td><td>（1.010）</td><td>（1.010）</td><td>（1.010）</td><td>（1.010）</td><td>—</td></tr>
<tr><td>散热器</td><td>根</td><td>—</td><td>—</td><td>—</td><td>—</td><td>—</td><td>—</td><td>—</td><td>（1.010）</td></tr>
<tr><td>补心（反、正扣）</td><td>个</td><td>2.81</td><td>0.700</td><td>0.700</td><td>0.210</td><td>0.210</td><td>0.210</td><td>0.210</td><td>—</td></tr>
<tr><td>丝堵（反、正扣）</td><td>个</td><td>2.41</td><td>0.700</td><td>0.700</td><td>0.210</td><td>0.210</td><td>0.210</td><td>0.210</td><td>—</td></tr>
<tr><td>对丝</td><td>个</td><td>1.30</td><td>1.380</td><td>1.380</td><td>1.890</td><td>1.890</td><td>1.890</td><td>1.890</td><td>—</td></tr>
<tr><td>铸铁弓形弯</td><td>个</td><td>44.54</td><td>—</td><td>—</td><td>—</td><td>—</td><td>—</td><td>—</td><td>0.500</td></tr>
<tr><td>圆翼形法兰</td><td>片</td><td>10.55</td><td>—</td><td>—</td><td>—</td><td>—</td><td>—</td><td>—</td><td>0.500</td></tr>
<tr><td>带母螺栓 M12×75</td><td>套</td><td>1.54</td><td>—</td><td>—</td><td>—</td><td>—</td><td>—</td><td>—</td><td>8.240</td></tr>
<tr><td>橡胶垫 DN40</td><td>个</td><td>2.43</td><td>2.300</td><td>2.300</td><td>2.300</td><td>2.300</td><td>2.300</td><td>2.300</td><td>—</td></tr>
<tr><td>石棉橡胶垫 DN75</td><td>个</td><td>1.63</td><td>—</td><td>—</td><td>—</td><td>—</td><td>—</td><td>—</td><td>2.300</td></tr>
<tr><td>弹簧垫圈 M12</td><td>个</td><td>0.14</td><td>—</td><td>—</td><td>—</td><td>—</td><td>—</td><td>—</td><td>8.320</td></tr>
</table>

工作内容：场内搬运、找坡度、找正、连接管道等。

编号				8-008	8-009	8-010	8-011
项目名称				铸铁散热器安装			
				公称直径（mm）			
				15	20	25	32
单位				组			
总价（元）				**55.81**	**62.32**	**75.12**	**93.28**
其中	人工费（元）			47.25	49.95	54.00	67.50
	材料费（元）			8.56	12.37	21.12	25.78
名称		单位	单价（元）	消耗量			
人工	综合工日	工日	135.00	0.350	0.370	0.400	0.500
材料	活接头 *DN*15	个	3.42	2.000	—	—	—
	活接头 *DN*20	个	4.17	—	2.000	—	—
	活接头 *DN*25	个	5.94	—	—	2.000	—
	活接头 *DN*32	个	8.27	—	—	—	2.000
	黑玛钢外丝 *DN*15	个	0.49	3.500	—	—	—
	黑玛钢外丝 *DN*20	个	1.15	—	3.500	—	—
	黑玛钢外丝 *DN*25	个	2.64	—	—	3.500	—
	黑玛钢外丝 *DN*32	个	2.64	—	—	—	3.500

第二节　钢制闭式散热器

工作内容：1. 组装式钢制散热器对配成组：场内搬运、除口锈、制加垫、套丝配管、上零件、对配成组、水压试验。2. 组装式钢制散热器安装：场内搬运、找坡度、找正、连接管道等。

编　　号				8-012	8-013	8-014	8-015
项目名称				组装式钢制散热器对配成组	组装式钢制散热器安装 公称直径（mm） 15	20	25
单　　位				根	组		
总价（元）				**33.22**	**41.57**	**45.74**	**54.96**
其中	人工费（元）			26.33	33.75	35.10	37.80
	材料费（元）			6.89	7.82	10.64	17.16
名　　称		单位	单价（元）	消　耗　量			
人工	综合工日	工日	135.00	0.195	0.250	0.260	0.280
材料	散热器	根	—	（1.000）	—	—	—
	焊接钢管 *DN*25	m	9.32	0.110	—	—	—
	活接头 *DN*15	个	3.42	—	2.000	—	—
	活接头 *DN*20	个	4.17	—	—	2.000	—
	活接头 *DN*25	个	5.94	0.500	—	—	2.000
	黑玛钢外丝 *DN*15	个	0.49	—	2.000	—	—
	黑玛钢外丝 *DN*20	个	1.15	—	—	2.000	—
	黑玛钢外丝 *DN*25	个	2.64	0.500	—	—	2.000
	黑玛钢弯头 *DN*25	个	1.57	1.000	—	—	—

第三节　钢制壁板式散热器

工作内容：场内搬运、找坡度、找正、连接管道等。

编号				8-016	8-017	8-018
项目名称				整体钢制散热器安装		
				公称直径(mm)		
				15	20	25
单位				组		
总价(元)				**41.57**	**45.74**	**54.96**
其中	人工费(元)			33.75	35.10	37.80
	材料费(元)			7.82	10.64	17.16
名称		单位	单价(元)	消耗量		
人工	综合工日	工日	135.00	0.250	0.260	0.280
材料	活接头 *DN*15	个	3.42	2.000	—	—
	活接头 *DN*20	个	4.17	—	2.000	—
	活接头 *DN*25	个	5.94	—	—	2.000
	黑玛钢外丝 *DN*15	个	0.49	2.000	—	—
	黑玛钢外丝 *DN*20	个	1.15	—	2.000	—
	黑玛钢外丝 *DN*25	个	2.64	—	—	2.000

第四节　光排管散热器

工作内容：场内搬运、下料、断管、焊接、组成、水压试验、打堵墙眼、栽托钩、找平、找正、稳固等。

编　号				8–019	8–020	8–021	8–022	8–023	8–024
项目名称				光排管散热器制作、安装					
				公称直径（mm）					
				50	70	80	100	125	150
单　位				m					
总价（元）				**119.41**	**136.15**	**152.94**	**167.84**	**192.05**	**221.26**
其中	人工费（元）			27.81	35.10	42.66	43.74	46.85	52.38
	材料费（元）			87.55	95.80	104.20	116.67	137.02	156.72
	机械费（元）			4.05	5.25	6.08	7.43	8.18	12.16
名　称		单位	单价（元）	消　耗　量					
人工	综合工日	工日	135.00	0.206	0.260	0.316	0.324	0.347	0.388
材料	焊接钢管 *DN*50	m	18.68	1.050	—	—	—	—	—
	焊接钢管 *DN*65	m	25.35	0.066	1.050	—	—	—	—
	焊接钢管 *DN*80	m	31.81	—	0.077	1.050	—	—	—
	焊接钢管 *DN*100	m	41.28	—	—	0.084	1.050	—	—
	焊接钢管 *DN*125	m	57.70				0.094	1.050	
	焊接钢管 *DN*150	m	68.51	—	—	—	—	0.106	1.050
	无缝钢管 *D*219×8	m	162.97	—	—	—	—	—	0.086
	热轧薄钢板 3.0~4.0	kg	3.72	0.100	0.120	0.170	0.240	0.320	0.560
	黑玛钢管箍 *DN*15	个	0.67	0.200	0.200	0.200	0.200	0.200	0.200
	散热器托钩	个	143.23	0.450	0.450	0.450	0.450	0.450	0.450
	电焊条	kg	7.59	0.080	0.100	0.140	0.150	0.220	0.270
	氧气	m^3	2.88	0.057	0.086	0.089	0.110	0.158	0.184
	乙炔气	m^3	16.13	0.033	0.043	0.049	0.060	0.079	0.094
机械	中小型机械费	元	—	4.05	5.25	6.08	7.43	8.18	12.16

第五节　高频焊翅片管散热器

工作内容：场内搬运、打堵墙眼、栽钩卡、找平、找正、稳固等。

编号				8-025	8-026	8-027	8-028	8-029	8-030
项目名称				高频焊翅片管散热器安装（长度 m）					
				4 根管以内		6 根管以内		8 根管以内	
				1 以内	2 以内	1 以内	2 以内	1 以内	2 以内
单位				组					
总价（元）				**57.18**	**64.64**	**67.17**	**76.11**	**75.81**	**84.48**
其中	人工费（元）			46.71	51.98	56.70	63.45	65.34	71.82
	材料费（元）			10.47	12.66	10.47	12.66	10.47	12.66
名称		单位	单价（元）	消耗量					
人工	综合工日	工日	135.00	0.346	0.385	0.420	0.470	0.484	0.532
材料	散热器	组	—	（1.000）	（1.000）	（1.000）	（1.000）	（1.000）	（1.000）
	黑玛钢活接头 *DN*20	个	2.97	2.020	2.020	2.020	2.020	2.020	2.020
	膨胀螺栓 M10	套	1.75	1.600	2.400	1.600	2.400	1.600	2.400
	扁钢 60 以外	kg	3.68	0.294	0.439	0.294	0.439	0.294	0.439
	圆钢 *D*6~10	kg	3.90	0.052	0.080	0.052	0.080	0.052	0.080
	氧气	m^3	2.88	0.012	0.018	0.012	0.018	0.012	0.018
	乙炔气	m^3	16.13	0.005	0.008	0.005	0.008	0.005	0.008
	电焊条	kg	7.59	0.020	0.030	0.020	0.030	0.020	0.030
	线麻	kg	11.36	0.001	0.001	0.001	0.001	0.001	0.001
	铅油	kg	11.17	0.010	0.010	0.010	0.010	0.010	0.010

第六节　地面辐射供暖

工作内容：清理地面、管材检查清扫、下料、铺保温板、制弯、排管、固定、安装套管、与分集水器连接、水压试验。

编　　号				8-031	8-032	8-033	8-034	8-035	8-036
项目名称				地板下、地面内加热管敷设					
				间距 200mm		间距 250mm		间距 300mm	
				公称直径（mm）					
				20	25	20	25	20	25
单　　位				m^2					
总价（元）				**23.57**	**25.89**	**22.09**	**24.34**	**21.99**	**24.19**
其中	人工费（元）			8.10	9.45	6.75	8.10	6.75	8.10
	材料费（元）			15.47	16.44	15.34	16.24	15.24	16.09
名　　称		单位	单价（元）	消　耗　量					
人工	综合工日	工日	135.00	0.060	0.070	0.050	0.060	0.050	0.060
材料	塑料管	m	—	（4.840）	（4.840）	（4.840）	（4.840）	（4.840）	（4.840）
	塑料管卡子 15~20	个	0.24	7.490	—	6.950	—	6.550	—
	塑料管卡子 25	个	0.37	—	7.490	—	6.950	—	6.550
	聚苯乙烯板 40	m^2	11.50	1.020	1.020	1.020	1.020	1.020	1.020
	塑料薄膜	m^2	1.90	1.020	1.020	1.020	1.020	1.020	1.020

工作内容：打眼、外观及附件检查、分集水器安装、水压试验。

编　　号				8–037
项目名称				分集水器安装
单　　位				台
总价（元）				**11.98**
其中	人工费（元）			11.34
	材料费（元）			0.64
名　　称		单位	单价（元）	消　耗　量
人工	综合工日	工日	135.00	0.084
材料	分集水器	台	—	（1.000）
	冲击钻头 *D*6~12	个	6.33	0.076
	棉纱	kg	16.11	0.010

第七节 暖 风 机

工作内容：场内搬运、清点、吊装、稳固、找平、安装、试运行等。

编号				8–038	8–039	8–040	8–041
项目名称				暖风机安装			
				重量（kg）			
				50	100	150	200
单位				台			
总价（元）				**261.01**	**273.97**	**360.64**	**548.56**
其中	人工费（元）			251.91	264.87	351.54	539.46
	材料费（元）			9.10	9.10	9.10	9.10
	名称	单位	单价（元）	消耗量			
人工	综合工日	工日	135.00	1.866	1.962	2.604	3.996
材料	暖风机	台	—	（1.000）	（1.000）	（1.000）	（1.000）
	六角螺栓 M12×（14~75）	10套	5.16	0.412	0.412	0.412	0.412
	黑玛钢管箍 *DN*50	个	3.32	2.020	2.020	2.020	2.020
	铅油	kg	11.17	0.010	0.010	0.010	0.010
	润滑油	kg	4.04	0.010	0.010	0.010	0.010
	线麻	kg	11.36	0.010	0.010	0.010	0.010

工作内容：场内搬运、清点、吊装、稳固、找平、安装、试运行等。

编号				8-042	8-043	8-044	8-045
项目名称				暖风机安装			
				重量（kg）			
				500	1000	1500	2000
单位				台			
总价（元）				**690.67**	**965.94**	**1295.07**	**1350.62**
其中	人工费（元）			622.62	869.81	1177.88	1195.43
	材料费（元）			9.94	21.23	21.23	28.35
	机械费（元）			58.11	74.90	95.96	126.84
名称		单位	单价（元）	消耗量			
人工	综合工日	工日	135.00	4.612	6.443	8.725	8.855
材料	暖风机	台	—	（1.000）	（1.000）	（1.000）	（1.000）
	六角螺栓 M14×（14~70）	10套	7.20	0.412	—	—	—
	六角螺栓 27×（120~140）	10套	34.60	—	0.412	0.412	—
	六角螺栓 30×（130~160）	10套	51.90	—	—	—	0.412
	黑玛钢管箍 *DN*50	个	3.32	2.020	2.020	2.020	2.020
	铅油	kg	11.17	0.010	0.010	0.010	0.010
	润滑油	kg	4.04	0.010	0.010	0.010	0.010
	线麻	kg	11.36	0.010	0.010	0.010	0.010
机械	中小型机械费	元	—	58.11	74.90	95.96	126.84

第八节　散热器勾卡、整组散热器试压

工作内容：1. 散热器固定卡制作：场内搬运、下料、切断、调直、钻孔、套丝、焊接等。2. 散热器钩卡安装：找位置、画线、剔墙眼、安装钩卡。3. 整组散热器试压：加堵、连接试压泵、灌放水等。

编　号				8-046	8-047	8-048	8-049
项目名称				散热器固定卡制作	散热器钩卡安装	整组散热器试压	
						铸铁	钢制
单　位				10个	个	组	
总价（元）				**76.21**	**13.50**	**16.20**	**12.15**
其中	人工费（元）			68.85	13.50	16.20	12.15
	材料费（元）			7.36	—	—	—
名　称		单位	单价（元）	消　耗　量			
人工	综合工日	工日	135.00	0.510	0.100	0.120	0.090
材料	散热器钩卡	个	—	—	（1.000）	—	—
	圆钢 *D*8	m	1.00	3.030	—	—	—
	扁钢 25×3	m	2.43	1.270	—	—	—
	光螺母 M8	个	0.12	10.400	—	—	—

第九章　锅炉及附属设备安装

说　明

一、本章包括锅炉安装，锅炉简易上煤斗安装，锅炉除尘器、除渣机安装，锅炉机动炉排、炉排变速器安装，锅炉给风风道及部件制作、安装，锅炉金属水平烟道及部件制作、安装，锅炉鼓、引风机及泵类安装 7 节，共 72 条基价子目。

二、工程计价时应注意的问题：

1. 锅炉安装包括距施工现场中心 50m 内的搬运及就位，但每单件质量超过 0.5t 时，其搬运吊装费用另行计算。

2. 组装式锅炉系指分体组装式锅炉，不包括散装锅炉的安装。

3. 燃油（气）锅炉的安装基价中煮炉是按烧油考虑的，如为燃气时，应减除基价中所含燃料油。

4. 锅炉安装均包括水压试验、烘炉、煮炉、试运行。

5. 锅炉安装未包括烘炉、煮炉、试运行的燃料费，燃油（气）锅炉除外，发生时应另行计算。

工程量计算规则

一、锅炉及附属设备（除尘器、除渣机、机动炉排、炉排变速器等）安装按锅炉发热量及数量以“台”计算。

二、锅炉简易上煤斗安装按数量以“台”计算。

三、锅炉给风风道及金属水平烟道制作、安装均按长度以“m”计算。

四、风道及水平烟道的三通、弯头、法兰、异径管、闸门及软接头制作、安装均按数量以“个”计算。

五、锅炉鼓、引风机安装按锅炉发热量的配套设备按数量以“台”计算。

六、各种型号水泵安装按水泵的吸水口径（公称直径）按数量以“台”计算。

第一节 锅炉安装

工作内容：基础灰坑放线、炉体找正、找平、固定、本体范围内附件及仪表安装、水压试验、烘炉、煮炉、试运转等。

编号				9-001	9-002	9-003	9-004	9-005	9-006
项目名称				整体式锅炉安装					
				发热量（MW）					
				0.04 以内	0.14 以内	0.19 以内	0.24 以内	0.30 以内	0.40 以内
单位				台					
总价（元）				**4297.65**	**4837.65**	**5188.65**	**5411.40**	**5733.03**	**6475.53**
其中	人工费（元）			3908.25	4448.25	4799.25	5022.00	5319.00	6061.50
	材料费（元）			327.82	327.82	327.82	327.82	327.82	327.82
	机械费（元）			61.58	61.58	61.58	61.58	86.21	86.21
名称		单位	单价（元）	消耗量					
人工	综合工日	工日	135.00	28.950	32.950	35.550	37.200	39.400	44.900
材料	平垫铁 2#	kg	7.42	10.000	10.000	10.000	10.000	10.000	10.000
	镀锌钢丝	kg	7.42	4.000	4.000	4.000	4.000	4.000	4.000
	电焊条 E4303 *D*3.2	kg	7.59	2.000	2.000	2.000	2.000	2.000	2.000
	电焊条 E4303 *D*4.0	kg	7.58	1.000	1.000	1.000	1.000	1.000	1.000
	磷酸三钠	kg	4.79	3.000	3.000	3.000	3.000	3.000	3.000
	苛性钠	kg	7.41	1.000	1.000	1.000	1.000	1.000	1.000

编号				9-001	9-002	9-003	9-004	9-005	9-006
项目名称				整体式锅炉安装					
				发热量（MW）					
				0.04 以内	0.14 以内	0.19 以内	0.24 以内	0.30 以内	0.40 以内
单位				台					
名称		单位	单价（元）	消耗量					
材料	氧气	m^3	2.88	2.000	2.000	2.000	2.000	2.000	2.000
	乙炔气	m^3	16.13	1.200	1.200	1.200	1.200	1.200	1.200
	汽油	kg	7.74	4.000	4.000	4.000	4.000	4.000	4.000
	煤油	kg	7.49	2.500	2.500	2.500	2.500	2.500	2.500
	机油	kg	7.21	4.000	4.000	4.000	4.000	4.000	4.000
	黄油	kg	15.77	1.500	1.500	1.500	1.500	1.500	1.500
	气焊条	kg	7.96	0.020	0.020	0.020	0.020	0.020	0.020
	石棉绳	kg	18.95	0.250	0.250	0.250	0.250	0.250	0.250
	棉纱	kg	16.11	1.000	1.000	1.000	1.000	1.000	1.000
	砂布	张	0.93	5.000	5.000	5.000	5.000	5.000	5.000
	锯条	根	0.42	6.000	6.000	6.000	6.000	6.000	6.000
	石棉橡胶板 0.8~6.0	kg	20.02	1.000	1.000	1.000	1.000	1.000	1.000
	铅油	kg	11.17	0.350	0.350	0.350	0.350	0.350	0.350
机械	中小型机械费	元	—	61.58	61.58	61.58	61.58	86.21	86.21

工作内容：基础灰坑放线、炉体找正、找平、固定、本体范围内附件及仪表安装、水压试验、烘炉、煮炉、试运转等。

编号				9-007	9-008	9-009	9-010	9-011	9-012
项目名称				整体式锅炉安装					
				发热量(MW)					
				0.50 以内	0.60 以内	0.70 以内	1.10 以内	1.40 以内	2.80 以内
单位				台					
总价(元)				**9059.73**	**9409.38**	**9759.03**	**10110.03**	**14758.47**	**17029.16**
其中	人工费(元)			8282.25	8631.90	8981.55	9332.55	13678.20	15485.85
	材料费(元)			654.32	654.32	654.32	654.32	895.53	1309.31
	机械费(元)			123.16	123.16	123.16	123.16	184.74	234.00
名称		单位	单价(元)	消耗量					
人工	综合工日	工日	135.00	61.350	63.940	66.530	69.130	101.320	114.710
材料	平垫铁 2#	kg	7.42	20.000	20.000	20.000	20.000	20.000	24.000
	镀锌钢丝	kg	7.42	8.000	8.000	8.000	8.000	8.000	11.000
	电焊条 E4303 *D*3.2	kg	7.59	4.000	4.000	4.000	4.000	4.000	8.000
	电焊条 E4303 *D*4.0	kg	7.58	2.000	2.000	2.000	2.000	6.000	8.000
	磷酸三钠	kg	4.79	6.000	6.000	6.000	6.000	14.000	23.000
	苛性钠	kg	7.41	6.000	6.000	6.000	6.000	14.000	23.000
	氧气	m^3	2.88	4.000	4.000	4.000	4.000	5.000	9.000

续前

编号				9-007	9-008	9-009	9-010	9-011	9-012
项目名称				整体式锅炉安装					
				发热量（MW）					
				0.50 以内	0.60 以内	0.70 以内	1.10 以内	1.40 以内	2.80 以内
单位				台					
名称		单位	单价（元）	消耗量					
材料	乙炔气	m^3	16.13	2.400	2.400	2.400	2.400	3.000	5.400
	汽油	kg	7.74	4.000	4.000	4.000	4.000	4.000	4.000
	煤油	kg	7.49	5.000	5.000	5.000	5.000	8.000	10.000
	机油	kg	7.21	8.000	8.000	8.000	8.000	10.000	15.000
	黄油	kg	15.77	3.000	3.000	3.000	3.000	5.000	8.000
	气焊条	kg	7.96	0.040	0.040	0.040	0.040	0.050	0.080
	石棉绳	kg	18.95	0.500	0.500	0.500	0.500	0.500	1.000
	棉纱	kg	16.11	2.000	2.000	2.000	2.000	4.000	6.000
	砂布	张	0.93	10.000	10.000	10.000	10.000	10.000	20.000
	锯条	根	0.42	12.000	12.000	12.000	12.000	12.000	20.000
	石棉橡胶板 0.8~6.0	kg	20.02	2.000	2.000	2.000	2.000	2.000	2.000
	铅油	kg	11.17	0.700	0.700	0.700	0.700	0.700	1.000
机械	中小型机械费	元	—	123.16	123.16	123.16	123.16	184.74	234.00

工作内容：基础灰坑放线、炉体找正、找平、点焊、焊接、本体范围内附件及仪表安装、水压试验、烘炉、试运转等。

编号				9-013	9-014	9-015	9-016	9-017	9-018
项目名称				组装式锅炉安装					
				发热量（MW）					
				0.30 以内	0.50 以内	0.70 以内	1.00 以内	1.40 以内	2.80 以内
单位				台					
总价（元）				**8717.38**	**14076.77**	**19499.11**	**25201.07**	**31142.71**	**38039.47**
其中	人工费（元）			7840.80	13068.00	18296.55	23696.55	29096.55	34496.55
	材料费（元）			753.42	836.35	961.17	1166.57	1573.04	2880.55
	机械费（元）			123.16	172.42	241.39	337.95	473.12	662.37
名称		单位	单价（元）	消耗量					
人工	综合工日	工日	135.00	58.080	96.800	135.530	175.530	215.530	255.530
材料	型钢	kg	3.70	20.230	20.230	28.320	40.460	56.640	113.280
	钢板 $\delta 6$	kg	3.79	13.800	13.800	13.880	19.830	27.760	55.520
	平垫铁 2[#]	kg	7.42	12.800	12.800	12.800	12.800	19.720	35.840
	镀锌钢丝	kg	7.42	7.600	7.600	7.600	7.600	10.640	21.280
	电焊条 E4303 $D3.2$	kg	7.59	6.560	6.560	6.560	9.370	13.120	26.240
	电焊条 E4303 $D4.0$	kg	7.58	6.560	6.560	6.560	9.370	13.120	26.240
	带母螺栓	套	1.36	18.540	18.540	18.540	25.750	36.050	72.100

编号				9-013	9-014	9-015	9-016	9-017	9-018
项目名称				组装式锅炉安装					
				发热量（MW）					
				0.30 以内	0.50 以内	0.70 以内	1.00 以内	1.40 以内	2.80 以内
单位				台					
名称		单位	单价（元）	消耗量					
材料	磷酸三钠	kg	4.79	3.600	6.000	8.400	12.000	16.800	33.600
	苛性钠	kg	7.41	3.600	6.000	8.400	12.000	16.800	33.600
	氧气	m^3	2.88	7.200	7.200	7.200	10.290	14.400	28.800
	乙炔气	m^3	16.13	3.670	3.670	3.670	5.250	7.340	14.690
	橡胶板 3.0mm	kg	11.26	2.720	2.720	2.720	2.720	2.720	2.720
	汽油	kg	7.74	4.480	4.480	4.480	4.480	4.480	4.480
	机油	kg	7.21	3.840	8.000	8.000	8.000	10.000	18.000
	黄油	kg	15.77	1.500	3.000	3.000	3.000	5.000	8.000
	气焊条	kg	7.96	0.800	0.800	0.800	0.800	0.800	0.800
	石棉橡胶板 0.8~6.0	kg	20.02	1.200	1.200	2.400	2.400	2.400	2.400
	石棉绳	kg	18.95	0.880	0.880	1.760	1.760	1.760	1.760
	铅粉石棉绳 *D*11	kg	16.61	0.880	0.880	1.760	1.760	1.760	1.760
	铅油	kg	11.17	0.480	0.480	0.960	0.960	0.960	0.960
	棉纱	kg	16.11	1.890	1.890	1.890	1.890	2.640	5.280
	锯条	根	0.42	29.000	29.000	40.000	57.140	80.000	160.000
机械	中小型机械费	元	—	123.16	172.42	241.39	337.95	473.12	662.37

工作内容：场内搬运，设备检查，部件清点，本体及本体范围内管道、阀门、安全附件、仪表等的安装，随本体配套的燃油器、油箱、压力控制器、压力调节器、炉体钢架平台、栏杆、梯子等的安装，油箱加油，水压试验，烘炉，煮炉，试运转等。

编号				9-019	9-020	9-021	9-022	9-023	9-024
项目名称				整体燃油(气)锅炉安装					
				发热量(MW)					
				0.5 以内	0.7 以内	1.1 以内	1.4 以内	2.1 以内	2.8 以内
单位				台					
总价(元)				**13652.45**	**16146.64**	**17160.66**	**19862.79**	**23045.88**	**25966.95**
其中	人工费(元)			12394.35	14829.75	15422.40	18927.00	22033.35	24753.60
	材料费(元)			398.46	457.25	563.95	567.73	609.29	678.92
	机械费(元)			859.64	859.64	1174.31	368.06	403.24	534.43
名称		单位	单价(元)	消耗量					
人工	综合工日	工日	135.00	91.810	109.850	114.240	140.200	163.210	183.360
材料	整体燃油(气)锅炉	台	—	(1.000)	(1.000)	(1.000)	(1.000)	(1.000)	(1.000)
	氧气	m^3	2.88	6.595	6.595	9.878	9.878	9.878	13.160
	乙炔气	m^3	16.13	2.755	2.755	4.133	4.133	4.133	5.499
	电焊条 E4303 *D*3.2	kg	7.59	6.060	8.080	12.120	12.120	14.140	16.160
	锯条	根	0.42	14.000	14.000	15.000	15.000	20.000	20.000

编号				9-019	9-020	9-021	9-022	9-023	9-024
项目名称				整体燃油（气）锅炉安装					
				发热量（MW）					
				0.5 以内	0.7 以内	1.1 以内	1.4 以内	2.1 以内	2.8 以内
单位				台					
名称		单位	单价（元）	消耗量					
材料	黄油	kg	15.77	1.010	1.010	1.010	1.010	1.010	1.515
	润滑油	kg	4.04	2.020	3.030	3.535	3.535	4.545	4.545
	煤油	kg	7.49	2.525	3.535	4.040	4.545	5.050	5.050
	汽油	kg	7.74	7.070	7.575	9.090	9.090	9.090	9.090
	铅油	kg	11.17	0.505	1.010	1.010	1.010	1.010	1.010
	石棉橡胶板 0.8~6.0	kg	20.02	0.505	0.505	1.010	1.010	1.010	1.010
	石棉绳	kg	18.95	0.505	0.505	0.505	0.505	0.505	0.505
	平垫铁 2#	kg	7.42	15.000	18.000	18.000	18.000	18.000	20.000
	棉纱	kg	16.11	3.030	3.030	4.040	4.040	5.050	5.050
机械	中小型机械费	元	—	859.64	859.64	1174.31	368.06	403.24	534.43

工作内容：场内搬运，设备检查，部件清点，本体及本体范围内管道、阀门、安全附件、仪表等的安装，随本体配套的燃油器、油箱、压力控制器、压力调节器、炉体钢架平台、栏杆、梯子等的安装，油箱加油，水压试验，烘炉，煮炉，试运转等。

编号				9-025	9-026	9-027	9-028	9-029
项目名称				整体燃油（气）锅炉安装				
				发热量（MW）				
				3.5 以内	4.2 以内	5.6 以内	7.0 以内	8.4 以内
单位				台				
总价（元）				**26767.85**	**35369.18**	**43649.42**	**49814.40**	**66676.26**
其中	人工费（元）			25461.00	33930.90	42052.50	48055.95	64517.85
	材料费（元）			727.08	813.16	881.12	1032.52	1422.36
	机械费（元）			579.77	625.12	715.80	725.93	736.05
名称		单位	单价（元）	消耗量				
人工	综合工日	工日	135.00	188.600	251.340	311.500	355.970	477.910
材料	整体燃油（气）锅炉	台	—	（1.000）	（1.000）	（1.000）	（1.000）	（1.000）
	氧气	m^3	2.88	14.650	16.160	21.210	28.280	42.420
	乙炔气	m^3	16.13	5.555	8.080	9.595	12.120	20.200
	电焊条 E4303 *D*3.2	kg	7.59	16.665	17.675	18.685	20.200	25.250
	锯条	根	0.42	25.250	25.250	25.250	30.300	40.400

编　　号				9-025	9-026	9-027	9-028	9-029
项目名称				整体燃油（气）锅炉安装				
				发热量（MW）				
				3.5 以内	4.2 以内	5.6 以内	7.0 以内	8.4 以内
单　　位				台				
名　　称		单位	单价（元）	消　耗　量				
材料	黄油	kg	15.77	1.515	2.020	2.525	3.030	5.050
	润滑油	kg	4.04	5.050	5.050	5.050	6.060	11.110
	煤油	kg	7.49	5.050	5.555	6.060	8.080	10.100
	汽油	kg	7.74	9.090	10.100	10.100	14.140	20.200
	铅油	kg	11.17	1.515	2.020	2.020	2.020	4.040
	石棉橡胶板 0.8~6.0	kg	20.02	1.515	1.515	1.515	2.020	3.030
	石棉绳	kg	18.95	1.515	1.515	2.020	2.020	3.030
	平垫铁 $2^{\#}$	kg	7.42	20.000	20.000	20.000	20.000	20.000
	棉纱	kg	16.11	5.050	5.555	5.555	6.060	6.060
机械	中小型机械费	元	—	579.77	625.12	715.80	725.93	736.05

第二节　锅炉简易上煤斗安装

工作内容：点焊、焊接、轨道及煤斗安装、试运转等。

编　　号				9-030
项目名称				锅炉简易上煤斗安装
单　　位				台
总价（元）				**1825.23**
其中	人工费（元）			1782.00
	材料费（元）			27.74
	机械费（元）			15.49
名　　称		单位	单价（元）	消　耗　量
人工	综合工日	工日	135.00	13.200
材料	电焊条 E4303 *D*3.2	kg	7.59	2.000
	氧气	m^3	2.88	1.000
	乙炔气	m^3	16.13	0.600
机械	中小型机械费	元	—	15.49

第三节　锅炉除尘器、除渣机安装

工作内容：检验核对部件、点焊、焊接、设备安装固定、试运转等。

编　　号				9-031	9-032	9-033	9-034	9-035	9-036
项目名称				除尘器安装			除渣机安装		
				锅炉（MW）					
				0.70 以内	1.40 以内	2.80 以内	0.70 以内	1.40 以内	2.80 以内
单　　位				台					
总价（元）				**1096.67**	**1386.81**	**1683.54**	**2808.68**	**3092.55**	**4216.94**
其中	人工费（元）			1039.50	1309.50	1579.50	2754.00	3024.00	4117.50
	材料费（元）			47.89	68.03	73.95	45.40	59.27	69.35
	机械费（元）			9.28	9.28	30.09	9.28	9.28	30.09
名　　称		单位	单价（元）	消　耗　量					
人工	综合工日	工日	135.00	7.700	9.700	11.700	20.400	22.400	30.500
材料	电焊条 E4303 *D*3.2	kg	7.59	3.000	4.000	4.400	3.500	4.500	5.000
	氧气	m^3	2.88	2.000	3.000	4.000	1.500	2.000	2.500
	乙炔气	m^3	16.13	1.200	1.800	1.800	0.900	1.200	1.500
机械	中小型机械费	元	—	9.28	9.28	30.09	9.28	9.28	30.09

第四节　锅炉机动炉排、炉排变速器安装

工作内容：部件清理、剔磨飞边、安装调整、试运转等。

编　　号				9-037	9-038	9-039	9-040
项目名称				机动炉排安装		炉排变速器安装	
				锅炉（MW）			
				1.40 以内	2.80 以内	1.40 以内	2.80 以内
单　　位				台			
总价（元）				**1228.87**	**1502.90**	**489.34**	**531.02**
其中	人工费（元）			1215.00	1485.00	405.00	405.00
	材料费（元）			13.87	17.90	84.34	126.02
名　　称		单位	单价（元）	消　耗　量			
人工	综合工日	工日	135.00	9.000	11.000	3.000	3.000
材料	电焊条 E4303 *D*3.2	kg	7.59	1.000	1.200	—	—
	带母螺栓 M（8~12）×85	套	1.54	—	—	10.000	10.000
	橡胶板 3.0mm	kg	11.26	—	—	1.000	1.500
	机油	kg	7.21	—	—	8.000	13.000
	氧气	m^3	2.88	0.500	0.700	—	—
	乙炔气	m^3	16.13	0.300	0.420	—	—

第五节　锅炉给风风道及部件制作、安装

工作内容：画线、下料、揻制、焊接、安装等。

编号				9-041	9-042	9-043	9-044
项目名称				锅炉给风风道制作、安装（mm）			
				直风道（直径 450 以内）		三通、弯头、异径管（直径 450 以内）	
				制作	安装	制作	安装
单位				m		个	
总价（元）				**206.04**	**97.20**	**256.63**	**121.50**
其中	人工费（元）			194.40	97.20	240.30	121.50
	材料费（元）			11.64	—	16.33	—
名称		单位	单价（元）	消耗量			
人工	综合工日	工日	135.00	1.440	0.720	1.780	0.900
材料	钢材	kg	—	（1.100）	—	（1.150）	—
	电焊条 E4303 $D3.2$	kg	7.59	1.180	—	1.650	—
	氧气	m^3	2.88	0.260	—	0.370	—
	乙炔气	m^3	16.13	0.120	—	0.170	—

工作内容：画线、下料、撼制、焊接、钻眼等。

编号					9-045	9-046	9-047
项目名称					锅炉给风风道法兰、闸阀、软接头制作、安装		
					法兰	闸阀	软接头
					规格（*DN*450 以内）		
单位					个		m^2
总价（元）					**163.65**	**158.57**	**44.55**
其中	人工费（元）				148.50	148.50	44.55
	材料费（元）				15.15	10.07	—
名称		单位	单价（元）		消耗量		
人工	综合工日	工日	135.00		1.100	1.100	0.330
材料	钢材	kg	—		（1.060）	（1.150）	—
	软接头材料（人造革）	m^2	—		—	—	（1.150）
	带母螺栓 M8	套	0.29		10.000	—	—
	电焊条 E4303 *D*3.2	kg	7.59		0.200	0.500	—
	氧气	m^3	2.88		0.100	0.500	—
	乙炔气	m^3	16.13		0.060	0.300	—
	石棉绳	kg	18.95		0.500	—	—

第六节　锅炉金属水平烟道及部件制作、安装

工作内容：画线、下料、撼制、焊接等。

编号				9–048	9–049	9–050	9–051	9–052	9–053	9–054
项目名称				锅炉金属水平烟道制作						
				直烟道（直径 mm）		三通、弯头（直径 mm）		法兰（直径 mm）		闸阀
				600 以内	1000 以内	600 以内	1000 以内	600 以内	1000 以内	
单位				m		个				
总价（元）				**253.08**	**314.24**	**333.47**	**429.71**	**247.34**	**300.51**	**161.71**
其中	人工费（元）			243.00	291.60	301.05	361.80	241.65	290.25	148.50
	材料费（元）			10.08	22.64	32.42	67.91	5.69	10.26	13.21
名称		单位	单价（元）	消耗量						
人工	综合工日	工日	135.00	1.800	2.160	2.230	2.680	1.790	2.150	1.100
材料	钢材	kg	—	（1.100）	（1.100）	（1.150）	（1.150）	（1.060）	（1.060）	（1.150）
	带母螺栓 M10	套	0.37	—	—	—	—	10.300	15.450	—
	电焊条 E4303 *D*3.2	kg	7.59	1.000	2.300	3.000	6.900	0.190	0.450	0.500
	氧气	m^3	2.88	0.250	0.510	1.000	1.530	0.040	0.110	0.750
	乙炔气	m^3	16.13	0.110	0.230	0.420	0.690	0.020	0.050	0.450

工作内容：组对、安装、点焊、加垫、紧螺栓、找正、闸阀开关定位等。

编号				9-055	9-056	9-057	9-058	9-059	9-060	9-061
项目名称				锅炉金属水平烟道安装						
				直烟道（直径 mm）		三通、弯头（直径 mm）		法兰（直径 mm）		闸阀
				600 以内	1000 以内	600 以内	1000 以内	600 以内	1000 以内	
单位				m		个				
总价（元）				**121.65**	**146.08**	**151.81**	**181.73**	**132.87**	**162.86**	**74.40**
其中	人工费（元）			121.50	145.80	151.20	180.90	121.50	145.80	74.25
	材料费（元）			0.15	0.28	0.61	0.83	11.37	17.06	0.15
名称		单位	单价（元）	消耗量						
人工	综合工日	工日	135.00	0.900	1.080	1.120	1.340	0.900	1.080	0.550
材料	电焊条 E4303 *D*3.2	kg	7.59	0.020	0.037	0.080	0.110	—	—	0.020
	石棉绳	kg	18.95	—	—	—	—	0.600	0.900	—

第七节　锅炉鼓、引风机及泵类安装

工作内容：预埋地脚螺栓、安装固定、本体附件安装、试运转调整。

编　　号				9-062	9-063
项目名称				鼓风机、引风机安装	
				锅炉（MW）	
				1.40 以内	2.80 以内
单　　位				台	
总价（元）				**1218.01**	**1520.64**
其中	人工费（元）			1188.00	1485.00
	材料费（元）			30.01	35.64
名　　称		单位	单价（元）	消　耗　量	
人工	综合工日	工日	135.00	8.800	11.000
材料	带母螺栓 M（8~12）×85	套	1.54	8.240	8.240
	带母螺栓 M16×（85~150）	套	1.47	4.120	4.120
	橡胶板 3.0mm	kg	11.26	1.000	1.500

工作内容：检验、稳地脚螺栓、找平、找正、固定、附件安装、试运转等。

编号				9-064	9-065	9-066	9-067	9-068	9-069
项目名称				离心泵安装（不分多级、单级）					
				公称直径（mm）					
				32	40	50	70	80	100
单位				台					
总价（元）				**666.31**	**666.31**	**666.31**	**1308.18**	**1308.18**	**1308.18**
其中	人工费（元）			492.75	492.75	492.75	984.15	984.15	984.15
	材料费（元）			156.80	156.80	156.80	290.51	290.51	290.51
	机械费（元）			16.76	16.76	16.76	33.52	33.52	33.52
名称		单位	单价（元）	消耗量					
人工	综合工日	工日	135.00	3.650	3.650	3.650	7.290	7.290	7.290
材料	平垫铁 0#~3# 钢 1#	kg	7.42	4.000	4.000	4.000	8.000	8.000	8.000
	斜垫铁 0#~3# 钢 1#	kg	10.34	8.000	8.000	8.000	16.000	16.000	16.000
	钢板 δ1.9	kg	3.53	0.040	0.040	0.040	0.080	0.080	0.080
	带母螺栓 M12	套	1.54	14.420	14.420	14.420	14.420	14.420	14.420
	镀锌钢丝 D2.8~4.8	kg	6.91	0.200	0.200	0.200	0.400	0.400	0.400
	电焊条 E4303 D3.2	kg	7.59	0.160	0.160	0.160	0.310	0.310	0.310

编号				9-064	9-065	9-066	9-067	9-068	9-069
项目名称				离心泵安装(不分多级、单级)					
				公称直径(mm)					
				32	40	50	70	80	100
单位				台					
名称		单位	单价(元)	消耗量					
材料	氧气	m^3	2.88	0.140	0.140	0.140	0.270	0.270	0.270
	乙炔气	m^3	16.13	0.080	0.080	0.080	0.160	0.160	0.160
	机油	kg	7.21	0.480	0.480	0.480	0.960	0.960	0.960
	煤油	kg	7.49	0.530	0.530	0.530	1.050	1.050	1.050
	汽油	kg	7.74	0.060	0.060	0.060	0.110	0.110	0.110
	黄油	kg	15.77	0.070	0.070	0.070	0.130	0.130	0.130
	棉纱	kg	16.11	0.090	0.090	0.090	0.170	0.170	0.170
	油麻盘根	kg	30.16	0.180	0.180	0.180	0.350	0.350	0.350
	石棉橡胶板 3.0mm	kg	15.68	0.120	0.120	0.120	0.240	0.240	0.240
机械	中小型机械费	元	—	16.76	16.76	16.76	33.52	33.52	33.52

工作内容：检验、稳地脚螺栓、找平、找正、固定、附件安装、试运转等。

编　号				9-070	9-071	9-072
项目名称				蒸汽往复泵安装		
				吸口直径（mm）		
				32	40	50
单　位				台		
总价（元）				**1404.42**	**1558.27**	**1811.16**
其中	人工费（元）			1175.85	1323.00	1470.15
	材料费（元）			188.35	188.35	287.38
	机械费（元）			40.22	46.92	53.63
名　称		单位	单价（元）	消　耗　量		
人工	综合工日	工日	135.00	8.710	9.800	10.890
材料	钢板 $\delta 2$	kg	3.71	0.400	0.400	0.400
	平垫铁 $0^{\#}\sim3^{\#}$ 钢 $2^{\#}$	kg	7.42	6.000	6.000	8.000
	斜垫铁 $0^{\#}\sim3^{\#}$ 钢 $2^{\#}$	kg	10.34	6.000	6.000	8.000
	镀锌钢丝 $D2.8\sim4.8$	kg	6.91	0.500	0.500	0.500
	带母螺栓 M12×85	套	1.54	8.240	8.240	8.240
	石棉橡胶板 0.8~6.0	kg	20.02	1.000	1.000	3.600

续前

编　　号				9-070	9-071	9-072
项目名称				蒸汽往复泵安装		
				吸口直径（mm）		
				32	40	50
单　　位				台		
名　　称		单位	单价（元）	消　耗　量		
材料	氧气	m^3	2.88	0.500	0.500	0.500
	乙炔气	m^3	16.13	0.300	0.300	0.300
	机油	kg	7.21	0.500	0.500	1.050
	煤油	kg	7.49	1.000	1.000	2.000
	黄油	kg	15.77	0.500	0.500	0.500
	棉纱	kg	16.11	0.130	0.130	0.130
	油麻盘根	kg	30.16	0.400	0.400	0.400
	电焊条 E4303 *D*4.0	kg	7.58	0.170	0.170	0.170
	汽缸油	kg	11.46	0.300	0.300	0.300
机械	中小型机械费	元	—	40.22	46.92	53.63

第十章　箱罐容器安装

说　明

一、本章包括片式换热器及小型软水器、除氧器安装，集水器、分水器安装，水箱制作、安装，容积式水加热器、热水罐安装 4 节，共 42 条基价子目。

二、工程计价时应注意的问题：

1. 本章均不包括支、托架制作、安装，其制作、安装单独执行相应子目。

2. 除污器安装是指本体安装，其型号是按除污器本体上进、出水管径确定的，其他配管和阀门单独执行相应子目。

3. 分汽缸安装执行集、分水器子目。

4. 膨胀水箱、钢板水箱等的制作、安装均按规定互相套用。

工程量计算规则

一、集、分水器安装依据其本身直径按数量以“个”计算。

二、除污器安装依据其进、出口直径按数量以“个”计算。

三、容积式水加热器安装依据其型号按数量以“个”计算。

四、热水罐安装依据其本体质量按数量以“个”计算。

五、钢板水箱制作按其质量以“kg”为单位计算。

六、钢板水箱、组合式水箱安装依据其容积按数量以“套”或“个”计算。

第一节　片式换热器及小型软水器、除氧器安装

工作内容：安装地脚螺栓、固定、连接管口等。

编　号				10-001	10-002	10-003
项目名称				片式换热器	小型软水器	小型除氧器
单　位				个		
总价（元）				**979.83**	**873.04**	**162.00**
其中	人工费（元）			966.60	866.70	162.00
	材料费（元）			13.23	6.34	—
名　称		单位	单价（元）	消　耗　量		
人工	综合工日	工日	135.00	7.160	6.420	1.200
材料	带母螺栓 M12×85	套	1.54	4.120	4.120	—
	带母螺栓 M16×150	套	1.67	4.120	—	—

第二节　集水器、分水器安装

工作内容：集水器、分水器安装：场内搬运、找平、找正、固定等。

编号				10-004	10-005
项目名称				集水器、分水器安装	
				公称直径（mm）	
				400 以内	600 以内
单位				个	
总价（元）				**662.84**	**762.74**
其中	人工费（元）			648.00	747.90
	材料费（元）			14.84	14.84
名称		单位	单价（元）	消耗量	
人工	综合工日	工日	135.00	4.800	5.540
材料	平垫铁 $0^{\#}$~$3^{\#}$ 钢 $1^{\#}$	kg	7.42	2.000	2.000

第三节　水箱制作、安装

工作内容：画线、下料、点焊、焊接等。

编　　号				10-006	10-007	10-008	10-009
项目名称				钢板水箱制作			
				质量（kg）			
				100 以内	100~550	551~1500	1501~4000
单　　位				100kg			
总价（元）				**561.52**	**414.29**	**331.98**	**255.03**
其中	人工费（元）			400.95	311.85	256.50	210.60
	材料费（元）			85.69	36.77	21.04	14.98
	机械费（元）			74.88	65.67	54.44	29.45
名　　称		单位	单价（元）	消　耗　量			
人工	综合工日	工日	135.00	2.970	2.310	1.900	1.560
材料	钢材	kg	—	（106.000）	（106.000）	（106.000）	（106.000）
	电焊条 E4303 $D3.2$	kg	7.59	8.280	3.320	2.080	1.620
	氧气	m^3	2.88	2.050	1.050	0.480	0.260
	乙炔气	m^3	16.13	1.050	0.530	0.240	0.120
机械	中小型机械费	元	—	74.88	65.67	54.44	29.45

工作内容：稳固、安装附件、试水等。

编号				10–010	10–011	10–012	10–013	10–014	10–015
项目名称				钢板水箱安装					
				容量（m^3）					
				1 以内	2 以内	4 以内	6 以内	10 以内	17 以内
单位				套					
总价（元）				**347.23**	**386.38**	**389.08**	**631.91**	**816.80**	**888.32**
其中	人工费（元）			243.00	282.15	284.85	475.20	650.70	669.60
	材料费（元）			9.56	9.56	9.56	9.56	9.56	9.56
	机械费（元）			94.67	94.67	94.67	147.15	156.54	209.16
名称		单位	单价（元）	消耗量					
人工	综合工日	工日	135.00	1.800	2.090	2.110	3.520	4.820	4.960
材料	钢板水箱	个	—	(1.000)	(1.000)	(1.000)	(1.000)	(1.000)	(1.000)
	低碳钢管箍 *DN*25	个	3.55	1.010	1.010	1.010	1.010	1.010	1.010
	低碳钢管箍 *DN*50	个	5.92	1.010	1.010	1.010	1.010	1.010	1.010
机械	中小型机械费	元	—	94.67	94.67	94.67	147.15	156.54	209.16

工作内容：稳固、安装附件、试水等。

编　号				10-016	10-017	10-018	10-019	10-020	10-021
项目名称				钢板水箱安装					
				容量（m^3）					
				22 以内	27 以内	32 以内	37 以内	43 以内	53 以内
单　位				套					
总价（元）				**1001.33**	**1103.26**	**1182.91**	**1243.66**	**1214.32**	**1328.51**
其中	人工费（元）			754.65	815.40	895.05	955.80	955.80	1050.30
	材料费（元）			9.56	9.56	9.56	9.56	9.56	9.56
	机械费（元）			237.12	278.30	278.30	278.30	248.96	268.65
名　称		单位	单价（元）	消　耗　量					
人工	综合工日	工日	135.00	5.590	6.040	6.630	7.080	7.080	7.780
材料	钢板水箱	个	—	（1.000）	（1.000）	（1.000）	（1.000）	（1.000）	（1.000）
	低碳钢管箍 *DN*25	个	3.55	1.010	1.010	1.010	1.010	1.010	1.010
	低碳钢管箍 *DN*50	个	5.92	1.010	1.010	1.010	1.010	1.010	1.010
机械	中小型机械费	元	—	237.12	278.30	278.30	278.30	248.96	268.65

工作内容：稳固、装配零件、水压试验。

编 号				10-022	10-023	10-024	10-025	10-026
项目名称				膨胀水箱安装				
				水箱容积（m^3）				
				0.4 以内	1.0 以内	1.5 以内	3.5 以内	4.0 以内
单 位				个				
总价（元）				**471.10**	**606.73**	**695.83**	**890.06**	**890.06**
其中	人工费（元）			326.70	459.00	548.10	689.85	689.85
	材料费（元）			49.73	53.06	53.06	53.06	53.06
	机械费（元）			94.67	94.67	94.67	147.15	147.15
名 称		单位	单价（元）	消 耗 量				
人工	综合工日	工日	135.00	2.420	3.400	4.060	5.110	5.110
材料	膨胀水箱	个	—	（1.000）	（1.000）	（1.000）	（1.000）	（1.000）
	低碳钢管箍 *DN*20	个	1.58	1.010	—	—	—	—
	低碳钢管箍 *DN*25	个	3.55	2.020	2.020	2.020	2.020	2.020
	低碳钢管箍 *DN*32	个	3.55	1.010	2.020	2.020	2.020	2.020
	低碳钢管箍 *DN*40	个	4.59	1.010	—	—	—	—
	低碳钢管箍 *DN*50	个	5.92	—	1.010	1.010	1.010	1.010
	铁浮球阀 *DN*25	个	32.74	1.000	1.000	1.000	1.000	1.000
机械	中小型机械费	元	—	94.67	94.67	94.67	147.15	147.15

工作内容：场内搬运、开箱清点、分片组对、安装附件、法兰焊接、水压试验。

编号				10-027	10-028	10-029	10-030	10-031	10-032
项目名称				组合式水箱安装					
				水箱容积（m^3）					
				2.64 以内	6.30 以内	9.60 以内	17.60 以内	24.00 以内	33.30 以内
单位				个					
总价（元）				**567.12**	**864.50**	**1053.85**	**1278.37**	**1574.66**	**1730.92**
其中	人工费（元）			303.89	486.54	659.75	777.60	895.59	958.10
	材料费（元）			168.56	230.81	237.56	291.61	441.95	494.52
	机械费（元）			94.67	147.15	156.54	209.16	237.12	278.30
名称		单位	单价（元）	消耗量					
人工	综合工日	工日	135.00	2.251	3.604	4.887	5.760	6.634	7.097
材料	组合式水箱	台	—	（1.000）	（1.000）	（1.000）	（1.000）	（1.000）	（1.000）
	平焊法兰 16kg/cm^2 *DN*40	个	17.18	1.000	—	—	—	—	—
	平焊法兰 16kg/cm^2 *DN*50	个	22.98	3.000	1.000	1.000	—	—	—
	平焊法兰 16kg/cm^2 *DN*65	个	32.70	1.000	3.000	3.000	1.000	—	—
	平焊法兰 16kg/cm^2 *DN*80	个	36.56	—	1.000	1.000	3.000	1.000	—
	平焊法兰 16kg/cm^2 *DN*100	个	48.19	—	—	—	1.000	—	1.000

续前

编号				10-027	10-028	10-029	10-030	10-031	10-032
项目名称				组合式水箱安装					
				水箱容积（m^3）					
				2.64 以内	6.30 以内	9.60 以内	17.60 以内	24.00 以内	33.30 以内
单位				个					
名称		单位	单价（元）	消耗量					
材料	平焊法兰 16kg/cm^2 *DN*125	个	62.88	—	—	—	—	4.000	2.000
	平焊法兰 16kg/cm^2 *DN*150	个	79.27	—	—	—	—	—	2.000
	带母螺栓 M14×（30~75）	套	1.40	4.120	4.120	4.120	—	—	—
	带母螺栓 M16×（60~80）	套	1.41	16.480	24.720	24.720	37.080	8.240	8.240
	带母螺栓 M20×（80~120）	套	2.18	—	—	—	—	32.960	32.960
	石棉橡胶板 0.8~6.0	kg	20.02	0.350	0.688	1.025	1.200	1.313	1.550
	电焊条 E4303 *D*3.2	kg	7.59	1.416	1.960	1.960	2.638	4.913	5.213
	氧气	m^3	2.88	0.263	0.300	0.300	0.375	0.550	0.663
	乙炔气	m^3	16.13	0.138	0.188	0.188	0.225	0.325	0.375
机械	中小型机械费	元	—	94.67	147.15	156.54	209.16	237.12	278.30

第四节　容积式水加热器、热水罐安装

工作内容：就位、找平、找正、固定、附件安装、水压试验等。

编号				10-033	10-034	10-035	10-036	10-037	10-038	10-039
项目名称				容积式水加热器						
				规格						
				1号	2号	3号	4号	5号	6号	7号
单位				台						
总价（元）				**697.15**	**867.25**	**922.60**	**1203.68**	**1203.68**	**1424.59**	**1797.19**
其中	人工费（元）			614.25	784.35	839.70	1077.30	1077.30	1287.90	1660.50
	材料费（元）			65.16	65.16	65.16	108.64	108.64	110.08	110.08
	机械费（元）			17.74	17.74	17.74	17.74	17.74	26.61	26.61
名称		单位	单价（元）	消耗量						
人工	综合工日	工日	135.00	4.550	5.810	6.220	7.980	7.980	9.540	12.300
材料	平垫铁 0#~3# 钢 1#	kg	7.42	4.000	4.000	4.000	4.000	4.000	4.000	4.000
	石棉橡胶板 0.8~6.0	kg	20.02	1.700	1.700	1.700	3.800	3.800	3.800	3.800
	机油	kg	7.21	0.200	0.200	0.200	0.400	0.400	0.600	0.600
机械	中小型机械费	元	—	17.74	17.74	17.74	17.74	17.74	26.61	26.61

工作内容：就位、找平、找正、固定、附件安装、水压试验等。

编号				10–040	10–041	10–042
项目名称				热水罐		
				自重（t）		
				0.5 以内	1.0 以内	2.0 以内
单位				个		
总价（元）				**1210.82**	**1219.15**	**1500.20**
其中	人工费（元）			1039.50	1046.25	1325.70
	材料费（元）			35.26	36.84	38.44
	机械费（元）			136.06	136.06	136.06
名称		单位	单价（元）	消耗量		
人工	综合工日	工日	135.00	7.700	7.750	9.820
材料	平垫铁 0#~3# 钢 1#	kg	7.42	4.000	4.000	4.000
	石棉橡胶板 0.8~6.0	kg	20.02	0.250	0.300	0.380
	机油	kg	7.21	0.080	0.160	0.160
机械	中小型机械费	元	—	136.06	136.06	136.06

第十一章　采暖工程系统调试

说　　明

一、本章包括采暖工程系统调试 1 节,共 1 条基价子目。
二、采暖工程系统调试费以采暖工程人工费为基数计取。

采暖工程系统调试

工作内容：室外温度和热源进口温度按设计规定条件下，将室内温度调整到设计要求温度的全部工作。

编　　号				11-001
项目名称				采暖工程系统调整
单　　位				100 元
总价（元）				**23.69**
其中	人工费（元）			12.02
	材料费（元）			11.67
名　　称		单位	单价（元）	消　耗　量
人工	综合工日	工日	135.00	0.089
材料	综合材料费	元	—	11.67

第十二章　保温、油漆工程

说　明

一、本章包括炉体、设备保温，管道保温，管道、设备、金属结构除锈、刷油 3 节，共 94 条基价子目。

二、工程计价时应注意的问题：

1. 保温工程包括下料、绑镀锌钢丝网、调制保温材料、抹保温层等全部操作过程。

2. 管道、炉体及设备设计保温层厚度与基价不同时，材料可按实调整，人工费不变。

3. 金属面人工除锈分轻、中、重三种，区分标准为：

（1）轻锈：部分氧化皮开始脱落、红锈开始发生。

（2）中锈：氧化皮部分破裂脱落，呈堆粉末状，除锈后用肉眼能见到腐蚀小麻点。

（3）重锈：氧化皮大部分脱落，呈片状锈层或凸起的锈斑，除锈后出现麻点或麻坑。

4. 基价内包括除浮锈，即标准氧化皮完全紧附，仅有少量锈点。

5. 各项工程均包括现场内领退材料，全部水平运距及完工清理等。

工程量计算规则

一、管道保温层依据不同规格、管径按长度以“m”计算。

二、设备、管道、散热器、烟囱刷油按展开面积以“m^2”计算。

三、管道及散热器工程量计算表见下列表。

钢管工程量计算表

规格（mm）	每米折合平方米（m^2/m）	规格（mm）	每米折合平方米（m^2/m）	规格（mm）	每米折合平方米（m^2/m）
*DN*15~20	0.0840	*DN*65	0.2372	*DN*200	0.6880
*DN*25	0.1052	*DN*80	0.2780	*DN*250	0.8577
*DN*32	0.1327	*DN*100	0.3581	*DN*300	1.0210
*DN*40	0.1580	*DN*125	0.4398	*DN*350	1.1843
*DN*50	0.1885	*DN*150	0.5184	*DN*400	1.3383

铸铁管工程量计算表

规格（mm）	每米折合平方米（m^2/m）	规格（mm）	每米折合平方米（m^2/m）	规格（mm）	每米折合平方米（m^2/m）
*DN*50	0.2542	*DN*100	0.4867	*DN*200	0.8344
*DN*75	0.3644	*DN*150	0.6271	—	—

散热器工程量计算表

型号	折合面积（m^2/10 片）	型号	折合面积（m^2/10 片）	型号	折合面积（m^2/10 片）
四柱 760	2.8	圆翼 *DN*50	13.0	长翼形（大 60）	11.7
M132 型	2.4	圆翼 *DN*75	18.0	长翼形（小 60）	8.0

第一节　炉体、设备保温

工作内容：下料、包网、绑铁丝、调制灰、抹灰、压光。

编　　号				12-001	12-002
项目名称				炉体设备包镀锌钢丝网抹石棉灰底 30mm 厚麻刀白灰	炉体及设备岩棉板安装 50mm 厚
单　　位				m^2	
总价（元）				**157.37**	**56.79**
其中	人工费（元）			66.15	52.92
	材料费（元）			91.22	3.87
名　　称		单位	单价（元）	消　耗　量	
人工	综合工日	工日	135.00	0.490	0.392
材料	岩棉板 50	m^2	—	—	（1.050）
	石棉粉（温石棉）	kg	2.14	32.640	—
	镀锌钢丝 *D*2.8	kg	6.91	—	0.560
	拧花镀锌钢丝网 914×900×19	m^2	7.30	1.160	—
	麻刀	kg	3.92	1.070	—
	灰膏	m^3	181.42	0.046	—
	镀锌钢丝 *D*1.2	kg	7.20	0.051	—

第二节 管道保温

工作内容：下料、包网、绑铁丝、调制灰浆、抹灰、压光。

编号				12-003	12-004	12-005	12-006	12-007	12-008
项目名称				管道包镀锌钢丝网抹石棉灰底 30mm 厚 麻刀灰面 20mm 厚					
				公称直径（mm）					
				15	20	25	32	40	50
单位				m					
总价（元）				**54.33**	**56.74**	**60.76**	**64.48**	**68.85**	**76.21**
其中	人工费（元）			34.02	35.10	37.26	39.02	41.31	45.09
	材料费（元）			20.31	21.64	23.50	25.46	27.54	31.12
名称		单位	单价（元）	消耗量					
人工	综合工日	工日	135.00	0.252	0.260	0.276	0.289	0.306	0.334
材料	石棉粉（温石棉）	kg	2.14	5.710	6.160	6.830	7.500	8.280	9.620
	拧花镀锌钢丝网 914×900×19	m^2	7.30	0.350	0.370	0.390	0.420	0.440	0.490
	麻刀	kg	3.92	0.460	0.470	0.490	0.520	0.540	0.580
	镀锌钢丝 $D1.2$	kg	7.20	0.015	0.015	0.017	0.018	0.019	0.021
	灰膏	m^3	181.42	0.020	0.021	0.022	0.023	0.024	0.025

工作内容：下料、包网、绑铁丝、调制灰浆、抹灰、压光。

编号				12-009	12-010	12-011	12-012	12-013	12-014
项目名称				管道包镀锌钢丝网抹石棉灰底 30mm 厚　麻刀灰面 20mm 厚					
				公称直径（mm）					
				65	80	100	125	150	219
单位				m					
总价（元）				**87.79**	**95.75**	**107.36**	**122.55**	**138.50**	**188.19**
其中	人工费（元）			51.03	54.95	60.89	68.72	76.68	102.06
	材料费（元）			36.76	40.80	46.47	53.83	61.82	86.13
名称		单位	单价（元）	消耗量					
人工	综合工日	工日	135.00	0.378	0.407	0.451	0.509	0.568	0.756
材料	石棉粉（温石棉）	kg	2.14	11.640	13.090	15.110	17.790	20.700	29.430
	拧花镀锌钢丝网 914×900×19	m^2	7.30	0.560	0.610	0.680	0.780	0.870	1.180
	麻刀	kg	3.92	0.640	0.690	0.760	0.840	0.930	1.210
	灰膏	m^3	181.42	0.028	0.030	0.033	0.036	0.040	0.052
	镀锌钢丝 *D*1.2	kg	7.20	0.024	0.026	0.029	0.033	0.037	0.050

工作内容：运料、安装瓦块、绑铁丝、抹缝、修正找平。

编号				12-015	12-016	12-017	12-018	12-019	12-020
项目名称				管道水泥珍珠岩瓦块安装（50mm 厚）					
				公称直径（mm）					
				15	20	25	32	40	50
单位				m					
总价（元）				**23.85**	**25.05**	**26.39**	**28.97**	**30.58**	**33.38**
其中	人工费（元）			10.80	11.48	12.29	13.37	14.45	16.20
	材料费（元）			13.05	13.57	14.10	15.60	16.13	17.18
名称		单位	单价（元）	消耗量					
人工	综合工日	工日	135.00	0.080	0.085	0.091	0.099	0.107	0.120
材料	石棉粉（温石棉）	kg	2.14	0.600	0.600	0.600	1.050	1.050	1.050
	珍珠岩板	m^3	496.00	0.023	0.024	0.025	0.026	0.027	0.029
	镀锌钢丝 *D*1.2	kg	7.20	0.050	0.053	0.058	0.063	0.068	0.076

工作内容：运料、安装瓦块、绑铁丝、抹缝、修正找平。

编　号				12-021	12-022	12-023	12-024	12-025	12-026
项目名称				管道水泥珍珠岩瓦块安装（50mm 厚）					
				公称直径（mm）					
				65	80	100	125	150	219
单　位				m					
总价（元）				**39.52**	**43.47**	**47.74**	**55.30**	**62.15**	**83.55**
其中	人工费（元）			19.04	20.93	23.63	27.54	31.32	43.34
	材料费（元）			20.48	22.54	24.11	27.76	30.83	40.21
名　称		单位	单价（元）	消　耗　量					
人工	综合工日	工日	135.00	0.141	0.155	0.175	0.204	0.232	0.321
材料	石棉粉（温石棉）	kg	2.14	1.620	2.090	2.090	2.570	3.020	3.970
	珍珠岩板	m^3	496.00	0.033	0.035	0.038	0.043	0.047	0.061
	镀锌钢丝 *D*1.2	kg	7.20	0.089	0.098	0.110	0.129	0.147	0.203

工作内容：运料、割料、安装、绑铁丝、修正找平。

编　号				12-027	12-028	12-029	12-030	12-031	12-032
项目名称				管道岩棉保温管套安装（50mm 厚）					
				公称直径（mm）					
				15	20	25	32	40	50
单　位				m					
总价（元）				**10.22**	**10.78**	**11.63**	**12.60**	**13.59**	**15.27**
其中	人工费（元）			9.86	10.40	11.21	12.15	13.10	14.72
	材料费（元）			0.36	0.38	0.42	0.45	0.49	0.55
名　称		单位	单价（元）	消　耗　量					
人工	综合工日	工日	135.00	0.073	0.077	0.083	0.090	0.097	0.109
材料	岩棉管 *DN*（15~20）×50	m	—	（1.030）	（1.030）	—	—	—	—
	岩棉管 *DN*25×50	m	—	—	—	（1.030）	—	—	—
	岩棉管 *DN*32×50	m	—	—	—	—	（1.030）	—	—
	岩棉管 *DN*40×50	m	—	—	—	—	—	（1.030）	—
	岩棉管 *DN*50×50	m	—	—	—	—	—	—	（1.030）
	镀锌钢丝 *D*1.2	kg	7.20	0.050	0.053	0.058	0.063	0.068	0.076

工作内容：运料、割料、安装、绑铁丝、修正找平。

编号				12-033	12-034	12-035	12-036	12-037	12-038
项目名称				管道岩棉保温管套安装（50mm厚）					
				公称直径（mm）					
				65	80	100	120	150	219
单位				m					
总价（元）				**15.90**	**16.51**	**17.13**	**17.81**	**18.48**	**19.69**
其中	人工费（元）			15.26	15.80	16.34	16.88	17.42	18.23
	材料费（元）			0.64	0.71	0.79	0.93	1.06	1.46
名称		单位	单价（元）	消耗量					
人工	综合工日	工日	135.00	0.113	0.117	0.121	0.125	0.129	0.135
材料	岩棉管 *DN*65×50	m	—	（1.030）	—	—	—	—	—
	岩棉管 *DN*80×50	m	—	—	（1.030）	—	—	—	—
	岩棉管 *DN*100×50	m	—	—	—	（1.030）	—	—	—
	岩棉管 *DN*120×50	m	—	—	—	—	（1.030）	—	—
	岩棉管 *DN*150×50	m	—	—	—	—	—	（1.030）	—
	岩棉管 *DN*219×50	m	—	—	—	—	—	—	（1.030）
	镀锌钢丝 *D*1.2	kg	7.20	0.089	0.098	0.110	0.129	0.147	0.203

工作内容：场内搬运、裁料、缠裹、涂刷胶黏剂及粘贴胶带等。

编　号				12-039	12-040	12-041	12-042	12-043	12-044	12-045	12-046
项目名称				橡塑海绵保温管套安装（20mm 厚）							
				公称直径（mm）							
				15	20	25	32	40	50	65	80
单　位				m							
总价（元）				**15.25**	**15.92**	**16.87**	**17.95**	**20.07**	**24.15**	**27.63**	**29.49**
其中	人工费（元）			11.48	12.15	13.10	14.18	15.26	17.55	18.50	19.17
	材料费（元）			3.77	3.77	3.77	3.77	4.81	6.60	9.13	10.32
名　称		单位	单价（元）	消　耗　量							
人工	综合工日	工日	135.00	0.085	0.090	0.097	0.105	0.113	0.130	0.137	0.142
材料	橡塑海绵保温管套 *DN*15	m	—	（1.030）	—	—	—	—	—	—	—
	橡塑海绵保温管套 *DN*20	m	—	—	（1.030）	—	—	—	—	—	—
	橡塑海绵保温管套 *DN*25	m	—	—	—	（1.030）	—	—	—	—	—
	橡塑海绵保温管套 *DN*32	m	—	—	—	—	（1.030）	—	—	—	—
	橡塑海绵保温管套 *DN*40	m	—	—	—	—	—	（1.030）	—	—	—
	橡塑海绵保温管套 *DN*50	m	—	—	—	—	—	—	（1.030）	—	—
	橡塑海绵保温管套 *DN*65	m	—	—	—	—	—	—	—	（1.030）	—
	橡塑海绵保温管套 *DN*80	m	—	—	—	—	—	—	—	—	（1.030）
	橡塑专用胶黏剂	kg	14.87	0.050	0.050	0.050	0.050	0.120	0.240	0.410	0.490
	橡塑专用胶带	m	2.02	1.500	1.500	1.500	1.500	1.500	1.500	1.500	1.500

工作内容：运料、画线、下料、稳固钉钉、安装修整。

编号				12-047	12-048	12-049
项目名称				矩形风道岩棉板保温		
				岩棉板厚		
				30	40	50
单位				m^2		
总价（元）				**13.76**	**15.51**	**16.19**
其中	人工费（元）			12.83	14.58	15.26
	材料费（元）			0.93	0.93	0.93
名称		单位	单价（元）	消耗量		
人工	综合工日	工日	135.00	0.095	0.108	0.113
材料	岩棉板 30mm	m^2	—	（1.030）	—	—
	岩棉板 40mm	m^2	—	—	（1.030）	—
	岩棉板 50mm	m^2	—	—	—	（1.030）
	固定钉	个	0.07	12.000	12.000	12.000
	立时得胶	kg	22.71	0.004	0.004	0.004

工作内容：剪布、卷布、缠布、绑铁丝。

编号				12-050	12-051	12-052	12-053	12-054	12-055	12-056	12-057
项目名称				设备缠塑料布	设备缠玻璃布	管道缠麻袋片		管道缠塑料布		管道缠玻璃布	
						公称直径（mm）					
						100 以内	100 以外	100 以内	100 以外	100 以内	100 以外
单位				m^2							
总价（元）				**8.77**	**11.96**	**28.77**	**28.09**	**10.12**	**9.44**	**13.31**	**12.63**
其中	人工费（元）			6.08	6.08	7.43	6.75	7.43	6.75	7.43	6.75
	材料费（元）			2.69	5.88	21.34	21.34	2.69	2.69	5.88	5.88
名称		单位	单价（元）	消耗量							
人工	综合工日	工日	135.00	0.045	0.045	0.055	0.050	0.055	0.050	0.055	0.050
材料	塑料薄膜	m^2	1.90	1.400	—	—	—	1.400	1.400	—	—
	玻璃布	m^2	4.18	—	1.400	—	—	—	—	1.400	1.400
	麻布 宽 1.14m	m^2	15.22	—	—	1.400	1.400	—	—	—	—
	镀锌钢丝 *D*1.2	kg	7.20	0.004	0.004	0.004	0.004	0.004	0.004	0.004	0.004

第三节　管道、设备、金属结构除锈、刷油

工作内容：人工除锈、除尘。

编号				12-058	12-059	12-060	12-061	12-062	12-063
项目名称				管道及设备			金属结构		
				除轻锈	除中锈	除重锈	除轻锈	除中锈	除重锈
单位				m^2			10kg		
总价（元）				**5.49**	**13.19**	**43.38**	**5.41**	**8.84**	**10.93**
其中	人工费（元）			4.86	12.02	41.04	4.86	7.97	9.18
	材料费（元）			0.63	1.17	2.34	0.55	0.87	1.75
名称		单位	单价（元）	消耗量					
人工	综合工日	工日	135.00	0.036	0.089	0.304	0.036	0.059	0.068
材料	砂布	张	0.93	0.200	0.300	0.600	0.110	0.220	0.440
	棉纱	kg	16.11	0.020	0.040	0.080	0.020	0.030	0.060
	钢丝刷 5排	把	6.20	0.020	0.040	0.080	0.020	0.030	0.060

工作内容：清理底子、除浮锈、磨砂纸、对油、涂刷。

编号				12-064	12-065	12-066	12-067	12-068
项目名称				管道刷漆				
				防锈漆一遍	银粉一遍	银粉二遍	调和漆一遍	调和漆二遍
单位				m^2				
总价（元）				**17.48**	**10.21**	**17.42**	**11.50**	**20.67**
其中	人工费（元）			14.85	8.91	14.99	9.86	17.69
	材料费（元）			2.63	1.30	2.43	1.64	2.98
名称		单位	单价（元）	消耗量				
人工	综合工日	工日	135.00	0.110	0.066	0.111	0.073	0.131
材料	调和漆	kg	14.11	—	—	—	0.110	0.200
	防锈漆	kg	15.51	0.130	—	—	—	—
	清漆	kg	13.35	—	0.040	0.070	—	—
	银粉	kg	22.81	—	0.010	0.018	—	—
	砂布	张	0.93	0.150	—	—	—	—
	棉纱	kg	16.11	0.010	—	—	—	—
	汽油	kg	7.74	0.040	0.070	0.140	0.011	0.021

工作内容：清理底子、除浮锈、磨砂纸、对油、涂刷。

编号				12-069	12-070	12-071	12-072	12-073
项目名称				铸铁管刷漆				
				防锈漆一遍	银粉一遍	银粉二遍	沥青漆一遍	沥青漆二遍
单位				m²				
总价（元）				**19.28**	**11.48**	**20.64**	**14.23**	**25.73**
其中	人工费（元）			16.34	9.86	17.69	10.40	18.63
	材料费（元）			2.94	1.62	2.95	3.83	7.10
名称		单位	单价（元）	消耗量				
人工	综合工日	工日	135.00	0.121	0.073	0.131	0.077	0.138
材料	防锈漆	kg	15.51	0.150	—	—	—	—
	清漆	kg	13.35	—	0.050	0.090	—	—
	稀料	kg	10.88	—	—	—	0.050	0.090
	银粉	kg	22.81	—	0.011	0.019	—	—
	沥青漆	kg	11.34	—	—	—	0.290	0.540
	砂布	张	0.93	0.150	—	—	—	—
	棉纱	kg	16.11	0.010	—	—	—	—
	汽油	kg	7.74	0.040	0.090	0.170	—	—

工作内容：清理底子、除浮锈、磨砂纸、对油、涂刷。

编号					12-074	12-075	12-076	12-077	12-078	12-079
项目名称					铸铁散热器刷漆			钢制散热器刷漆		
					防锈漆一遍	银粉一遍	银粉二遍	防锈漆一遍	银粉一遍	银粉二遍
单位					m^2					
总价（元）					**19.28**	**11.48**	**20.64**	**14.23**	**8.46**	**15.26**
其中	人工费（元）				16.34	9.86	17.69	11.88	7.16	12.83
	材料费（元）				2.94	1.62	2.95	2.35	1.30	2.43
名称		单位	单价（元）		消耗量					
人工	综合工日	工日	135.00		0.121	0.073	0.131	0.088	0.053	0.095
材料	防锈漆	kg	15.51		0.150	—	—	0.120	—	—
	清漆	kg	13.35		—	0.050	0.090	—	0.040	0.070
	银粉	kg	22.81		—	0.011	0.019	—	0.010	0.018
	砂布 1#	张	0.93		0.150	—	—	0.100	—	—
	棉纱	kg	16.11		0.010	—	—	0.010	—	—
	汽油	kg	7.74		0.040	0.090	0.170	0.030	0.070	0.140

工作内容：清理底子、除浮锈、磨砂纸、对油、涂刷。

编号				12-080	12-081	12-082	12-083	12-084	12-085	12-086
项目名称				设备刷漆					刷烟囱漆二遍	
				防锈漆一遍	银粉一遍	银粉二遍	调和漆一遍	调和漆二遍	平地	高空
单位				m^2						
总价（元）				**11.18**	**6.30**	**11.34**	**7.18**	**12.99**	**12.69**	**19.30**
其中	人工费（元）			8.24	5.00	8.91	5.54	9.86	8.24	14.85
	材料费（元）			2.94	1.30	2.43	1.64	3.13	4.45	4.45
名称		单位	单价（元）	消耗量						
人工	综合工日	工日	135.00	0.061	0.037	0.066	0.041	0.073	0.061	0.110
材料	调和漆	kg	14.11	—	—	—	0.110	0.210	—	—
	防锈漆	kg	15.51	0.150	—	—	—	—	—	—
	烟囱漆	kg	13.33	—	—	—	—	—	0.300	0.300
	清漆	kg	13.35	—	0.040	0.070	—	—	—	—
	银粉	kg	22.81	—	0.010	0.018	—	—	—	—
	砂布	张	0.93	0.150	—	—	—	—	0.150	0.150
	棉纱	kg	16.11	0.010	—	—	—	—	—	—
	汽油	kg	7.74	0.040	0.070	0.140	0.011	0.021	0.040	0.040

工作内容:1. 设备的管道支架刷漆:清理底子、除浮锈、磨砂纸、对油、涂刷。2. 熬沥青、刷油、剪布、卷布、缠布、绑铁丝。

编号				12-087	12-088	12-089	12-090
项目名称				设备的管道支架刷漆		管道麻布面刷热沥青	管道设备热沥青缠玻璃布(二油一布)
				防锈漆一遍	调和漆二遍		
单位				10kg		m^2	
总价(元)				**9.41**	**15.36**	**109.40**	**35.09**
其中	人工费(元)			7.02	12.96	60.62	5.00
	材料费(元)			2.39	2.40	48.78	30.09
名称		单位	单价(元)	消耗量			
人工	综合工日	工日	135.00	0.052	0.096	0.449	0.037
材料	石油沥青	kg	4.04	—	—	6.600	5.500
	玻璃布	m^2	4.18	—	—	—	1.400
	滑石粉	kg	0.59	—	—	—	2.300
	调和漆	kg	14.11	—	0.160	—	—
	防锈漆	kg	15.51	0.120	—	—	—
	麻布 宽 1.14m	m^2	15.22	—	—	1.400	—
	棉纱	kg	16.11	0.010	—	—	—
	砂布	张	0.93	0.150	—	—	—
	汽油	kg	7.74	0.030	0.018	—	—
	木柴	kg	1.03	—	—	0.240	0.200
	镀锌钢丝 $D1.8$	kg	7.09	—	—	0.004	0.004
	煤	kg	0.53	—	—	1.000	0.800

工作内容：熬沥青、刷油、剪布、卷布、缠布、绑铁丝。

编　　号				12-091	12-092	12-093	12-094
项目名称				管道玻璃布面刷漆			
				沥青漆一遍	沥青漆二遍	调和漆一遍	调和漆二遍
单　　位				m^2			
总价(元)				**32.89**	**47.39**	**29.90**	**41.23**
其中	人工费(元)			21.60	32.13	21.60	31.19
	材料费(元)			11.29	15.26	8.30	10.04
名　　称		单位	单价(元)	消　耗　量			
人工	综合工日	工日	135.00	0.160	0.238	0.160	0.231
材料	玻璃布	m^2	4.18	1.400	1.400	1.400	1.400
	调和漆	kg	14.11	—	—	0.162	0.278
	稀料	kg	10.88	0.070	0.122	—	—
	沥青漆	kg	11.34	0.410	0.710	—	—
	镀锌钢丝 *D*1.8	kg	7.09	0.004	0.004	0.004	0.004
	汽油	kg	7.74	—	—	0.017	0.030

第十三章　辅 助 工 程

说　　明

一、本章定额包括剔堵槽、沟，机械钻孔，堵洞 3 节，共 31 条基价子目。

二、本章定额机械钻孔均为管道穿墙或楼板的透眼，安装钩卡半眼或透眼不得套用本章定额。

三、本章所列堵洞项目适用于管道在穿墙、楼板不安装套管时的洞口封堵。

四、机械钻孔项目是按混凝土墙体及混凝土楼板考虑的，厚度系综合取定。如实际墙体厚度超过 300mm，楼板厚度超过 220mm 时，按相应项目乘以系数 1.2。砖墙及砌体墙钻孔按机械钻孔项目乘以系数 0.4。

工程量计算规则

一、剔堵槽、沟项目分砖结构及混凝土结构，区分截面尺寸按设计长度计算，以 “m” 为计量单位。

二、机械钻孔项目区分混凝土楼板钻孔及混凝土墙体钻孔，按钻孔直径以设计数量计算，以 “个” 为计量单位。

三、堵洞按工作介质管道直径分规格按数量计算，以 “个” 为计量单位。

第一节 剔堵槽、沟

工作内容：画线、剔槽、堵抹、调运砂浆、清理现场等。

编号				13-001	13-002	13-003	13-004	13-005
项目名称				砖结构剔堵宽 × 深(mm)				
				70 × 70	90 × 90	100 × 140	120 × 150	150 × 200
单位				m				
总价(元)				**24.15**	**29.18**	**36.01**	**52.11**	**77.15**
其中	人工费(元)			12.42	16.88	22.01	37.26	58.32
	材料费(元)			11.73	12.30	14.00	14.85	18.83
名称		单位	单价(元)	消耗量				
人工	综合工日	工日	135.00	0.092	0.125	0.163	0.276	0.432
材料	水泥砂浆 1∶2.5	m^3	296.91	0.001	0.001	0.001	0.001	0.002
	水泥砂浆 1∶3	m^3	283.60	0.005	0.007	0.013	0.016	0.029
	合金钢切割片 *D*300	片	227.57	0.044	0.044	0.044	0.044	0.044

工作内容：画线、剔槽、堵抹、调运砂浆、清理现场等。

编号				13-006	13-007	13-008	13-009	13-010
项目名称				混凝土结构剔堵宽 × 深（mm）				
				70 × 70	90 × 90	100 × 140	120 × 150	150 × 200
单位				m				
总价（元）				**53.45**	**67.52**	**84.61**	**104.09**	**134.00**
其中	人工费（元）			37.40	50.90	66.29	84.92	110.84
	材料费（元）			16.05	16.62	18.32	19.17	23.16
名称		单位	单价（元）	消耗量				
人工	综合工日	工日	135.00	0.277	0.377	0.491	0.629	0.821
材料	水泥砂浆 1：2.5	m^3	296.91	0.001	0.001	0.001	0.001	0.002
	水泥砂浆 1：3	m^3	283.60	0.005	0.007	0.013	0.016	0.029
	合金钢切割片 *D*300	片	227.57	0.063	0.063	0.063	0.063	0.063

第二节　机 械 钻 孔

工作内容：定位、画线、固定设备、钻孔、检查、整理、清理现场等。

编　号				13-011	13-012	13-013	13-014	13-015
项目名称				混凝土墙体钻孔				
				钻孔直径（mm）				
				63 以内	83 以内	108 以内	132 以内	200 以内
单　位				个				
总价（元）				**34.97**	**46.57**	**55.21**	**67.00**	**78.17**
其中	人工费（元）			32.94	44.42	53.06	64.26	74.25
	材料费（元）			2.03	2.15	2.15	2.74	3.92
名　称		单位	单价（元）	消　耗　量				
人工	综合工日	工日	135.00	0.244	0.329	0.393	0.476	0.550
材料	合金钢钻头	个	11.81	0.160	0.170	0.170	0.220	0.320
	机油 15#	kg	7.21	0.020	0.020	0.020	0.020	0.020

工作内容：定位、画线、固定设备、钻孔、检查、整理、清理现场等。

编号				13-016	13-017	13-018	13-019	13-020
项目名称				混凝土楼板钻孔				
				钻孔直径（mm）				
				63以内	83以内	108以内	132以内	200以内
单位				个				
总价（元）				**23.07**	**31.70**	**41.60**	**47.41**	**58.17**
其中	人工费（元）			21.33	29.84	39.15	44.96	54.54
	材料费（元）			1.74	1.86	2.45	2.45	3.63
名称		单位	单价（元）	消耗量				
人工	综合工日	工日	135.00	0.158	0.221	0.290	0.333	0.404
材料	合金钢钻头	个	11.81	0.140	0.150	0.200	0.200	0.300
	机油 15#	kg	7.21	0.012	0.012	0.012	0.012	0.012

第三节 堵 洞

工作内容：制作模具、清理、调制、填塞砂浆、找平、养护。

编号				13-021	13-022	13-023	13-024	13-025	13-026
项目名称				公称直径（mm）					
				50 以内	65 以内	80 以内	100 以内	125 以内	150 以内
单位				个					
总价（元）				**12.61**	**14.86**	**17.96**	**20.63**	**22.88**	**34.46**
其中	人工费（元）			3.92	4.19	4.86	5.54	5.81	7.02
	材料费（元）			8.69	10.67	13.10	15.09	17.07	27.44
名称		单位	单价（元）	消耗量					
人工	综合工日	工日	135.00	0.029	0.031	0.036	0.041	0.043	0.052
材料	镀锌钢丝 *D*4.0	kg	7.08	0.001	0.001	0.001	0.001	0.001	0.002
	水泥砂浆 1∶2.5	m^3	296.91	0.001	0.001	0.001	0.001	0.001	0.001
	预拌混凝土 C20	m^3	450.56	0.001	0.001	0.002	0.002	0.002	0.003
	木模板	m^3	1982.88	0.004	0.005	0.006	0.007	0.008	0.013

工作内容：制作模具、清理、调制、填塞砂浆、找平、养护。

编号				13-027	13-028	13-029	13-030	13-031
项目名称				公称直径（mm）				
				200 以内	250 以内	300 以内	350 以内	400 以内
单位				个				
总价（元）				**43.04**	**54.56**	**76.11**	**61.11**	**70.09**
其中	人工费（元）			8.91	10.67	12.42	14.18	16.47
	材料费（元）			34.13	43.89	63.69	46.93	53.62
名称		单位	单价（元）	消耗量				
人工	综合工日	工日	135.00	0.066	0.079	0.092	0.105	0.122
材料	镀锌钢丝 *D*4.0	kg	7.08	0.001	0.001	0.001	0.001	0.001
	水泥砂浆 1∶2.5	m^3	296.91	0.002	0.020	0.002	0.002	0.003
	预拌混凝土 C20	m^3	450.56	0.004	0.005	0.052	0.006	0.007
	木模板	m^3	1982.88	0.016	0.018	0.020	0.022	0.025

第十四章　措 施 项 目

说　　明

本章包括安全文明施工措施费（含环境保护、文明施工、安全施工、临时设施）、冬雨季施工增加费、非夜间施工照明费、竣工验收存档资料编制费、施工难度增加措施费、在有害身体健康的环境中施工降效增加费、施工用水电接通及拆除费等7项。

一、安全文明施工措施费。

安全文明施工措施费（含环境保护、文明施工、安全施工、临时设施）是指现场文明施工、安全施工所需要的各项费用和为达到环保部门要求所需要的环境保护费用以及施工企业为进行建筑安装工程施工所必须搭设的生活与生产用的临时建筑物、构筑物及其他临时设施等的费用。

二、冬雨季施工增加费。

冬雨季施工增加费是指在冬季或雨季施工需增加的临时设施、防滑、排除雨雪，人工及施工机械效率降低等费用。

三、非夜间施工照明费。

非夜间施工照明费是指为保证工程施工正常进行，在地下室等特殊施工部位施工时所采用的照明设备的安拆、维护、摊销、照明用电及人工降效等费用。

四、竣工验收存档资料编制费。

竣工验收存档资料编制费是指按城建档案管理规定，在竣工验收后应提交的档案资料所发生的编制费用。

五、施工难度增加措施费。

施工难度增加措施费是指由于生产车间，居民居住、营业性用房（商场、旅店、医院等）不停产、不停业、不搬迁，进行施工所引起人工效率降低而发生的费用。

六、在有害身体健康的环境中施工降效增加费。

在有害身体健康的环境中施工降效增加费是指在民法通则有关规定允许的前提下，房屋修缮工程由于车间装置范围内有害气体或高分贝的噪声超过国家标准以致影响身体健康而降效的增加费用，不包括劳保条例规定应享受的工种保健费。

七、施工用水电接通及拆除费。

施工用水电接通及拆除费是指施工现场用水用电的临时管线及施工现场以外接通和拆除临时水源、电源所消耗的人工、材料、仪表、申报等费用。

工程量计算规则

一、安全文明施工措施费（含环境保护、文明施工、安全施工、临时设施）是按综合维修考虑的，以分部分项工程费中的人工费、材料费、机械费合计为基数乘以相应费率计算。本项费用中人工费占16%。

二、冬雨季施工增加费、非夜间施工照明费、竣工验收存档资料编制费以分部分项工程费及可计量的措施项目费中的人工费、机械费合计为基数乘以相应费率计算，详见措施项目费率表。

三、施工难度增加措施费以分部分项工程费及可计量的措施项目费中的人工费的3.49%计取，全部为人工费。

四、在有害身体健康的环境中施工降效增加费按分部分项工程费中人工费的10%计取，全部为人工费。

五、施工用水电接通及拆除费应按实际发生计取，其人工单价拆除用工每工日113元，其他用工每工日135元。

措施项目费率表

<table>
<tr><th rowspan="2">序号</th><th rowspan="2">项目名称</th><th rowspan="2">取费基数</th><th colspan="2">费率</th><th rowspan="2">人工费占比</th></tr>
<tr><th>一般计税</th><th>简易计税</th></tr>
<tr><td>1</td><td>安全文明施工措施费</td><td>分部分项工程费合计</td><td>4.11%</td><td>4.10%</td><td>16%</td></tr>
<tr><td>2</td><td>冬雨季施工增加费</td><td rowspan="3">人工费＋机械费
（分部分项工程项目＋可计量的措施项目）</td><td>1.60%</td><td>1.72%</td><td>60%</td></tr>
<tr><td>3</td><td>非夜间施工照明费</td><td>0.13%</td><td>0.12%</td><td>10%</td></tr>
<tr><td>4</td><td>竣工验收存档资料编制费</td><td>0.20%</td><td>0.22%</td><td>—</td></tr>
<tr><td>5</td><td>施工难度增加措施费</td><td rowspan="2">人工费
（分部分项工程项目＋可计量的措施项目）</td><td>3.49%</td><td>3.49%</td><td>100%</td></tr>
<tr><td>6</td><td>在有害身体健康的环境中施工降效增加费</td><td>10.00%</td><td>10.00%</td><td>100%</td></tr>
</table>

附　　录

附录一　企业管理费、规费、利润和税金

一、企业管理费。

企业管理费是指施工企业组织施工生产和经营管理所需费用，包括：

1. 管理人员工资：指按工资总额构成规定，支付给管理人员和后勤人员的各项费用。

2. 办公费：指企业管理办公用的文具、纸张、账表、印刷、邮电、书报、办公软件、现场监控、会议、水电、烧水和集体取暖降温（包括现场临时宿舍取暖降温）、建筑工人实名制管理等费用。

3. 差旅交通费：指职工因公出差、调动工作的差旅费、住勤补助费，市内交通费和误餐补助费，职工探亲路费，劳动力招募费，职工退休、退职一次性路费，工伤人员就医路费，工地转移费以及管理部门使用的交通工具的油料、燃料及牌照费。

4. 固定资产使用费：指管理和试验部门及附属生产单位使用的属于固定资产的房屋、设备、仪器等的折旧、大修、维修或租赁费。

5. 工具用具使用费：指企业施工生产和管理使用的不属于固定资产的工具、器具、家具、交通工具和检验、试验、测绘、消防用具等的购置、维修和摊销费。

6. 劳动保险和职工福利费：指由企业支付的职工退职金、按规定支付给离休干部的经费，集体福利费、夏季防暑降温、冬季取暖补贴、上下班交通补贴等。

7. 劳动保护费：指企业按规定发放的劳动保护用品的支出。如工作服、手套、防暑降温饮料以及在有碍身体健康的环境中施工的保健费用等。

8. 检验试验费：指施工企业按照有关标准规定，对建筑以及材料、构件和建筑安装物进行一般鉴定、检查所发生的费用，包括自设试验室进行试验所耗用的材料等费用。不包括新结构、新材料的试验费，对构件做破坏性试验及其他特殊要求检验试验的费用和建设单位委托检测机构进行检测的费用，对此类检测发生的费用，由建设单位在工程建设其他费用中列支。但对施工企业提供的具有合格证明的材料进行检测不合格的，该检测费用由施工企业支付。

9. 工会经费：指企业按《中华人民共和国工会法》规定的全部职工工资总额比例计提的工会经费。

10. 职工教育经费：指按职工工资总额的规定比例计提，企业为职工进行专业技术和职业技能培训，专业技术人员继续教育、职工职业技能鉴定、职业资格认定、安全教育培训以及根据需要对职工进行各类文化教育所发生的费用。

11. 财产保险费：指施工管理用财产、车辆等的保险费用。

12. 财务费：指企业为施工生产筹集资金或提供预付款担保、履约担保、职工工资支付担保等所发生的各种费用。

13. 税金：指企业按规定缴纳的城市维护建设税、教育附加、地方教育附加、房产税、车船使用税、土地使用税、印花税等。

14. 其他：包括技术转让费、技术开发费、工程定位复测费、投标费、业务招待费、绿化费、广告费、公证费、法律顾问费、审计费、咨询费、保险费等。

企业管理费以分部分项工程费及可计量措施项目费中人工费和机械费合计乘以相应费率计算，其中人工费、机械费为基期价格。企业管理费费率见下表。

企业管理费费率表

项目名称	计算基数	费率	
		一般计税	简易计税
企业管理费	基期人工费＋基期机械费 （分部分项工程项目＋可计量的措施项目）	23.25%	23.86%

二、规费。

规费是指按照国家法律、法规规定，政府和有关部门规定必须缴纳或计取的费用。包括：

1. 社会保险费：

（1）养老保险费：指企业按照规定标准为职工缴纳的基本养老保险费。

（2）失业保险费：指企业按照规定标准为职工缴纳的失业保险费。

（3）医疗保险费：指企业按照规定标准为职工缴纳的基本医疗保险费。

（4）工伤保险费：指企业按照规定标准为职工缴纳的工伤保险费。

（5）生育保险费：指企业按照规定标准为职工缴纳的生育保险费。

2. 住房公积金：指企业按规定标准为职工缴纳的住房公积金。

规费＝人工费合计 ×37.64%

三、利润。

利润是指施工企业完成所承包工程获得的盈利。

利润＝人工费合计 ×27.00%

其中，施工装备费率（取费基数与利润相同）按 6.00% 计算。

四、税金。

税金是指国家税法规定的应计入安装工程造价内的增值税销项税额。税金按税前总价乘以相应税率或征收率计算。税率或征收率见下表。

税率或征收率表

项目名称	计算基数	税率或征收率	
		一般计税	简易计税
增值税销项税额	税前工程造价	9.00%	3.00%

五、企业管理费和规费的各项费用组成的划分比例如下列表，供施工企业内部核算参考。

企业管理费的各项费用组成划分比例

序号	项目	比例	序号	项目	比例
1	管理人员工资	24.74%	9	工会经费	9.88%
2	办公费	10.78%	10	职工教育经费	10.88%
3	差旅交通费	2.95%	11	财产保险费	0.38%
4	固定资产使用费	4.26%	12	财务费	8.85%
5	工具用具使用费	0.88%	13	税金	8.52%
6	劳动保险和职工福利费	10.10%	14	其他	4.34%
7	劳动保护费	2.16%			
8	检验试验费	1.28%		合计	100.00%

规费的各项费用组成划分比例

序号	项目		比例
1	社会保险费	养老保险	40.92%
		失业保险	1.28%
		医疗保险	25.58%
		工伤保险	2.81%
		生育保险	1.28%
2	住房公积金		28.13%
	合计		100.00%

附录二　工程价格计算程序

一、安装工程施工图预算计算程序。

安装工程施工图预算应按下表计算各项费用。

施工图预算计算程序表

序号	费用项目名称	计算方法
1	分部分项工程费合计	Σ（工程量 × 编制期预算基价）
2	其中：人工费	Σ（工程量 × 编制期预算基价中人工费）
3	措施项目费合计	Σ措施项目计价
4	其中：人工费	Σ措施项目计价中人工费
5	小计	（1）+（3）
6	其中：人工费小计	（2）+（4）
7	企业管理费	（基期人工费 + 基期机械费）× 管理费费率
8	规费	（6）× 37.64%
9	利润	（6）× 相应利润率
10	其中：施工装备费	（6）× 相应施工装备费费率
11	税金	[（5）+（7）+（8）+（9）]× 税率或征收率
12	含税造价	（5）+（7）+（8）+（9）+（11）

注：基期人工费 = Σ（工程量 × 基期预算基价中人工费），基期机械费 = Σ（工程量 × 基期预算基价中机械费）。

二、建筑安装工程费用项目组成（见下图）。

- 建筑安装工程费
  - 人工费
    - 1.计时工资或计件工资
    - 2.奖金
    - 3.津贴、补贴
    - 4.加班加点工资
    - 5.特殊情况下支付的工资
    - 6.生产工具用具使用费
  - 材料费
    - 1.材料原价
    - 2.运杂费
    - 3.运输损耗费
    - 4.采购及保管费
  - 施工机具使用费
    - 1.施工机械使用费
      - ①折旧费
      - ②大修理费
      - ③维护费
      - ④安拆费及场外运费
      - ⑤人工费
      - ⑥燃料动力费
      - ⑦税费
    - 2.仪器仪表使用费
  - 企业管理费
    - 1.管理人员工资
    - 2.办公费
    - 3.差旅交通费
    - 4.固定资产使用费
    - 5.工具用具使用费
    - 6.劳动保险和职工福利费
    - 7.劳动保护费
    - 8.检验试验费
    - 9.工会经费
    - 10.职工教育经费
    - 11.财产保险费
    - 12.财务费
    - 13.税金
    - 14.其他
  - 利润
  - 规费
    - 1.社会保险费
      - ①养老保险费
      - ②失业保险费
      - ③医疗保险费
      - ④工伤保险费
      - ⑤生育保险费
    - 2.住房公积金
  - 税金（增值税销项税额）

建筑安装工程费用项目组成图

附录三　材 料 价 格

一、本附录的材料价格为不含税价格，是确定预算基价子目中材料费的基期价格。在编制工程计价文件时，应按编制期价格重新确定材料价格。

二、材料价格由材料采购价、运杂费、运输损耗费和采购及保管费组成，计算公式如下：

采购价为供应地点交货价格：

材料价格 =（采购价 + 运费）×（1+ 运输损耗率）×（1+ 采购及保管费费率）

采购价为施工现场交货价格：

材料价格 = 采购价 ×（1+ 采购及保管费费率）

三、运杂费指供货地点运至工地仓库（或现场指定堆放地点）所发生的全部费用。运输损耗指材料在运输装卸过程中不可避免的损耗，材料损耗率见下表。

材料损耗率

材料类别	损耗率
页岩标砖、空心砖、砂、水泥、陶粒、耐火土、水泥地面砖、白瓷砖、卫生洁具、玻璃灯罩	1.0%
机制瓦、脊瓦、水泥瓦	3.0%
石棉瓦、石子、黄土、耐火砖、玻璃、色石子、大理石板、水磨石板、混凝土管、缸瓦管	0.5%
砌块、白灰	1.5%

注：表中未列的材料类别不计损耗。

四、采购及保管费是指为组织采购、供应和保管材料、工程设备的过程中所需要的各项费用。采购及保管费费率按 0.42% 计取。

五、附录中材料价格是编制期天津市建筑材料市场综合取定的施工现场交货价格，并考虑了采购及保管费。

六、采用简易计税方法计取增值税时，材料的含税价格按照税务部门有关规定计算，以“元”为单位的材料价格按系数 1.1086 调整。

材料价格表

序号	名称	规格	单位	单价（元）	附注
1	焊接钢管	*DN*15	m	4.84	
2	焊接钢管	*DN*20	m	6.32	
3	焊接钢管	*DN*25	m	9.32	
4	焊接钢管	*DN*32	m	12.02	
5	焊接钢管	*DN*40	m	14.72	
6	焊接钢管	*DN*50	m	18.68	
7	焊接钢管	*DN*65	m	25.35	
8	焊接钢管	*DN*80	m	31.81	
9	焊接钢管	*DN*100	m	41.28	
10	焊接钢管	*DN*125	m	57.70	
11	焊接钢管	*DN*150	m	68.51	
12	黑玛钢弯头	*DN*15	个	0.57	
13	黑玛钢弯头	*DN*20	个	1.07	
14	黑玛钢弯头	*DN*25	个	1.57	
15	黑玛钢弯头	*DN*32	个	3.45	
16	黑玛钢弯头	*DN*40	个	5.01	
17	黑玛钢弯头	*DN*50	个	13.43	
18	黑玛钢弯头	*DN*100	个	15.23	
19	活接头	*DN*15	个	3.42	

续表

序号	名称	规格	单位	单价（元）	附注
20	活接头	*DN*20	个	4.17	
21	活接头	*DN*25	个	5.94	
22	活接头	*DN*32	个	8.27	
23	低碳钢管箍	*DN*20	个	1.58	
24	低碳钢管箍	*DN*25	个	3.55	
25	低碳钢管箍	*DN*32	个	3.55	
26	低碳钢管箍	*DN*40	个	4.59	
27	低碳钢管箍	*DN*50	个	5.92	
28	黑玛钢外丝	*DN*15	个	0.49	
29	黑玛钢外丝	*DN*20	个	1.15	
30	黑玛钢外丝	*DN*25	个	2.64	
31	黑玛钢外丝	*DN*32	个	2.64	
32	平焊法兰	16kg/cm^2 *DN*50	个	22.98	
33	平焊法兰	16kg/cm^2 *DN*65	个	32.70	
34	平焊法兰	16kg/cm^2 *DN*80	个	36.56	
35	平焊法兰	16kg/cm^2 *DN*100	个	48.19	
36	平焊法兰	16kg/cm^2 *DN*150	个	79.27	
37	橡胶圈（给水）	*DN*100	个	9.48	
38	橡胶圈（给水）	*DN*150	个	13.09	
39	橡胶圈（给水）	*DN*200	个	17.41	
40	橡胶圈（给水）	*DN*250	个	23.52	

续表

序号	名称	规格	单位	单价（元）	附注
41	橡胶圈（给水）	*DN*300	个	12.79	
42	橡胶圈（给水）	*DN*350	个	12.95	
43	橡胶圈（给水）	*DN*400	个	20.65	
44	橡胶圈（给水）	*DN*450	个	21.86	
45	橡胶圈（给水）	*DN*500	个	24.07	
46	排水铸铁接轮	*DN*50	个	8.21	
47	排水铸铁接轮	*DN*75	个	12.47	
48	排水铸铁接轮	*DN*100	个	14.10	
49	排水铸铁接轮	*DN*150	个	23.02	
50	排水铸铁接轮	*DN*200	个	43.14	
51	橡胶密封圈（排水）	*DN*50	个	5.28	
52	橡胶密封圈（排水）	*DN*75	个	6.13	
53	橡胶密封圈（排水）	*DN*100	个	7.33	
54	橡胶密封圈（排水）	*DN*150	个	18.54	
55	橡胶密封圈（排水）	*DN*200	个	24.38	
56	黑玛钢六角内接头	*DN*20	个	1.15	
57	黑玛钢六角内接头	*DN*25	个	1.84	
58	黑玛钢六角内接头	*DN*32	个	2.64	
59	黑玛钢六角内接头	*DN*40	个	3.24	
60	黑玛钢六角内接头	*DN*50	个	5.06	
61	黑玛钢三通	*DN*15	个	0.83	

续表

序号	名称	规格	单位	单价（元）	附注
62	黑玛钢三通	*DN*25	个	2.33	
63	黑玛钢三通	*DN*32	个	3.65	
64	黑玛钢三通	*DN*40	个	4.41	
65	黑玛钢三通	*DN*50	个	6.70	
66	压制弯头	*DN*20	个	2.10	
67	压制弯头	*DN*25	个	2.50	
68	压制弯头	*DN*32	个	3.00	
69	压制弯头	*DN*40	个	3.20	
70	压制弯头	*DN*50	个	8.36	
71	压制弯头	*DN*65	个	11.05	
72	压制弯头	*DN*80	个	14.48	
73	压制弯头	*DN*100	个	22.53	
74	螺纹截止阀	J11T–16 *DN*25	个	20.30	
75	螺纹截止阀	J11T–16 *DN*32	个	26.66	
76	螺纹截止阀	J11T–16 *DN*40	个	37.11	
77	压制异径管	*DN*50	个	3.33	
78	压制异径管	*DN*65	个	4.44	
79	压制异径管	*DN*80	个	4.44	
80	压制异径管	*DN*100	个	5.55	
81	异径管	*DN*65 × 50	个	9.56	
82	异径管	*DN*80 × 50	个	11.47	

序号	名称	规格	单位	单价（元）	附注
83	异径管	*DN*100 × 80	个	21.42	
84	异径管	*DN*150 × 100	个	47.27	
85	异径管	*DN*200 × 150	个	106.00	
86	异径管	*DN*300 × 250	个	282.00	
87	异径管	*DN*400 × 300	个	784.00	
88	螺纹闸阀	Z15T-10K *DN*15	个	11.09	
89	螺纹闸阀	Z15T-10K *DN*20	个	14.56	
90	螺纹闸阀	Z15T-10K *DN*25	个	19.54	
91	螺纹闸阀	Z15T-10K *DN*32	个	25.83	
92	螺纹闸阀	Z15T-10K *DN*40	个	34.17	
93	螺纹闸阀	Z15T-10K *DN*50	个	50.24	
94	螺纹闸阀	Z15T-10K *DN*80	个	130.88	
95	螺纹闸阀	Z15T-10K *DN*100	个	191.17	
96	法兰闸阀	Z45T-10 *DN*50	个	120.42	
97	法兰闸阀	Z45T-10 *DN*80	个	195.82	
98	法兰闸阀	Z45T-10 *DN*100	个	240.73	
99	法兰闸阀	Z45T-10 *DN*150	个	490.86	
100	法兰闸阀	Z45T-10 *DN*200	个	765.63	
101	法兰闸阀	Z45T-10 *DN*250	个	1168.32	
102	法兰闸阀	Z45T-10 *DN*300	个	1339.39	
103	法兰止回阀	H44T-10 *DN*80	个	151.80	

序号	名称	规格	单位	单价（元）	附注
104	法兰止回阀	H44T-10 *DN*100	个	175.40	
105	法兰止回阀	H44T-10 *DN*150	个	352.81	
106	法兰止回阀	H44T-10 *DN*200	个	992.48	
107	法兰止回阀	H44T-10 *DN*250	个	1210.34	
108	法兰止回阀	H44T-10 *DN*300	个	1694.78	
109	黑玛钢活接头	*DN*15	个	2.23	
110	黑玛钢活接头	*DN*20	个	2.97	
111	黑玛钢活接头	*DN*25	个	4.32	
112	黑玛钢活接头	*DN*32	个	5.63	
113	黑玛钢活接头	*DN*40	个	7.64	
114	黑玛钢活接头	*DN*50	个	11.08	
115	黑玛钢活接头	*DN*80	个	35.41	
116	黑玛钢活接头	*DN*100	个	56.87	
117	黑玛钢管箍	*DN*15	个	0.67	
118	黑玛钢管箍	*DN*20	个	0.89	
119	黑玛钢管箍	*DN*25	个	1.23	
120	黑玛钢管箍	*DN*32	个	1.78	
121	黑玛钢管箍	*DN*40	个	2.26	
122	黑玛钢管箍	*DN*50	个	3.32	